U0238496

# 2022 年
# 水利先进实用技术

水利部科技推广中心　主编

中国水利水电出版社
www.waterpub.com.cn

·北京·

**图书在版编目（CIP）数据**

2022年水利先进实用技术 / 水利部科技推广中心主编. -- 北京 : 中国水利水电出版社, 2023.12
ISBN 978-7-5226-1962-0

Ⅰ. ①2… Ⅱ. ①水… Ⅲ. ①水利工程－技术推广－中国－2022 Ⅳ. ①TV

中国国家版本馆CIP数据核字(2023)第237668号

| 书　　名 | **2022 年水利先进实用技术**<br>2022 NIAN SHUILI XIANJIN SHIYONG JISHU |
|---|---|
| 作　　者 | 水利部科技推广中心　主编 |
| 出版发行 | 中国水利水电出版社<br>（北京市海淀区玉渊潭南路 1 号 D 座　100038）<br>网址：www. waterpub. com. cn<br>E - mail：sales@ mwr. gov. cn<br>电话：(010) 68545888 （营销中心） |
| 经　　售 | 北京科水图书销售有限公司<br>电话：(010) 68545874、63202643<br>全国各地新华书店和相关出版物销售网点 |
| 排　　版 | 中国水利水电出版社微机排版中心 |
| 印　　刷 | 清淞永业（天津）印刷有限公司 |
| 规　　格 | 210mm×285mm　16 开本　18.75 印张　529 千字 |
| 版　　次 | 2023 年 12 月第 1 版　2023 年 12 月第 1 次印刷 |
| 定　　价 | **115.00 元** |

凡购买我社图书，如有缺页、倒页、脱页的，本社营销中心负责调换

# 本书编委会

主编：吴宏伟

参编：娄　瑜　陈梁擎　岳　东　梁　明　董长娟
　　　王　海　朱　泳

# 前 言

为深入贯彻落实习近平总书记"节水优先、空间均衡、系统治理、两手发力"治水思路和关于治水重要论述精神,加强先进实用技术的宣传推广,推动先进实用技术与水利行业需求的精准对接,水利部科技推广中心组织编制本书。

本书共收录技术 266 项,涵盖水旱灾害防御、水文水资源、水环境与水生态、农村水利、水土保持、水利工程建设与运行及水利信息化等领域。相关技术成果已在生产实践中得到广泛应用,具有明显的经济、社会及生态效益,促进了水利科学技术水平的提高,为新阶段水利高质量发展提供了有力的科技支撑。

**编者**

2023 年 10 月

# 目 录

前言

一、水旱灾害防御

二、水 文 水 资 源

# 三、水环境与水生态

# 四、农村水利

## 五、水 土 保 持

## 六、水利工程建设与运行

## 七、水 利 信 息 化

# 一、水旱灾害防御

# 1 基于陆气耦合的旱情集合预报技术

**1. 技术来源**

国家计划。

**2. 技术简介**

该技术依托自主研发的大气-水文耦合预报，集成多种气候预报模式和面向干旱的分布式水文模型，可实现多尺度、多类型、多指标旱情集合预报，以及综合决策会商，可为抗旱"四预"（预报、预警、预演、预案）建设提供有力的技术支撑。

（1）改进了面向干旱的传统水文模型的土壤水模块和人类活动影响模块，提出基于关联维数的模型参数优选方法，提升了模型对干旱过程的模拟预测精度。

（2）集成面向干旱的水文模拟技术、尺度转换技术、多源数据融合技术、多模式集合预报技术，实现了陆气耦合旱情多模式集合预报。

（3）可提供不同预见期（未来 10 天、30 天）、不同类别（气象、水文、农业、综合）、不同指标（雨情类、水情类、墒情类）的多样化旱情预报产品。

**技术指标如下：**

（1）功能性方面：系统被测功能运行稳定正常，气象干旱预报、水文干旱预报、农业干旱预报、旱情会商决策和数据信息管理等业务处理功能符合相关技术文档要求。

（2）性能效率方面：该测试的性能满足技术指标要求，包括在 10000 个用户并发情况下，系统业务发送到下一个流程环节，响应时间小于 3s，请求浏览单次操作的页面响应时间小于 7s；具备 7（天）×24h 不间断稳定运行能力；支持 10000 个并发用户使用及稳定运行，具备一定的灾难恢复能力；数据查询申请提交的响应时间小于 3s。

**3. 应用范围及前景**

该技术于 2020 年 9 月最早上线投入使用，适用于旱情预报与抗旱管理决策、智慧"四预"建设、智慧湖泊-水安全预警、节水咨询、抗旱减灾研究等多个领域。

该技术已应用于数字孪生流域智慧"四预"系统框架体系构建、省级（或流域）旱情预报预警平台开发等项目。已推广应用该系统的单位包括：辽宁省水利厅、辽宁省朝阳水文局、中国科学院南京地理与湖泊研究所鄱阳湖湖泊湿地综合研究站等不同行业部门，跨越流域、省、市等不同区域范围，应用规模大，运行成本较低，作用显著。

---

持有单位：中国水利水电科学研究院

单位地址：北京市海淀区复兴路甲 1 号

联 系 人：张学军

联系方式：010－68781847、15201672513

E－mail：zhangxj@iwhr.com

# 2 基于多源信息融合的流域精细化降水空间分布估计技术

**1. 技术来源**

国家计划。

**2. 技术简介**

该技术通过集成卫星与雷达遥感反演、再分析、地面雨量站等多源降水信息，可在雨量站网稀疏且地形复杂流域精细化估计降水空间分布，为水旱灾害监测预警提供关键基础信息。

该技术包含数据预处理、降水概率估计、有雨/无雨状态辨识、多源降水信息融合、降水融合结果修正5个环节。选择可有效刻画降水空间异质性的地理加权逻辑回归（GWLR）和地理加权回归（GWR）模型，分别对有雨/无雨状态辨识和多源降水信息融合建模，并将二者结果有机耦合，改善了雨区位置和范围识别效果，削减遥感反演、再分析降水定量误差，提高降水空间分布估计精度。

（1）建立了通用性降水融合框架，可用如克里金方法等演化出更多降水估计技术，扩展性较强。

（2）解除了传统模型对信息源数量的限制，同时能够精细化考虑复杂流域地形变化的影响。

（3）可有效辨识有雨区和无雨区的范围与空间位置，显著减小降水监测的误报和漏报率，削减有雨区降水定量估计误差。

**技术指标如下：**

基于多源信息融合的流域精细化降水空间分布估计技术可显著提高站网稀疏、地形复杂流域降水有雨/无雨空间分布与实况的吻合程度，同时相对于传统降水空间插值方法和原始遥感反演、再分析降水数据，压缩误报率和误报误差幅度超过60％，削减降水估计误差幅度达10％以上，可为水旱灾害监测预警提供可靠有效的降水监测信息。

**3. 应用范围及前景**

适用于江河湖库、河口海岸水沙运动数值模拟。

申报单位依托重点研发计划课题"多源雨洪信息综合挖掘与预测预报方法"、水利部科技推广计划项目"降水空间信息融合技术的推广应用"等重点项目，不断优化完善形成本技术，已在汉江、淮河、太湖、祁连山等流域成功推广应用，估计的降水空间分布与实际情况吻合，可有效提高降水监测综合精度。

持有单位：水利部交通运输部国家能源局南京水利科学研究院

单位地址：江苏省南京市鼓楼区广州路223号

联 系 人：王银堂、胡庆芳

联系方式：025－85828507、13505180768

E－mail：ytwang@nhri.cn、qfhu@nhri.cn

## 3 干旱多维监测诊断与预测技术

**1. 技术来源**

国家计划。

**2. 技术简介**

该技术基于水循环系统水分收支适配关系与失衡特征，界定气象、水文、农业、生态和综合干旱等不同类型干旱是否发生，并结合强度-时间-空间三维特征量化，对干旱发生、发展和结束的全过程进行监测诊断，并且结合机器学习技术可对预见期内的旱情进行研判。

技术指标如下：

该项技术从要素维度（气象、水文、农业、生态和综合干旱）和特征维度（强度、时间、空间）可对干旱进行监测和诊断，并预测旱情发展趋势。干旱事件识别的准确率提高了 11.6%、旱情预报精度提高了 18.5%；空间分辨率为 1~5km，时间分辨率为旬月尺度。该技术可为抗旱规划和水资源管理提供科学依据，也可为应急抗旱减灾工作提供技术支持。具有功能齐全、通用性强、精度高的特点。已获得 5 项软件著作权，包括极端气候事件诊断与预测模型软件、基于供需水适配关系的农业干旱评价模型软件、基于机器学习的水文干旱预测模型软件、生态因旱缺水风险动态评估模型软件、区域综合干旱评价模型软件。

**3. 应用范围及前景**

所支撑的工作包括：江西省"十四五"适用于水安全保障规划的编制、水资源配置与抗旱管理、旱情监测预警、生态用水保障方案及水动力调控方案的制订、流域水资源配置工程布局优化、小流域智慧管控平台设计与研发等；自 2020 年以来，该项技术已应用于 6 个项目，主要应用单位包括中铁水利水电规划设计研究院集团有限公司、贵州省水利水电勘测设计研究院等单位。可实现一定的经济效益、社会效益和生态效益。

持有单位：长江水利委员会长江科学院
单位地址：湖北省武汉市黄浦大街 23 号长江科学院
联 系 人：袁喆
联系方式：027-82927551、13716565927
E-mail：yuanzhe_0116@126.com

# 4 智慧防凌"四预"协同技术

**1. 技术来源**

国家计划。

**2. 技术简介**

该技术基于数据仓库、虚拟现实、人工智能和云计算等技术形成智慧防凌平台，可实现典型河段凌情全要素和防凌减灾全过程的数字化映射和智能化模拟，具有凌情数据信息查询、凌情监测与灾害预警、凌汛洪水风险动态评估、凌汛灾害情景推演、水库群防凌调度和凌灾防控决策支持方案优选等功能，全链条支撑防凌"四预"协同。

**技术指标如下：**

根据防凌减灾业务需求，智慧防凌平台体系结构具有高度可维护性、可移植性和可扩展性，运用模型标准化封装技术，集成封开河预报模型、一维河道模型、二维冰水动力学模型、凌灾损失评估模型等，构建凌情模型库，进行多时序、多类型模型间的交互计算，耦合冰水动力学模型与水上水下一体化三维实景河道模型，实现虚拟现实环境下凌汛过程与凌灾情景推演预警。系统平台采用云服务架构，模型上云，数据上云，实现云端实时在线计算分析。软件主要性能指标：

(1) B/S架构。

(2) 在线复杂查询类功能响应时间：≤3s。

(3) 在线计算分析类功能响应时间：≤5s。

(4) 稳定性：支持7×24h不间断运行。

(5) 并发性：支持用户并发数200。

**3. 应用范围及前景**

智慧防凌"四预"协同技术可在高纬度寒区河流、湖泊和水库推广应用，适用于凌汛险情和灾情的控制，可避免和降低凌汛洪水对生产、生活和环境条件的破坏，及时警示和避免凌汛变化所带来的重大生态危机，提高易发生凌汛灾害河段生态治理保障水平。

技术成果已成功应用于2020—2022年黄河防凌减灾工作实践中，增强了黄河防凌减灾能力，降低凌汛灾害发生的风险，支撑黄河治理开发和保护管理，保障凌汛期水安全和民族地区社会发展。

持有单位：黄河水利委员会黄河水利科学研究院
单位地址：河南省郑州市金水区顺河路45号
联 系 人：许龙飞
联系方式：0371-66020437、13937182188
E-mail：301097659@qq.com

## 5 珠江流域抗旱抑咸"四预"会商技术

**1. 技术来源**

其他来源。

**2. 技术简介**

该技术采用实时监测的水雨情、咸情、潮位及预报降雨数据等，利用水文预报模型进行来水预报、通过旱情相关指标进行预警分析，使用水资源分配调度模型进行水库调度计算、通过咸情预测模型分析沿途各取水口取淡概率，结合现地水库当前蓄水情况、日均耗水情况、取水口取水能力及取淡概率等要素分析各地可供水情况。

该技术按照"需求牵引、应用至上、数字赋能、提升能力"的要求，以数字化、网络化、智能化为主线，以数字化场景、智慧化模拟、精准化决策为路径，围绕数字孪生流域建设要求，紧扣抗旱抑咸业务在预报、预警、预演、预案各环节中的算据、算法、算力需求，充分融合物联网、云计算、人工智能、数字孪生等技术，提出"一张数据底板、双库智慧引擎、'四预'业务模拟分析、流域区域协同"的系统总体架构。

（1）算力方面：集成利用已有水利信息基础设施，构建旱情、咸情信息获取、传输、存储、运算和系统稳定运行的安全环境。根据数据处理、模型计算的需求，在现有资源基础上扩展计算资源和存储资源，升级通信网络，建设应急通信保障体系，提升高效、快速、安全、可靠的算力水平。

（2）算据方面：汇聚水雨情及咸情感知数据、流域地表三维数据、重点城市供水需求等数据，基于珠江流域一张图构建抗旱专题的流域数据底板，构建珠江流域主要江河及其影响区域预报预警的算据基础。

（3）算法方面：基于模型服务平台进行抗旱抑咸水利模型、供水分析智能模型、预演可视化模型的标准化集成和统一管理，建设水库联合调度方案、历史场景、专家经验的水利知识库，为数字孪生流域抗旱业务专题模拟建设高效、精细、准确的算法支撑。

（4）业务应用方面：整合流域水资源总量、咸情态势、重点城市取用水量以及经济社会信息等数据，构建枯季水量调度的数字化场景，对供水、蓄水、调度进行在线监测和及时预警，动态展示不同方案的目标节点流量和压制咸潮效果，结合历史预案和抗旱知识库生成调度指令，为科学精细实施珠江枯水期水量调度提供指挥决策依据。

该技术立足流域抗旱需求，按照水旱灾害防御"预报、预警、预演、预案"的要求，初步实现了"四预"功能：

（1）预报：在现有的珠江流域水情信息共享平台和日常洪水预报业务作业流程的基础上，利用水文学、气象学、计算机技术等多个专业学科建设洪水预报预警系统，提高洪水预报作业效率，实现预报预警业务。

（2）预警：结合旱情监测指标、目标断面流量、"第一道防线"本地水库蓄水与取水情况，对比分析研判当前供水形势，为区域调度预演、调度决策提供业务支撑。

（3）预演："第二、三道防线"水库为下游各取水口的取水提供条件保障，分析取水概率、取水量确保供水水量满足实际生活与生产需要；通过多种调度组合方案分析，预演各方案调度过程和调度效果，形成推荐的调度方案，经抗旱会商集体决策后，可作为当前水量调度的执行方案。

（4）预案：自动按照优化方案生成调度预案，形成水库调令并进入公文流转流程。将执行的调度方案及其相关的水雨情、会商记录等过程资料存档，形成本次会商过程历史资料库，为未来的调度预演提供决策提供丰富算据参考。

**技术指标如下：**

（1）水文预报预见期延长至 15 天。

（2）水文预报精度率达 85％以上。

（3）预报作业时间缩短至 10min 以内。

（4）水库联合调度、咸情预测计算时间控制在 30s 以内。

**3. 应用范围及前景**

目前，该技术已经在水利部珠江水利委员会水旱灾害防御处应用，在西江、东江和韩江干流的水资源调度和供水保障工作中发挥重要作用。该技术提升了珠江委水资源调度决策智慧化水平，促进流域管理机构在流域治理管理中的主力军作用更好发挥。同时也是立足流域迫切需求，充分调动各专业科研攻关积极性，推动数字孪生流域谋划构建、先行先试的重要一步。

抗旱抑咸"四预"技术充分融合了数字孪生理念，在孪生流域的基础上实现抗旱业务预报、预警、预演、预案功能，利用该技术可以简便、高效地移植到防洪"四预"业务中，在防洪业务中可直观展示洪水组成、洪峰传播、洪水淹没、避洪转移等情景，分析评估预演结果实施后可能的影响，优化完善相关水工程调度运用，确定最优方案；还可以推广应用到应急水污染场景中，模拟分析污染物传播、扩散过程，预演应急处置措施等。

持有单位：珠江水利委员会珠江水利科学研究院、水利部珠江水利委员会水文局、中水珠江规划
　　　　　勘测设计有限公司、水利部珠江水利委员会珠江水利综合技术中心
单位地址：广东省广州市天河区天寿路 80 号珠江水利大厦
联 系 人：陈高峰
联系方式：020 - 87117188、15920179188
E - mail：Zkykjc@163.com

# **6** 黄河洪水预报系统技术

**1. 技术来源**

其他来源。

**2. 技术简介**

该技术以实时雨水情数据库、历史洪水数据库、图形库等信息资源为基础，建设了黄河干支流 72 个重要控制断面的 93 套预报方案，覆盖了黄河干流全部防洪重点河段和 18 条重要一级支流，实现了黄河流域主要断面快速、准确的洪水预测预报。

**技术指标如下：**

（1）针对黄河流域部分地区产汇流特点，该技术开发了适用于黄河典型流域暴雨洪特点的预报模型，实现了逐站滚动制作洪水预报、预估及趋势分析，提高了洪水预作业效率，延长了预报预见期。

（2）该技术构建的黄河干支流 72 个重要控制断面的 93 套预报方案，预报精度满足《水文情报预报规范》（GB/T 22482—2008）要求，分别通过国家防汛抗旱指挥系统工程项目验收，并先后通过河南省科学技术厅的科学技术成果鉴定和黄委会的科学技术成果鉴定，认为具有广阔的推广应用前景。

（3）开发了配套软件"暴雨洪水仿真计算数据处理系统"和"前期影响雨量计算软件"，并获得国家计算机软件著作权。

**3. 应用范围及前景**

该技术主要江河的水文断面、水工程节点均可应用本系统。

该技术自 2010 年起在黄委水文局应用以来，成为黄河洪水预报业务主要技术支持手段，在黄河防汛抗旱以及黄河洪水预报日常化等工作中发挥重要作用，并在水利部信息中心、黄委水旱灾害防御局等单位进行了推广应用，为黄河流域防汛抗旱提供了科学的决策依据。该技术可用于我国主要江河水文站、水库的洪水预报，为防洪减灾、洪水资源化提供支撑，具有很高的推广价值和广阔的应用前景。

持有单位：黄河水利委员会水文局
单位地址：河南省郑州市城北路东 12 号
联 系 人：张献志
联系方式：0371 - 66022051、17513305368
E - mail：568809775@qq.com

# 7 流域洪水预报调度一体化技术

### 1. 技术来源

其他来源。

### 2. 技术简介

该技术结合淮河流域洪水预报调度相关研究成果，建设预报方案库和调度方案库，研发基于地图的信息融合展示与实时检索分析、水文气象耦合和预报调度一体化技术，基于实时雨水工情和专用历史数据库、气象预估信息，采用 B/S 系统结构，构建具有防洪形势分析、不同降水情景下多模型预报、多模式调度方案生成及交互式预报、预案决策分析等功能的集"预报、预警、预演、预案"于一体的跨平台洪水预报调度系统。

**技术指标如下：**

系统经安徽省软件测评中心验收测试，整体通过测试。

（1）功能性。

1）系统提供实时、预报、预警、预演、预案 5 个模块，功能模块划分清晰，功能运行正常。

2）内置模型不少于 5 种。

3）纳入淮河流域洪水预报方案 200 余套。

4）可每隔 2h 自动生成站点预报结果。

（2）性能效率。

支持多人并发（100 人以上）进行计算，可满足 60s 内生成 80 个以上预报节点的多模型预报结果，对实时雨水情及预报结果的查询可以做到即时响应，即响应时间小于 5s。

（3）可移植性。可在 Win7、Win10、国产统信 UOS 操作系统上运行；

除此之外，系统通过了安全性、易用性、兼容性、可靠性、可维护性等非功能性测试。

### 3. 应用范围及前景

该技术适用于全国大中小流域的雨水情实时监视，多场景、多工况洪水预报与调度的联合模拟分析及防汛会商决策。

该技术已预留了不同模型接口，未来可不断丰富预报模型，进行水文-水动力学的深度耦合，推进传统水文模型与 AI 技术的结合及服务于数字孪生淮河建设。另外需不断提高系统智能化水平、预报调度过程的可视化和成果的多样化水平，为精准化决策提供科学支撑。

该技术可广泛应用于各流域（省）防汛部门、水文水资源监测与管理、水电站运行管理等水文、水利行业，有较强的适应能力，易扩展、易推广。

持有单位：淮河水利委员会水文局（信息中心）、山东省水文中心

单位地址：安徽省蚌埠市东海大道 3055 号

联 系 人：胡友兵

联系方式：0552-3093237、15178330326

E-mail：ybhu@hrc.gov.cn

## 8　河口海岸堤防越浪高精度预报技术

**1. 技术来源**

省部计划。

**2. 技术简介**

为全面提升河口海岸洪潮浪灾害的综合防治能力，研发了适应于实际海洋动力的堤防越浪高精度预报预警技术。该技术采用改进的流体体积算法（VOF）捕捉薄层高速水体、面贴合算法反演不规则岸线和起伏地形、二维-三维多尺度耦合算法引入实际海洋动力，确保了河口海岸堤防越浪预报的精度和效率。

**具体技术指标如下：**

（1）运用复杂地形反演面贴合技术，可将不规则岸线和堤防结构形态的反演精度提高 40％以上，效率提高 150％以上，单次时间基本控制在 10min 以内。

（2）采用改进的流体体积算法，可将海洋动力沿堤防表面传播的模拟精度提高 50％以上，且模型稳定性提高 30％以上。

（3）采用二维-三维多尺度耦合技术，可将模型的计算效率提高 70％以上。

**3. 应用范围及前景**

该技术主要适用于河口海岸堤防越浪预报，为堤防设计、洪水期或台风期堤岸风险评估及防灾减灾提供技术支撑，具有复杂地形反演快、大变形水面捕捉精度高、计算稳定性好、计算速度快等特点。在全面提升国家水安全保障能力，坚持"四预"防御洪潮涝灾害的背景下，可广泛推广至各级水利防汛部门、应急部门、工程设计和运维部门，为堤防设计、洪水期或台风期堤岸风险评估及沿岸城市防灾减灾提供技术支撑。

持有单位：珠江水利委员会珠江水利科学研究院

单位地址：广东省广州市天河区天寿路 80 号珠江水利大厦

联 系 人：陈高峰

联系方式：020－87117188、15920179188

E－mail：Zkykjc@163.com

# 9 复杂山区环境下山洪多要素立体动态监测与智能识别应用技术

**1. 技术来源**

国家计划。

**2. 技术简介**

该技术是对降雨、水文、下垫面等山洪多要素指标，开展高效监测、可靠传输、智能识别、精准化预警和风险评估的一揽子解决方案，分为 5 层。监测层：利用卫星遥感、微波雷达、无人机船、地面传感器等技术可实现山洪多要素实时动态监测；传输层：集成抗干扰宽带、高可靠通信和无线自组网等自适应多模数据链技术实现数据稳定高效传输；存储层：将遥测、视频图像、传感器类等多源数据存入大数据库；分析层：采用数据融合同化、面向对象人机交互、卷积神经网络、AI 识别、数据挖掘等技术，智能识别提取多要素；应用层：传输多要素至山洪动态预警风险平台，可实现精准化预警与智能化风险评估。

**技术指标如下：**

（1）降雨-土壤水分传感器。

1）雨量传感器。功耗：10mA；灵敏度：0.01mm；检测范围：0～4mm/min。

2）土壤含水量传感器。测量范围：0～60％体积含水量；准确性：±3％；重复性：≤1％。

（2）径流水文传感器。

1）流速传感器。测量范围：0～10m/s；测量分辨率：0.01m/s；相对误差：±3％。

2）水位传感器。测量范围：0～10m；准确度：±5cm；重复性误差：<0.25cm；回差：<0.5cm。

（3）视频测流监控站。水位测量精度 0.2cm；流量在低水时相对误差±10％，中高水时相对误差±5％。

（4）在通信指标上，支持 TD-COFDM 传输制式，灵敏度≤-102dBm@5MHzBW，支持工作频率 300～1400MHz，信道带宽 2.5MHz、5MHz、10MHz、20MHz、40MHz 可选，输出功率-33～40dBm 双路可调。

（5）在山洪要素识别和提取能力上，精度达到 95％，分析效率是人工分析的 30 倍。

**3. 应用范围及前景**

该技术适用于山洪地质灾害防治、水旱灾害防御、数字孪生流域建设、水利防汛调度、灾害应急管理和城市防洪规划等。

未来研究或应用的发展方向是与数字孪生流域建设、"四预"智慧水利相结合，提出数字孪生山洪灾害"四预"试点建设，将该技术全面应用于数字孪生智慧山洪灾害体系的建设，该技术推广应用前景广阔，可应用在山洪地质灾害防治、水旱灾害防御、水利防汛调度、自然灾害应急管理、城市防洪规划与应急响应等方面。

---

持有单位：长江水利委员会长江科学院、江西省水利科学院

单位地址：湖北省武汉市江岸区黄浦大街 23 号

联 系 人：韩培

联系方式：027-82927547、18202738228

E-mail：1129143892@qq.com

## 10 基于图像识别算法的无人机应急测流技术

**1. 技术来源**

其他来源。

**2. 技术简介**

该技术利用无人机机动性好的特点搭载视觉测流模块，通过对流场中的跟随性及反光性良好的示踪或河流表面模态的跟踪，在 CCD（CMOS）成像设备进行成像。在相邻的两次测量时间 $t$ 和第二次时间 $t'$，系统对这两幅图像进行互相关分析，就能得到河面的二维速度矢量分布。结合河流断面信息，计算河流断面流量信息。本质上，视觉流速流量测量技术是一种智能图像分析技术，该技术通过对流体中不同模态与示踪的有效识别，集成基于模式识别和神经网络的河流模态低错误率匹配方法，达到一种全场、动态、非接触的测量目标，结合无人机优秀的机动性，可扩大有效测流范围，在人员难以到达和不易部署测流的水域更具优越性。

系统配置的无人机能够快速起飞执行远距离测量任务，其搭载的河道表面流速测量仪可以实时监测野外河道不同断面流速分布和水位值，结合当前断面数据就可以得到河道不同断面流量情况。考虑到应急水情监测的恶劣环境，整套系统对抗风、防水、防雷进行了专业设计。

**技术指标如下：**

（1）测量范围：0.01～30m/s。

（2）流速误差：5%。

（3）流量误差：10%。

（4）测量软件：昊控自研测流算法与软件。

（5）无人机参数：

1）结构形式：多翼。

2）飞控：标配三余度飞控。

3）云台：具备高稳定性，抖动小于±0.02°。

4）续航时间：30min。

5）有效载荷：5kg。

6）遥控器控制距离：5km。

7）工作温度：−10～50℃。

8）信号传输：网络。

**3. 应用范围及前景**

该技术适用于河流、明渠、排口、应急抢险、山洪灾害、长江防洪等野外非接触式测量环境。

该技术是专为野外应急情景研发的低风险高精度的野外测流系统。主要通过高性能无人机搭载非接触式河道流速测量仪和水深测量仪，自动选取示踪并进行图像的预处理。考虑到应急水情监测的恶劣环境，整套系统对抗风、防水、防雷可进行专业设计。无人机以其灵活、便捷的工作方式，结合以需求为导向、创新服务的要求，对于应急水文测验在要求更快、环境恶劣的条件下有着积极的开发意义。

持有单位：长江水利委员会水文局、南京昊控软件技术有限公司
单位地址：湖北省武汉市解放大道 1863 号
联 系 人：朱子园
联系方式：027－82829332
E－mail：276642294@qq.com

# 11 一种雷暴灾害点对点监测预警技术

**1. 技术来源**

其他来源。

**2. 技术简介**

该技术原理是集气象大数据与用户现场地监测数据，采用"机器深度学习"技术（AI技术），为用户建立模型，动态自我修正关联参数，基于GIS为用户靶向推送30～60min的风、雨、雷、内涝、山洪滑坡、塌方等灾害精准信息。

**技术指标如下：**

经过第三方机构测试及用户试用记录，系统的技术性能指标如下：

（1）平均预警准确率91.2％。

（2）平均风险预警漏报率1.7％。

（3）数据平均传输正常率92.21％。

（4）预警时间准确到30min内。

（5）预警范围0.5km。

**3. 应用范围及前景**

该技术最早于2016年由广东省气象局组织在中国石油化工集团有限公司、中国电力建设集团等50多家企业试用。自2019年正式上线后在广东的石化、学校、工地、应急、三防、军队等企事业单位超过1000家应用。年产值超过2000万元。2020年逐步在其他省市推广。江西靖安县10处山洪隐患监测预警，产值200万元。四川达州15处山洪隐患监测预警，产值300万元。未来的广泛推广使用可实现一定的经济效益、社会效益和生态效益。

持有单位：广州风雨雷科技有限公司
单位地址：广东省广州市番禺区东环街番禺大道北555号天安总部中心
联 系 人：古静文
联系方式：020－39134838、13450242906
E－mail：kf@jiyuyun.net

## *12* 多沙水库支流库容恢复技术

**1. 技术来源**

国家计划。

**2. 技术简介**

该技术基于水库干支流异重流互灌机制、拦门沙发育-溃决的动力学过程模拟等，从"规律识别-机理揭示-技术集成"三个层面提出系统支流库容恢复综合技术，直接应用于小浪底水库支流拦门沙治理工程实践。

理论层面：构建水库干支流异重流互灌的物理图景，揭示水库支流淤积形态对边界条件的响应规律，提出库区支流拦门沙变化的关键因素及其作用机制、不同情境下支流拦门沙形成与溃决的动力学过程。

技术层面：构建考虑库区干支流倒回灌机制的水库一/二维水沙耦合数学模型，推导拦门沙坎冲刷过程计算模式；提出 5 种有利于支流库容恢复的技术方案及关键技术参数。

**技术指标如下：**

（1）适用于模拟拦门沙发育-溃决过程的指标。

支流异重流头部流速 $U_a$、分流比 $\eta$、分沙比 $\eta_a$；异重流回灌距离 $L$、回灌形成沙坝抬升高度 $hL$、支流倒回灌淤积量 $\Delta V$；拦门沙抬升高度 $\Delta h$；拦门沙坎冲刷，支流进入干流流量 $Q$、输沙量 $Qs$。

（2）适用于恢复支流库容技术方案的指标。

遭遇来水较少或者未来水沙持续偏枯条件，启动支流修建蓄水工程方案；汛期水库上游发生长历时大洪水，实施水库降水冲刷措施；全年来水较丰情景，启动水库汛前泄水方案，结合汛前泄水进行，一般 2～3 年可主动实施一次。

**3. 应用范围及前景**

该技术适用于多沙河流水库中控制支流拦门沙抬升并消减支流无效库容，以充分利用支流库容、延长水库拦沙期寿命。通过将多沙河流水库干支流互灌机制与消减支流无效库容技术应用到黄河流域水沙调控中，可减少黄河干支流交汇处泥沙的淤积，增加干支流水库的有效库容，取得较好的社会效益和经济效益。

多沙河流水库支流拦门沙坎发育，使其高程以下的支流库容得不到有效利用，进而影响水库综合效益的发挥，是当前水库泥沙面临的一项现实挑战。该技术提出消减多沙河流支流无效库容的多技术方案，实现多技术方案的综合评价与集成，可广泛适用于不同规模不同区域的多沙河流水库支流拦门沙坎控制及无效库容恢复，同时对水沙边界条件类似的水库能够提供借鉴作用，在防洪、减淤等方面应用前景广阔。

---

持有单位：黄河水利委员会黄河水利科学研究院、黄河水利水电集团开发有限公司

单位地址：河南省郑州市顺河路 45 号

联 系 人：许龙飞

联系方式：0371－66023988、13937182188

E－mail：301097659@qq.com

## 13　黄河下游宽滩区避水村台及边坡防护技术

**1. 技术来源**

国家计划。

**2. 技术简介**

该技术依托于国家科技支撑计划项目"黄河下游宽滩区滞洪沉沙功能及滩区减灾技术研究"等，针对目前黄河下游宽滩区洪水防护和泥沙资源处置的需求，研发了集避洪、泥沙资源处置、抗冲刷抗侵蚀于一体的宽滩区避水村台及边坡防护技术。

利用新型塑钢板桩、填充料、锚杆和村台主体，突破传统沙土堆砌方法修建的村台易被水流冲刷侵蚀，造成边坡滑塌，危机村台及房屋安全的技术难题。在村台主体边坡的坡脚外围竖直安装塑钢板桩，相邻的两块塑钢板桩之间利用卡槽进行连接固定，形成塑钢板桩防护墙；由70％～85％粒径应大于0.05mm的黄河泥沙、2％～5％模数为2.6～2.8的水玻璃、4％～10％的掺和料和10％～20％水混合搅拌均匀制成的填充料填充在塑钢板桩防护墙和村台主体之间；锚杆将塑钢板桩防护墙和填充材料锚固在一起。

**技术指标如下：**

（1）就地取材，材料环保。利用黄河泥沙，既节省资源，降低运输成本，亦可降低河床高度；水玻璃、炉灰、矿渣或粉煤灰大多由矿山、冶炼废料制成，减少矿山废料对环境的污染。

（2）力学性能。用黄河泥沙、水玻璃和炉灰、矿渣或粉煤灰配制填充料，强度可达5～20MPa。

（3）填充材料配比。经大量实验验证，填充材料由70％～85％粒径大于0.05mm的黄河泥沙、2％～5％模数在2.6～2.8之间的水玻璃、4％～10％的掺和料和10％～20％水混合搅拌均匀制成。

（4）抗冲刷性。防护墙由新型塑钢板桩组合而成，具有连续性、高强度、高抗侧弯性，能有效抵御洪水期局部水流的淘蚀和冲刷，被洪水围困多日不溃散。

**3. 应用范围及前景**

该技术不仅应用于黄河下游宽滩区村台的修建，还可推广至宁蒙河段、其他河流滩区、滩区道路等边坡防护中。

该技术先后被应用于多个滩区避洪设施修建当中，可提高村台边坡抗冲刷能力，增强村台的安全性，不仅可以使村台防洪减灾功能得到有效发挥，还可为保障滩区人民群众生命财产安全提供支撑。技术成果具有普遍意义，适用性和可操作性强。还有望被应用于滩区路堤边坡防护当中，既可增强路堤边坡的稳定性和安全性，还可以解决黄河清淤产生的大量泥沙无处堆积的问题，推广应用前景广阔，经济效益和社会效益显著。

持有单位：黄河水利委员会黄河水利科学研究院

单位地址：河南省郑州市顺河路45号

联　系　人：许龙飞

联系方式：0371－66023988、13937182188

E－mail：301097659@qq.com

## 14 提高既有河堤防洪标准的通道结构及其施工技术

**1. 技术来源**

其他来源。

**2. 技术简介**

既有河堤防护工程未能满足当前防洪标准，需结合实际情况进行提高。若加高原挡墙抬高路堤，可能出现承载力不足等问题。若采用桩基托梁式基础退台转换，其施工困难，托梁外侧桩基影响堤岸美观性和协调性，且需增加景观费用。该技术针对上述设计、施工和造价等问题，创新性采用现浇混凝土箱型结构，通过架空通道结构抬高路堤，可实现既有河堤整体抬升。

该技术采用现浇混凝土箱型结构兼做防护，整体设计较为简洁、适用面广，施工风险小，整体稳定性较好；可按需提升工程沿线防洪标准，确保沿线人民群众生命财产安全。同时，可以增加地下空间利用，拓展沿线城市空间，实现人车分离，改善沿线生活环境和生活质量；也可以打造滨江景观，助推山水园林旅游新城建设；还可以控制水土流失，保护生态环境。

**技术指标如下：**

该技术采用架空通道箱型结构抬高路堤，箱型结构受力性能良好，跨度容易满足双向四车道的通车要求，且其自重轻，对既有基础增加的荷载小。箱型结构的外轮廓高度可以达到 10m，可将既有河堤的防洪标准提高到 100 年一遇的水位标准。对架空范围较大的路段可按受力计算采用桩基架空，此时场地较大适于桩基施工。经结构计算，墙高 17～24m 挡墙采用架空通道，其抗滑和抗倾覆安全系数增加，有利于挡墙的整体稳定性；架空通道所产生的地基承载力增量为 8.1%～10.0%。对嵌岩基础，承载力增量可以接受，而对于砂卵石基础，可通过后期注浆等措施提供新增承载力，从而满足架空通道方案中原挡墙的承载能力和稳定性要求。

**3. 应用范围及前景**

该技术适用于提高既有河堤防护工程防洪标准的改造升级工程。

随着城市经济的发展，城区防洪标准日益提高，许多既有河堤防护工程未能满足当前防洪标准。现有技术多在既有堤岸的原挡墙上新建加筋土挡墙抬高路堤，其新增承载力过大因而适用面窄。而桩基托梁式退台转换的技术则会造成施工困难等问题，且托梁外侧桩基影响堤岸的美观协调，需另增景观打造费用。该实用技术利用已有路基结构，创新性采用混凝土箱型结构，从设计、施工和造价等多方面解决了上述问题，具有重要意义。

持有单位：长江勘测规划设计研究有限责任公司

单位地址：湖北省武汉市解放大道 1863 号

联系人：汪子豪

联系方式：027 - 82927792、15629093036

E - mail：wzhfighting@zju.edu.cn

# 15 平原河网水动力多尺度分级智能模型技术

**1. 技术来源**

国家计划。

**2. 技术简介**

该技术采用河网节点水位迭代求解方法、蓄水关系近似一致的复杂平原河网概化方法和河网多尺度嵌套模拟技术。

**技术指标如下：**

模型软件通过"江苏省软件产品检测中心"测试，测试对象为江苏省太湖地区多尺度智能分级模型，面积 2.16 万 $km^2$，模型河道长度 15373km，涉及水闸 1145 座，泵站 760 座，圩区 1109 个，湖库 136 个等对象。

（1）模拟分辨率：模型分析最小单元到圩区，实现城市-区域-流域等不同尺度的计算需求。

（2）建模速度：基于模型库，构建一维河网模型时间不超过 10min。

（3）模拟时间：河网模拟 1 天的洪水过程模拟时间不超过 5min。

（4）模拟精度：选取的 26 个率定验证站点中，NSE 系数大于 0.7 占比超过 88%，可决系数 $R2$ 基本接近 0.9。

（5）预见期：根据区域产水特点，可预报 1～3d 甚至 3～7d 的洪水过程。

**3. 应用范围及前景**

该技术适用于城市洪涝模拟、水环境提升和数字孪生流域建设，可推广至长三角、珠三角等平原河网区。聚焦模型应具备多尺度分级空间特性，数据动态更新时间特性，解决不同空间尺度、时间尺度、时空尺度嵌套的模型定制与计算，可实现精细化精准模拟和多场景业务应用的模型定制服务。可用于流域-区域-城市不同尺度单元的水安全协同调控；流域水情预报、防汛排涝调度、应急调度、工程建设咨询等综合应用；孪生流域建设中"2＋N""四预"应用场景模拟方案制定，为智慧水利建设提供专业模型和算力支撑，具有较强的移植性，便于推广应用。

持有单位：南京瑞迪建设科技有限公司、水利部交通运输部国家能源局南京水利科学研究院
单位地址：江苏省南京市鼓楼区广州路 223 号
联 系 人：余文平
联系方式：025－85828139、18662718385
E－mail：wpyu@nhri.cn

## 16 防汛抢险实训场险情模拟关键技术

**1. 技术来源**

省部计划。

**2. 技术简介**

我国幅员辽阔，江河纵横，降雨时空分布不均，水旱灾害频繁，防灾减灾始终是关系人民群众生命财产安全和国家稳定的大事。近些年，我国气象灾害越发呈现出突发性强、强度大、频率高等特点，局部地区强暴雨、强台风等极端性天气明显增多，加强应急抢险实战训练、提升防汛抢险应急处置能力是国家重大需求。

该技术通过渗水散浸、管涌、滑坡、裂缝、漫顶和溃坝等土质堤坝常见病害室内物理、数值模型的试验研究，开创野外原型模拟险情的系列关键技术，研发险情模拟发生发展过程的大型装置，指导建设了国内外首座用于防汛抢险的实训场——江苏省防汛抢险训练场。

该关键技术不仅可解决土质堤坝野外原型试验"想溃不溃""险情失控"等难题，还指导建设了国内外唯一的防汛抢险演练实战专业训练场所，填补了我国防汛抢险训练场所的空白，为科学认识水工建筑物病害发生发展机理规律、病害识别和险情应急处置新技术研发验证、防汛抢险人员训练和实战能力提升提供了先进平台。

**技术指标如下：**

（1）突破水利工程"安全系数"传统概念，首次提出"在人员安全和时间可控前提下实现土石堤坝常见险情发生、发展和应急抢险的逼真模拟、带水抢险、快速恢复、安全可控"的新理念，形成了建设防汛抢险实训场的关键技术。

（2）建成了国内外首座、迄今也是唯一一座防汛抢险实战专业训练场所。

（3）防汛抢险实训场共设置演练项目 11 项、30 个课目，在场地中间布设演练水池，在水池围堤上设置渗水散浸、管涌、漏洞、滑坡、裂缝、漫顶、溃坝等险情，并用于抢险实战训练，使抢险队员能够认识险情、辨别险情、处置险情。

**3. 应用范围及前景**

该技术适用于防灾减灾领域，为水利工程防汛抢险应急处置新技术研发验证、防汛抢险人员实战训练提供了先进平台。

该技术可广泛应用于应急防御与抢险、工程防灾减灾领域，各省市有建设实训场的迫切需求，推广应用前景广泛。

持有单位：南京水科院勘测设计有限公司、水利部交通运输部国家能源局南京水利科学研究院
单位地址：江苏省南京市鼓楼区广州路 223 号
联 系 人：宋智通
联系方式：025 - 68953717、13851495581
E - mail：ztsong@nhri.cn

# 17 大范围干旱动态监测与预测关键技术及应用技术

**1. 技术来源**

国家计划。

**2. 技术简介**

该技术针对大范围干旱形成演变机制复杂、大范围干旱关键变量难以准确获取、干旱多类型全过程难以精准识别和干旱历时长范围广难以准确预测等关键难题，采用气象-水文-作物耦合的方式，基于遥感、水文、气象等多源信息，聚焦海陆气相互作用下大范围干旱形成演变机理揭示、大范围干旱多类型全过程动态监测与多尺度渐进式滚动预测技术突破及稳定高效的业务化系统平台研发等三大问题，全面支撑大范围干旱动态监测与预测。

**技术指标如下：**

（1）在基础理论研究方面：可揭示海陆气相互作用下大范围干旱形成演变机理。主要包括：揭示了海气相互作用下大尺度环流异常对大范围干旱形成演变的影响机制；揭示气象干旱、农业干旱和水文干旱时空演变规律；阐明不同植被覆盖条件与水利工程对水文干旱发生发展的影响机制；揭示海陆气相互作用影响下气象干旱-农业干旱-水文干旱时空转换规律与传递机制。

（2）在技术创新方面：可突破大范围干旱多类型多尺度动态监测与预测技术难题。主要包括：提出全国范围 VIC 模型网格化水文参数移用公式和基于系统响应自适应的分布式汇流方法，构建全国范围气象-水文-作物耦合的分布式干旱模拟模型；构建大范围干旱多类型、全过程、网格化监测指标体系；创建集年尺度干旱发生可能性动态预判、季节尺度干旱趋势预测、旬月尺度干旱时空演变过程滚动预报于一体的大范围干旱多尺度渐进式滚动预测预报技术。

（3）在集成创新方面：研发大范围干旱动态监测与预测业务化系统平台。建立集精准监测、滚动预报、动态预演技术为一体的大范围干旱监测与预测系统平台，可实现多类型干旱时空演变全过程动态监测与多尺度滚动预测，形成一套从动态监测到短中期预报再到长期预测的技术体系。

**3. 应用范围及前景**

该技术构建的大范围干旱动态监测与预测系统已在水利部水利信息中心投入业务运行，系统性能稳定运行高效，为国家防汛抗旱总指挥部办公室、水利部各级领导和有关单位、全国水利系统联网应用单位提供全国范围年季尺度干旱预测结果和旬尺度干旱预报结果，为抗旱决策和水资源利用管理提供参考。通过该技术所发展起来的干旱识别技术，以及所建立的全国范围干旱动态监测与多尺度预测系统不仅为水利部等相应的国家级决策部门提供干旱防灾减灾决策和水资源利用管理信息服务，同时也为区域决策部门的抗旱和水资源管理工作服务，对省、流域及全国抗旱工作有着广泛的应用前景。

持有单位：河海大学
单位地址：江苏省南京市西康路 1 号
联 系 人：何海
联系方式：13951778715
E - mail：hehai _ hhu@hhu.edu.cn

## *18* 城市异形排涝通道消能防冲新技术

**1. 技术来源**

省部计划。

**2. 技术简介**

该技术采用导流坎–消力墩–梁柱结构消力坎联合消能工,根据排涝通道的沿程水深、流速、流道左右侧过流比等,由实验得出的水力设计公式,确定导流坎、消力墩、消力坎的高度、个数、开孔率及布置位置,从而可实现在异形排涝通道的弯道附近分次、逐级消能和导流。

**技术指标如下:**

(1) 联合消能工可削减 47.7% 的最大流速,淘刷动能削减 72.6%。

(2) 联合消能工能适应 5m 高差感潮河段水位变幅。

**3. 应用范围及前景**

该技术适用于异形排涝通道消能防冲设计、干支流交汇处河道流态整治工程。

城市排涝消能防冲。受限于城市本身的用地条件、规划限制等因素,在建及实际使用中的排涝通道往往并不顺畅,常规消能防冲技术很难满足异形排涝通道消能防冲要求。联合消能工可解决此类工程消能防冲问题。

干支流交汇处河道流态整治。我国河流众多、河网密布,干支流交汇处往往流态复杂,不少支流出现垂直汇流,甚至是负角度汇流,这些交汇口流态恶劣,极易出现水力破坏。联合消能工可应用于干支流交汇处河道流态整治。

持有单位:福建省水利水电勘测设计研究院有限公司

单位地址:福建省福州市东大路 158 号

联 系 人:薛泷辉

联系方式:0591 – 87661603、15280420844

E – mail:xuelonghui@163.com

# 19 适用于丘陵区中小流域的生态防洪堤构建技术

**1. 技术来源**

其他来源。

**2. 技术简介**

天然河岸生长的灌木或小乔木耐水淹并且根系具有萌蘖性，具有一定抗冲刷能力。河流凹岸弯道水流运动受离心加速度影响，产生横向比降和次生流动的螺旋流，使得凹岸冲刷后退。根据树种特性与河岸冲刷原理，构建"刷桐油树桩＋桩后耐水淹抗冲刷树种"生态堤防。树桩的作用是减小桩后流速；刷桐油是抑制树桩发芽，确保桩后树种成为河岸带的优势树种，同时增加抗腐性。

**技术指标如下：**

（1）堤防防洪指标：设计洪水 20 年一遇。

（2）适合流域面积：干旱半干旱区 $1000km^2$ 以下，半湿润区 $500km^2$ 以下，湿润区 $50km^2$ 以下。

（3）合理河宽：接近按照前页要求计算的河宽。

（4）树桩及其施工要求：刷桐油 2～3mm，地下埋深为最大冲刷深度与局部冲刷深度之和，施工用打桩机打进去，所以只适合于丘陵区或平原区。

（5）桩后树种：长江以北地区选灌木柳，各地俗称杞柳、沙柳、乌柳、簸箕柳；青藏高原地区选水柏枝，长江以南地区选乌桕和小叶女贞。

**3. 应用范围及前景**

该技术适用于丘陵平原区且流域面积在干旱半干旱区、半湿润区、湿润区分别为 $1000km^2$、$500km^2$ 和 $50km^2$ 以下河流的河道护岸。

可用于中小河流岸线管理。岸线管理需要有看得见的界线，在没有堤防的河段，在生态保护意识越来越强的当下，构建耐水淹具有较强抗冲刷能力的河岸灌木或小乔木生态堤防是比较好的选择。

可用于中小河流复苏工程。河湖复苏是水利部"十四五"重点工作之一，在中小河流的生态恢复中，选择生态堤防既有一定的防洪效果，又不影响河流的横向连通，且能稳定河流栖息地。

**持有单位：** 青海省水利水电勘测规划设计研究院有限公司、中国水利水电科学研究院

**单位地址：** 青海省西宁市城中区园树巷 5 号

**联 系 人：** 魏小源

**联系方式：** 0971－6144603、13997164463

**E－mail：** 710903936@qq.com

## 20 牧区草原旱情精准监测预测及抗旱能力综合评价技术

**1. 技术来源**

国家计划。

**2. 技术简介**

该技术针对我国北方牧区草原旱灾大尺度精细化监测预测及抗旱能力定量化评估需求，综合运用气象学、地理信息系统、灾害学及生态学等多学科交叉理论，建立了耦合多源多尺度地面及遥感信息的综合旱情监测预测模型及牧区抗旱能力综合评价模型一体化技术体系，从干旱灾害影响范围、强度、人畜受灾及草场损失等方面实现了旱情动态精准监测及防灾减灾措施评估。该技术以水分平衡原理为基础，引入草地相对耗水度、日光诱导叶绿素荧光等指标，可解决牧区不同类型草原旱情综合监测体系构建问题，以区域背景条件及牧区生态系统协调能力为支撑，科学定量化区域抗旱能力服务水平，从灾前评估、灾中预警到灾后防范等方面可实现防旱减灾的业务支撑与应用，具有指标体系完善、定量化可评估、集成融合度高及实用性强等技术特点。

**技术指标如下：**

（1）先进性：融合叶绿素荧光指数的综合干旱监测体系在旱情精准监测领域具有一定领先优势。

（2）精准性及时效性：旱情监测体系涵盖了 2 种综合干旱监测模型、7 种旱情监测指数，从气象、水文及农业多方面综合反映旱情，植被指数提高 1～2 个月监测精度，15 日预测准确率达 90%。

（3）系统性及可操作性：科学定量化牧区区域背景、水利工程、经济科技发展及抗旱管理等 28 个评价指标水平，系统研判旱情等级及抗旱能力需求，技术体系基础数据易获取，可操作性强。

（4）通用性及实用性：考虑草甸草原、典型草原及荒漠草原不同下垫面、不同生长季及不同地域的植被和土壤水分特征，实用性及通用性较强，已在内蒙古牧区进行示范推广。

**3. 应用范围及前景**

该技术适用于我国北方受旱灾影响牧区动态监测旱情、及时预警及科学研判抗旱服务水平及精准防旱减灾等。

我国牧区面积占国土面积的 40% 以上，受全球气候变化干旱及极端干旱事件频发的影响，建立适用于牧区旱情监测预测及抗旱能力评估的综合技术体系是牧区草原变被动减灾为主动防灾的重要举措，是科学研判干旱强度、影响范围，进而主动干预和防范的重要基础，具有实践和应用推广价值。

持有单位：水利部牧区水利科学研究所

单位地址：内蒙古呼和浩特市大学东街 128 号

联 系 人：王丽霞

联系方式：0471－4690612、14747360813

E－mail：wanglixia.26@163.com

## 21 注水式应急防洪箱技术

**1. 技术来源**

省部计划。

**2. 技术简介**

该技术围绕新时期全力提升汛期灾害防御和应急处置能力的科技需求，创新性提出一种"以水挡水"的应急抢险方法，研发出新型防汛抢险装备——注水式应急防洪箱。

该技术主要由箱体、连接件及防渗系统三大部分构成，箱体顶部设有注水孔，底部设有排水孔，利用注入箱内水体自重产生的抗滑摩擦力，能够巧妙实现"以水挡水"；箱体背水侧及左右两侧均设有专用连接槽，相邻箱体通过连接件相互搭接实现直线或曲线延伸；箱体及连接件底部均设有高摩擦系数的防渗垫层，二者相互拼接构成防渗系统，实现了"箱体-连接-防渗"三位一体有机结合。

该技术可广泛应用于抢护城市内涝、江河堤防漫溢等汛期常见险情，可有效突破传统抢险技术瓶颈，解决传统防汛应急抢险存在的耗费人员多、劳动强度大、抢险效率低等典型问题，为科学、高效实施应急抢险救灾提供了重要技术和装备支撑。

**技术指标如下：**

（1）材质：聚乙烯、聚丙烯混合高分子材料。

（2）注水口直径：$\phi 15.5cm$。

（3）箱体顶部尺寸：$90cm \times 65cm$。

（4）箱体底部尺寸：$75cm \times 50cm$。

（5）箱体高度：$60cm$。

（6）箱体底部防渗垫铺设方式：平铺粘接（非嵌入式）。

（7）箱体背水侧连接槽数量：2个。

（8）底部排水口直径：$\phi 3.5cm$。

（9）箱体单体质量：$\leqslant 14.0kg$。

（10）连接件质量：$\leqslant 2kg$。

**3. 应用范围及前景**

该技术适用于汛期抢护城市内涝、江河堤防漫溢等常见险情，以及快速构筑临时应急人行栈道。

该技术可突破"水来土掩"传统抢险方式，采用创新性独特结构设计，可实现"以水挡水"的特色功能，具有结构新颖、质量轻便、安全高效、储运灵活、可重复使用等显著特点，可广泛应用于抢护城市内涝、江河堤防漫溢等常见险情，具有广阔的应用前景。

持有单位：水利部交通运输部国家能源局南京水利科学研究院、泰州思百瑞水务有限公司
单位地址：江苏省南京市鼓楼区广州路223号
联 系 人：王小东
联系方式：025-85828270、15850505851
E-mail：xdwang@nhri.cn

## 22 堤坝安全度汛技术和装备技术

**1. 技术来源**

国家计划。

**2. 技术简介**

通过试验研究，研制开发堤坝安全度汛技术和装备——防洪管袋式子堤，通过向管袋内直接充水实现"就地取材，以水挡水"，可保障堤坝汛期安全。该单元由单元袋体连接而成，单元袋体由一条外袋和两条平行内袋组合而成，相邻单元袋体之间通过支架、连接套筒及连接袖口连接实现无限延伸。能够快速抢护汛期普降暴雨或特大暴雨导致的堤坝洪水漫溢险情及城区内涝险情；用于堤坝工程临时挡水、临时封堵堤防溃口等；对公共区域或重要基础设施围挡保护，避免被淹受灾；快速构筑车辆与行人的临时应急安全通道。

**技术指标如下：**

该技术装备由一组平行内袋和一个外袋组合而成，外袋材质为全新聚丙烯特制，内袋为黑色，材质为全新聚乙烯特制。

（1）外袋性能指标。纵向断裂强度（kN）≥80；纵向延伸率（%）≤25；CBR 顶破强度（kN）≥6；梯形撕裂强度（kN）≥0.6；缝制强度（kN/m）≥50；防老化强力保持率（96h）（%）≥80。

（2）内袋性能指标。拉伸强度（MPa）≥25；断裂伸长率（%）≥550；直角撕裂强度（N/mm）≥110。

（3）外观质量及允许偏差。破损、补丁：袋面不允许出现破损和补丁；稀路个数（根）：外袋稀路 10cm 内不能超过 2 根；色泽：外袋绿色、内袋黑色，无明显色差；穿孔修复点（个/条）：每袋不超过 5 个。

**3. 应用范围及前景**

该技术适用于保障汛期堤坝安全，快速抢护洪水漫溢险情，也可用临时封堵溃口、工程设施挡水、构筑临时应急安全通道等。

该技术属于水旱灾害防御领域，可应用于所有中小型水库土石坝及堤防洪水漫溢险情快速抢护、城市防洪内涝挡水、施工挡水围堰、工程设施临时挡水坝体、公共区域（广场、小区、城区道路等）围挡保护；快速构筑车辆与行人的临时应急安全通道等，具有广泛的推广应用前景。

持有单位：安徽瑞迪工程科技有限公司、水利部交通运输部国家能源局、南京水利科学研究院
单位地址：江苏省南京市虎踞关 34 号
联 系 人：鄢俊
联系方式：025－68953780、13952032577
E－mail：jyan@nhri.cn

## 23 黄河冰凌钻探取冰机技术

**1. 技术来源**

国家计划。

**2. 技术简介**

该技术主要结构原理为在底座上固定安装汽油机、减速机、变速箱、螺旋钻头，通过离合器总成与减速机相连，所述减速机通过传动轴与变速箱相连，变速箱上安装有动力输出轴进行作业。

操作时，将设备置于冰层表面，启动汽油机冰芯钻开始逆时针旋转，冰芯钻底部螺旋刀片不断切削冰层，冰芯钻整体向下缓慢移动。当钻取到合适深度的冰芯后，将汽油机反转，冰芯钻开始顺时针转动，此时冰芯钻内部的冰芯被内部棘爪限制在冰芯钻内部。随着冰芯钻顺时针转动，推动冰块不断上升至螺旋纹处，利用防滑模块稳定住冰块，停止汽油机，冰芯钻停止转动。此时将冰芯钻向上提出冰层，水平放置在地面上，然后轻轻滚动冰芯钻整体，冰芯即可缓慢地从螺旋钻中倒出。

在需要对冰层进行检测时，先将该设备进行组装，然后工作人员双手提着把手将设备搬运到冰面上，固定好之后，拉动启动拉杆，启动汽油机，再手动拨动油门，通过离合器控制变速箱使输出轴进行转动，带动钻头转动，冰块进入钻头之后，顶开 L 形挡板，向上运动，待冰面打通之后，L 形挡板自动复原，将冰块挡在钻头中，然后将设备提出冰面，手动拨动 L 形挡板在钻头外壁的部分，里边的挡板竖起，可以将冰块取出进行测量。

**技术指标如下：**

黄河冰凌钻探取冰机，包括底座，所述底座上固定安装有汽油机和变速箱，如使用型号为 1E40F-5D 的汽油机，既能满足使用需求，又能解决动力来源问题。其体积小，能形成整机解决来回运输问题，既可达到钻取的目的，又不过于烦琐笨重，而且可减轻一线工人的劳动强度；所述汽油机通过离合器总成与减速机相连，具体为汽油机输出的动力离合是甩块式连接，甩块连接的作用是避免作业过程中开机、停机、负荷过重等问题，便于操作，安全性高，动力从汽油机通过甩块离合经传动装置传入减速机；所述减速机通过传动轴与变速箱相连，传动轴两端均为花键，更好地保护机器；然后通过离合器转动钻头来实现冰块的钻取，稳定性好，安全系数高。

**3. 应用范围及前景**

该技术适合作用于湖面、江面、海面在结冰的时，使用单位或个人需测量冰厚、探取冰样拟等情况。

该技术通过试验定型后，自 2020 年 3 月至今，分别在河口黄河河务局西河口管理段、孤岛管理段进行了推广应用。体现其方便灵活的特点，即可节省人力物力，提高工作效率，使黄河冰凌钻探取冰数据准确，冰样完整，可充分体现该产品的优越性，未来该产品将持续推进研究，向着更智能化、安全化的方向进行发展，推广应用前景可观。

持有单位：黄河河口管理局河口黄河河务局
单位地址：山东省东营市河口区河聚路 18 号
联 系 人：王诚
联系方式：0546-3616120、18706660829
E-mail：328667632@qq.com

# 二、水文水资源

## 24 城市河网水动力-水质多目标联控联调智能决策技术

**1. 技术来源**

国家计划。

**2. 技术简介**

该技术是针对目前平原城市河网缺乏水动力-水质多目标的调控阈值定量确定方法、精准化调控技术手段不足等问题而研发集成的。该技术由下图所示的四个关键技术组成。

**技术指标如下：**

（1）该技术中流量、流速模拟精度平均相对误差小于 5%、水位绝对误差小于 5cm，平原河网区动力重构水位差可超过 20cm，水位物联终端精度控制在 ±1cm 以内、采集频率在 5min 以内、工程远控响应时间在 5min 以内，水动力、水质指标预见期由不足 1 天提高至 3 天，精准支撑平原河网全局水动力-水质多目标优化调控。

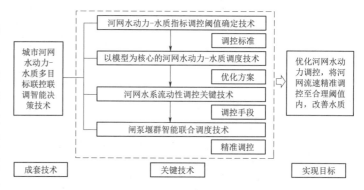

城市河网水动力-水质多目标联控联调智能决策技术

（2）经第三方（江苏省水文水资源勘测局苏州分局）监测评估，采用本技术建设的苏州市城区活水联控联调系统运行后，苏州古城河网水动力调控响应时间在 5min 以内，水位调控精度在 5cm 以内，超 60% 河道流速达到 0.1m/s 以上，平江河等生态河道调控至适宜种植养护的流速，主要河道达到优质水源同等水质类别所需的平均时间提高至 4h 以内。

**3. 应用范围及前景**

该技术适用于水网密布、闸泵众多的平原河网区域，实现水动力-水质双指标调控的河网水动力及水环境智能化管理。

该技术具有普适性，已在多个城市得到成功应用，可提升城市河网水环境质量，推广前景广阔。未来研究将以平原河网城市防洪、水环境、水生态协同调度为目标，通过精准化、智能化一键调度代替人工调度，在保障水安全基础上，可复苏城市河网水生态系统，提升城市水利现代化管理水平和科学决策能力，推动水生态文明建设，在服务民生、人与自然环境和谐共处等诸多方面发挥积极作用。

持有单位：水利部交通运输部国家能源局南京水利科学研究院

单位地址：江苏省南京市鼓楼区广州路 223 号

联 系 人：范子武

联系方式：025－85828233、13951800961

E－mail：zwfan@nhri.cn

## 25　考虑来水需水不确定性的水资源优化配置报童模型技术

**1. 技术来源**

国家计划。

**2. 技术简介**

该技术针对当前水资源配置遇到的来水和需水不确定性、非一致性及供需水多要素竞争博弈等一系列瓶颈问题，引入经济管理学中报童模型方法，借鉴报童购售报纸过程对售报需求不确定性的数学表征，同时考虑水资源配置供应端——来水的不确定性，对报童模式进行改进，提出分别由 P-Ⅲ 型曲线和均匀分布函数来描述来水、需水过程的概率分布，拟合预测不确定性来水和需水过程，建构不确定性来水和需水优化配置的报童模型，在水量平衡与水库调度能力约束下，采用两阶段启发式方法对模型进行求解，优化给出考虑供需水不确定的水资源配置方案。

该技术提出了配置中的来水需水不确定性概率分布；可以克服传统优化配置模型多将不确定性优化问题简化成确定性规划问题而不能反映实际水资源供需系统的真实特性的缺陷；可解决不确定性来水和需水过程的概率分布拟合预测及其供需优化配置技术难题。

**技术指标如下：**

该模型技术在高强度用水的东江流域一级支流西枝江流域进行实际配置验证并与传统多目标优化模型 MOA 进行比较，缺水量大大减少、成本大大降低；农业、工业、生活的供水保证率分别提高 9%～12%、4%～26%、9%～26%，总配水保证率提升 12%～17%。

**3. 应用范围及前景**

该技术适用于区域与流域层面水资源战略规划、抑咸供水调度、重大水资源配置工程规划以及最严格水资源管理制度实施等。进一步完善来水、需水过程的不确定性量化描述概念模式和高维联合概率分布，进一步完善流域水量分配的水资源优化配置基础。

该技术提出的来水需水过程不确定性的水资源系统优化报童理论模式可直接服务于区域与流域层面水资源战略规划、重大水资源配置工程规划以及最严格水资源管理制度实施，可以解决水资源配置面临的水资源供应与水资源需求不确定的问题，从而可提高供水保证率，减少弃水，使得水资源得到合理有效的利用。

持有单位：中山大学、广州丰泽源水利科技有限公司

单位地址：广东省广州市海珠区新港西路 135 号

联 系 人：陈晓宏

联系方式：020－84114575、13503053520

E-mail：eescxh@mail.sysu.edu.cn

# 26 太湖流域水量水质一体化预警决策关键技术

**1. 技术来源**

国家计划。

**2. 技术简介**

该技术针对太湖流域大型平原感潮河网水流运动规律复杂、监测站点有限、监测资料缺乏等难题,从数据标准化管理、水量水质精准模拟、预警决策高效服务三个方面开发模型核心功能及各类应用组件,为流域及区域水安全保障等工作提供一体化调度模拟、方案分析管理、成果可视化和实时调度高效决策技术支撑。

(1) 针对建模资料多源异构、难以统一管理的问题,研发基础资料标准数据流构建技术和基于地理信息系统的图-数-模互馈技术,可实现对流域土地利用、河湖水系、工程、污染源及水文水环境等基础建模资料标准化管理及大型平原感潮河网全景式建模。

(2) 针对实时模拟响应偏慢、精度不高的问题,研发下垫面分类产汇流模拟、全河网实时校正、水功能区纳污能力计算、一二维耦合的溢油粒子模拟等多个模块,可有效提高以流域为单元的数字化场景、智慧化模拟、精准化决策支撑能力。

(3) 针对数据加工能力弱及二次开发不友好的问题,基于"插件化设计、主板式集成"开发模式,研发模型系统与前端服务间实时交互的标准化接口,实现各模块间"步长级"耦合,增强模型运行效率、稳定性和可扩展性。

**3. 应用范围及前景**

该技术既可应用于大型平原水网地区水利规划、水利工作前期等方案论证研究,也可直接应用于数字孪生流域建设。可为流域机构、地方水利部门、科研设计等单位开展水利规划、前期论证和数字孪生水利建设提供重要技术支撑。通过该技术成果可实现变化流场下数字孪生流域多维度、多时空尺度的高保真模拟,为流域及区域"四预"功能实现、2＋N 业务应用提供智慧化模拟和精准化决策技术支撑。

该技术成果亦可为其他流域数字孪生建设提供部分技术支持。

持有单位:太湖流域管理局水利发展研究中心
单位地址:上海市虹口区纪念路 486 号
联 系 人:潘明祥
联系方式:021－25101317、13818595820
E－mail:panmingxiang@tba.gov.cn

## 27 面向生态流量的流域水资源配置与统一调度技术

**1. 技术来源**

省部计划。

**2. 技术简介**

该技术是针对北方缺水流域存在的水资源短缺、河道入渗强烈、生态水量亏缺等问题所构建。技术组成如下：

（1）科学确定适宜生态流量。根据河流生态廊道功能确定生态恢复目标，构建生态流量管理分区、生态保护目标分类、不同水期及水平年分期和执行程度预警分级的生态流量核算体系。基于生态保护目标生态水文响应关系，提出河流生态廊道上下游协调、"三生"用水基本协调的生态流量阈值和组分。

（2）构建耦合下渗的一维水动力学模型。为反映生态补水效率目标及生态节点的水力参数，改进了基于北方河流特定底质下渗规律的河道水动力学模型，建立生态节点及水库节点间的水力联系。

（3）建立多水源多目标的水资源配置与生态调度体系。基于河流生态系统功能和生态用水需求，将用水公平、生态补水效率、生态效益作为配置目标，利用水库群联合优化调度并耦合考虑下渗的水动力学模型，建立多水源多目标的水资源优化配置和调度模型。

**技术指标如下：**

（1）生态流量核算模块在确定管理分区的基础上选取生态节点，根据河流生态廊道功能、生态恢复目标选择适宜的计算方法，经河道外社会经济用水协调后确定各生态节点生态组分及阈值。

（2）河流水动力学演算模块是用于支撑水资源配置与调度中节点间水流演进。选择适宜的下渗规律构建考虑渗漏的水流演进模型，用于模拟河流下渗损失，并反映各生态节点的水力学参数。

（3）水资源配置与调度模块根据来水条件、社会经济需水、生态流量，在概化水资源系统的基础上，由供需平衡、水库调度、水流演进、优化算法、目标计算及方案选取等分模块组成，实现水资源优化配置功能。

**3. 应用范围及前景**

该技术适用于水资源短缺地区的流域水资源优化配置与生态水量统一调度。2021年12月，水利部针对河湖水生态系统存在的河道断流、湖泊萎缩干涸、生态流量保障不够、地下水水位下降等突出问题，全面部署复苏河湖生态环境工作。同年，水利部部长李国英在强化流域治理管理工作会议上强调，强化流域治理管理，重点要做好流域统一规划、统一治理、统一调度、统一管理。

该技术从全流域统筹，统一规划，统一调度，有效保障生态流量、恢复地下水水位，是推动水利高质量发展、强化流域治理管理的重要技术支撑。

持有单位：水利部海河水利委员会水资源保护科学研究所
单位地址：天津市河东区龙潭路 15 号
联 系 人：缪萍萍
联系方式：022 - 24103859、15822013205
E - mail：miaopingping@hwcc.gov.cn

**28** 基于 gRPC、LINQ 与物联网相融合的水文多要素监测管理平台技术

**1. 技术来源**

其他来源。

**2. 技术简介**

系统分散、数据孤岛、通信阻塞对水文监测工作造成了诸多不便，亟须高度系统集成、数据融合、物联通信的水文多要素监测管理平台。该技术基于 B/S 架构，充分利用物联网、微服务、机器学习等先进技术，实现水文多要素接收处理、数据融合、分析计算、数据服务、远程运维。基于 gRPC 双向流式服务通信技术构建远程过程调用，基于集成语言查询 LINQ 技术提高海量异构数据高效读写与并行访问，基于机器学习建立强大模型算力分析仓库。

技术指标如下：

（1）数据中心 30 天内平均畅通率达到 98%。

（2）数据处理作业的完成率大于 98%。

（3）单台服务器并发 2000 条以上数据，服务器正常处理业务。

（4）传感器数据上传异常时，系统告警应答时间小于 4s。

（5）支持各类传感器数据，处理能力 200 条/s。

（6）对数据统计分析时，数据 5000 条附近，时间小于 6s。分析数据达 10 万条时，正常处理业务。

（7）系统在线事务处理响应时间小于 1s，跨系统事务处理响应时间小于 1s，系统内查询的响应时间小于 1s，系统内统计的响应时间小于 2s，在业务高峰期间，系统响应时间不超过非业务高峰期间的 1.5 倍。

**3. 应用范围及前景**

该技术适用于水利、电力、气象、农业、交通、应急等部门的数据监测、分析管理、远程运维、数据共享、移动办公。

"十四五"规划对水文监测数字化网络化智能化水平提出高要求，平台充分结合物联网、大数据等技术，对原有系统分散、数据孤岛、分析能力不足、服务能力不足的问题提出了实用性的解决方案，支撑了水文数字化网络化智能化发展。未来将借助人工智能、数字孪生等先进技术，提供更多的精细分析与数字模拟服务。

持有单位：长江水利委员会水文局

单位地址：湖北省武汉市解放大道 1863 号

联 系 人：高明

联系方式：027-82829680、13212710080

E-mail：gaom@cjh.com.cn

## 29 生态流量智能监测预警系统技术

**1. 技术来源**

省部计划。

**2. 技术简介**

该技术借助引进的影像测流技术为主要监测手段，结合生态流量管控目标，通过构建软硬件一体化解决方案，针对中小河流或小水电实现多种方式的生态流量自动监测预警。

该技术由固定测流设备、App 软件及监控预警平台软件三部分组成。固定测流设备和 App 软件均采用影像测流技术，通过拍摄水体表面运动，实现无示踪体条件下对水文要素的非接触式测量。固定测流设备通过固定架设红外摄像机及处理模块等，实现固定断面生态流量全天候无人值守在线监测发报，适用于宽度在 0.5～600.0m，流速范围在 0.2～20.0m/s 的监测断面；App 软件安装于安卓系统移动端（手机或平板），可实现临时断面的流量巡测和抽检。监控预警平台在接收多源监测数据基础上，集成基于预测预报的事前预警技术、基于动态监测的事中预警模型以及基于历史警情的事后预警技术等多种预警模型，实现监测数据管理、生态流量目标核算、监测断面在线预警、生态流量保证程度分析以及预警事件管理等功能。

**技术指标如下：**

该技术针对生态流量监管需求研发，软件功能全面，涵盖从监测到预警全过程，集成多种预警模型，通用性强，适用范围广，模型响应时间不大于 50ms；监测硬件适用于宽度在 0.5～600m，流速范围在 0.2～20m/s 的监测断面。

**3. 应用范围及前景**

该技术为水利、环保等部门提供中小河流及小水电生态流量（水位）的低成本高频监测及智能分析预警。

该技术在生态流量强监管背景下，针对中小河流和小水电监测难、监管费时费力等痛点，通过引入影像测流技术，构建软硬件一体化解决方案，依托便捷的系统部署，可实现生态流量/水位的可视化监测以及多模式自动预警。亦可通过模型定制，拓展监测数据分析与预警模型，可满足多情景生态流量监管需求，在中小河流及小水电生态流量监管、生态补偿决策等工作中具有良好的推广前景。

持有单位：黑龙江省水利科学研究院、长江水利委员会长江科学院

单位地址：黑龙江省哈尔滨市南岗区延兴路 78 号

联 系 人：刘岩

联系方式：0451－51990935、13804564990

E－mail：13804564990@163.com

## 30 干旱区土壤次生盐渍化地下水位调控关键技术

**1. 技术来源**

省部计划。

**2. 技术简介**

干旱区潜水蒸发强烈，灌溉使水分向灌区内部集中，导致局部区域地下水位抬升，在毛管力作用下，地下水及土壤中的矿物盐分随着土壤水分向上运移，在地表聚集形成次生盐渍化。将地下水位控制在次生盐渍化地下水临界埋深以下即可有效控制次生盐渍化的发生。基于土壤次生盐渍化地下水临界埋深，在灌区种植期前，通过合理运行现有部分灌溉机井将次生盐渍化区地下水位降低到土壤次生盐渍化地下水临界埋深以下，可实现快速精准改善区域次生盐渍化的问题。

**技术指标如下：**

（1）该技术理论计算的精度与试验观测结果误差小于 10%，通过在甘肃黑河流域和西辽河平原大规模的理论计算和野外实证，表明理论计算结果可靠。

（2）基于灌溉机井优化运行实现灌排结合治理次生盐渍化的管控效率提高了 90% 以上，通过在黑河流域罗城灌区调控示范的应用，排碱渠易受制于地形等影响，排水效果不显著，该方案利用灌溉机井闲时充当排盐井，通过优化布局运行能快速精准降低地下水位，可改善次生盐渍化，效果显著。

（3）与传统次生盐渍化治理措施相比，该方案可将经济成本降低 50% 以上，通过示范应用表明该技术主要成本为灌溉机井排盐抽水期间的电费和运输水的管道费用，相比传统排碱渠修建等技术相比，建设成本更低。

**3. 应用范围及前景**

该技术适用于我国北方次生盐渍化严重的区域，包括新疆、甘肃、青海、内蒙古、陕西、宁夏等大部分平原区域。

持有单位：中国水利水电科学研究院

单位地址：北京市海淀区复兴路甲 1 号

联 系 人：汪勇

联系方式：010-68781370、18911152742

E-mail：wangyong@iwhr.com

## 31 半干旱区农牧交错带地下水位管控关键技术

**1. 技术来源**

省部计划。

**2. 技术简介**

我国半干旱区属于典型的农牧交错带，降水基本不产流，通过地表入渗补给地下水，是地下水主要补给来源；地下水排泄方式在灌区主要是灌溉开采地下水，在牧区主要是草原植被蒸散发。灌区与牧区地下水位具有水力联系，灌区地下水位下降容易导致牧区地下水位下降，造成草原退化等。保障灌区降水入渗补给地下水、牧区潜水蒸发补给地表植被是地下水可持续开发利用的关键，该技术集成降雨入渗补给地下水临界埋深计算技术、地下水补给植被的临界埋深计算技术，并提出分区地下水管控指标，为区域地下水合理管控和水资源合理利用提供了技术支撑。

技术指标如下：

（1）理论公式计算的精度与试验观测的结果误差小于10％，通过在西辽河平原灌区和牧区大规模的理论计算和野外实证分析，理论计算结果可靠。

（2）地下水分区域管控效果较传统管控手段效果提高了90％以上，相比较封育草原等生态治理手段，该技术通过控制灌区地下水位和管理牧区地下水位，有效遏制了区域整体地下水位下降，对草原生态恢复效果显著。

（3）地下水管控成本降低50％以上，通过示范应用，在灌区布设灌溉自动跳闸装置，当地下水位下降到临界埋深以下时自动停止灌溉，有效减少了监测井建设和人工成本。

**3. 应用范围及前景**

适用于我国北方多年平均降水200～400mm、多年蒸发量大于1000mm的半干旱区，如四大沙地。

持有单位：水利部发展研究中心、中国水利水电科学研究院
单位地址：北京市海淀区玉渊潭南路3号C座
联 系 人：贺霄霞
联系方式：010－63205871、18519110979
E－mail：hexiaoxia@waterinfo.com.cn

## 32 YDH-1L型双通道地下水监测技术

**1. 技术来源**

其他来源。

**2. 技术简介**

该技术一体化结构设计，集成高精度自校正压力式水位计、采集存储通信终端、锂电池供电系统，用于自然界水位、水温数据的采集、存储、处理和传输。

**技术指标如下：**

（1）水位传感器类型：485接口压力式水位计，采集水位、水温水位传感器分辨力：0.1cm；水位传感器精度：<1cm。

（2）通信方式：4G（全网通）、卫星（可选）；数据存储空间：每4h保存一组数据，大于100年。

（3）待机电流：<10μA（休眠）。

（4）采样电流：<10mA（水位采样，计传感器功耗）。

（5）发送电流：<15000mA（卫星发送最大电流）。

（6）供电电源：7.2V直流，1A。

（7）电源保护：反接保护，过压保护，防浪涌功能。

（8）实时时钟：内部实时时钟走时年误差最大2min。

（9）工作环境：温度范围-25～55℃，湿度范围0～90%。

（10）数据保存时间：100年；使用寿命：3年以上。

（11）重量：<1kg（不含传感器电缆线）。

（12）整机尺寸：直径69mm，高300mm。

**3. 应用范围及前景**

该技术适用于应急抢险、地下水观测、防洪抗旱、山洪灾害、河湖长制、水资源、中小水库、中小河流、现代化水文站等场景。

YDH-1L型双通道地下水监测系统可用于地下水监测、地下管网预警预报、应急监测、山洪灾害监测等方面。未来智能水位计的发展可实现大规模布设水文感知系统，可助力智慧水利业务、数字孪生流域基础工作高质量发展。

持有单位：水利部南京水利水文自动化研究所

单位地址：江苏省南京市雨花台区铁心桥街95号

联 系 人：郭丽丽

联系方式：025-52898408、15295512335

E-mail：guolili@nsy.com.cn

## 33　分布式水利综合在线监测技术

**1. 技术来源**

其他来源。

**2. 技术简介**

该技术结合水质监测和由气象环境监测、气体颗粒监测组合而成的环境气体与污秽监测，取得更多的采样数据，为更全面的综合分析，提供必要的数据支持。防外来入侵与警示系统、图像视频系统都是采用被动间接的监测方法，对必要的重点监视区域，进行施工或运营车辆雷达识别、现场光电指示牌日夜闪烁提醒、声光报警提醒、现场抓拍、录制小视频等操作。一方面减少大型车辆因施工或偷排破坏了水质；另一方面提供了现场的图像视频信息，可供查看或保留证据。

**技术指标如下：**

（1）在线监测主机：

1）传感器。

风速：0～60m/s，准确度±0.1m/s。

风向：0°～360°，准确度±2°。

2）工作环境与工作温度。工作温度：−40～70℃；相对湿度：5％RH～100％RH。

3）电池供电时间（无阳光工作日）。图像：不少于10天。

4）防护等级。主机：IP65。传感器：IP68。

5）使用寿命。装置整机使用寿命不少于5年。太阳能电池板的设计寿命不应低于20年。无信号区域支持北斗通信。

（2）图像视频。

1）成像质量。物理像素数：≥500万。

2）工作环境与工作温度。工作温度：−40～70℃。

3）电池供电时间（无阳光工作日）。图像：不少于10天。主机：不少于15天。

4）防护等级。主机：IP65。传感器：IP68。

5）使用寿命。装置整机使用寿命不少于5年。太阳能电池板的设计寿命不应低于20年。

**3. 应用范围及前景**

该系统为分布式多功能的在线监测系统，设备体积小巧，易于安装使用与维护。适用于一片区域，多点布置，综合监测。该系统集成了水质监测，以及对水质会产生影响的地质监测、气象监测、气体监测、污秽颗粒监测、图像视频监测等。可提供全方位，多元化的数据支撑。对提升水质，防止污染，应急处理等生产与管理措施提供有效的协助。

持有单位：北京飞利信信息安全技术有限公司

单位地址：北京市海淀区塔院志新村2号服务楼8层东侧

联　系　人：朱永权

联系方式：010−60958252、13611173891

E−mail：zhuyongquan@philisense.com

## 34 电子探长-无人监测船技术

**1. 技术来源**

其他来源。

**2. 技术简介**

该技术采用自主研发的水面自主定位导航系统、航姿自适应控制系统，在目标水域内自主巡航并执行监测任务。系列产品包括 Eriver 监测无人船、Explorer 测绘无人船、Tracer 采样无人船，可分别搭载多参数水质传感器、多普勒流速仪、测绘声呐、自动采样仓等设备，执行水质监测、水文测量、水下测绘、水体采样等任务。主要应用场景包括污染排查、防汛预报、工程勘探、河湖勘测、水政监管等。

针对无人船动力系统拥有创造性技术，包括抗风浪自适应系统、可变桨距推进器，可以更适应于大江大河与高流速复杂水环境使用。在数据算法上，开发了多时相时空数据预报预警技术、多尺度水体污染溯源技术，助力水域数据模型深化。在系统技术层面，基于硬件传感，打造了数字孪生中台系统，可适配多种通用模块及数据库、兼容不同软件系统完成防洪管理、水资源管理、河湖长制、工程安全运行等功能应用。

技术指标如下：

设备主要组成有：船体结构、电源管理系统、网络通信系统、主控制系统、自主导航与避障系统、动力推进系统、传感器系统；产品核心应用功能包括：自主导航与避障设置、作业模式与任务轨迹设置、单点驻停与直线行驶、风浪自适应功能、低电返航功能、水文水质检测功能等，并配备手持遥控终端与远程管理软件。产品目前可实现最高 6m/s 航行速度、8h 以上超长续航、最高适应 3m 水流速度、抗 4 级风浪、最多同时检测 6 种水质数据、最大采样量 6L、实现厘米级测绘精度、测流误差 5% 以内。产品已经入选全国水利系统招标产品重点采购目录、获得多项专利、检验证书、参与编写无人船领域首个团体标准《无人船巡查作业技术导则》。

**3. 应用范围及前景**

该技术适用于水文测量、水质监测与污染溯源、水下测绘与工程检测、航道勘测、鱼情探测、河湖长制管理等。

现有水利监测工具有限，面临着精准度不足、数据相关性差、人工依赖大、难以有效分析利用的问题。无人船对河道的空间广覆盖、高精度数据的连续采集、功能拓展性强的技术优势将可填补现有治理手段的空白，为预报预警的薄弱环节提供关键性支撑，全方位的提升河湖水库监管与治理的智能化的水平。

持有单位：西安水泽动力科技有限公司
单位地址：陕西省西安市雁塔区雁翔路 99 号博源科技广场
联 系 人：王耀国
联系方式：029 - 81215505、13319216437
E - mail：wangyaoguo@shuizetec.com

## 35 小型水库雨水情与大坝安全监测技术

**1. 技术来源**

其他来源。

**2. 技术简介**

该技术由水库智能感知、物联网信息通信、云端智慧监控管理平台组成。小型水库的在线监控具有库水位、雨量、图像、渗流等运行数据自动采集、分析、上报功能，自组网、物联网系统具有全要素采集通信功能，水库安全监测预警系统云平台具有监测数据智能分析预警功能，实现了水库运行状态感知监测、运行态势分析、安全管理、巡视检查在线管理等全面业务支持，既能支持单个水库管理，也能支撑全省、市县水库群管理。

技术指标如下：

该系统由雨水情测报系统、大坝安全监测系统、水库大坝安全监测预警平台组成：雨水情测报系统利用各种智能感知设备，实时采集水库降雨量、库水位和视频数据，动态监测分析，自动发送雨水情预警和区域入侵侦测预警，实现 7×24h 远程自动监测预警。大坝安全监测系统主要对大坝变形、渗压渗流、浸润线监测等进行 24h 的在线数据监测。水库大坝安全监测预警平台实现了对水库雨水情和大坝安全数据采集、汇聚、分析、预警、基础数据管理，现地数据终端在线运维及巡检过程记录等功能，并通过 GIS 一张图将各设备状态信息、实时数据、预警信息进行智能化预测、预报、预警。通过数据共享将系统的各项推送到省级监测平台，实现与其信息互联互通。

**3. 应用范围及前景**

该技术适用于小型水库的雨水情监测、大坝安全监测、洪水预测预报、水库下游预警能力建设等领域。

在"十四五"病险水库除险加固和运行管护任务中，要求 2025 年前，完成新出现病险水库的除险加固，配套完善重点小型水库水雨情和安全监测设施，实现水库安全鉴定和除险加固常态化。国内目前有约 9.4 万座小型水库，市场容量巨大。

持有单位：北京国信华源科技有限公司
单位地址：北京市西城区广安门内大街甲 306 号 825
联 系 人：解磊
联系方式：010-63205221、13261920277
E-mail：xielei@bjgxhy.com

# 36 大跨度双轨循环式雷达测流技术

**1. 技术来源**

国家计划。

**2. 技术简介**

大跨度双轨循环式雷达测流技术提出了多普勒流速仪瞬时姿态、水表风速、水表流速耦合模型，解决了流体表面流速采集精度难题，研发了双轨循环式支撑导轨，解决了大跨度测验断面仪器平稳运行问题。与传统移动式雷达流速设备对比，设备运行更为平稳可靠，耦合了多种环境及系统干扰因素，流速计算更为精准可靠。

支持远程手动测流和远程遥测等功能：河道的断面、垂线、水位计高程、测流历时、低水停测、低温停测、大风停测、加报段制、加报水位及加报变幅等。通过远程监测并记录雷达多普勒流速传感器信号频谱分布，进而优选优化测流参数，显著提高了流速测量质量，做到了流速测量可溯源、可选择。

**技术指标如下：**

通过多普勒流速仪瞬时姿态、水表风速、水表流速耦合模型，解决了流体表面流速采集精度难题，设计了双轨循环式支撑导轨，解决了大跨度测验断面仪器平稳运行问题。与传统移动式雷达流速设备相比，设备运行更为平稳可靠，耦合了多种环境及系统干扰因素，流速计算更为精准可靠。支持远程手动测流和远程遥测等功能：河道的断面、垂线、水位计高程、测流历时、低水停测、低温停测、大风停测、加报段制、加报水位及加报变幅等。通过远程监测并记录雷达多普勒流速传感器信号频谱分布，进而优选优化测流参数，显著提高了流速测量质量，做到了流速测量可溯源可选择。

**3. 应用范围及前景**

该技术适用于河道跨度大、漂浮物较多、河流汇流速度快、洪水陡涨陡落等特征的山溪性河流。

大跨度双轨循环式雷达测流系统设计遵循无人值守、简单可靠、方便维护、功能完善的原则，耦合多种环境及系统干扰因素，流速计算更为精准可靠。提供多种流量推演算法，可实现流量自动监测。大跨度双轨循环式雷达测流系统非常实用于河流分布广、地域宽、站点多地区的远程流量测验，特别是对汇流速度快、洪水陡涨陡落等特点的山溪性河流的高洪自动抢测。

持有单位：长江水利委员会水文局长江中游水文水资源勘测局

单位地址：湖北省武汉市江岸区胜利街316号

联 系 人：范亮

联系方式：18717103413

E-mail：549057104@qq.com

## 37 影像法流量测验技术

**1. 技术来源**

其他来源。

**2. 技术简介**

该技术通过对水面图像进行处理，提取画面中的漂浮物或波纹、气泡等水面纹理特征并进行跟踪匹配，计算出特征点矢量运动的大小以及帧间时间，从而可计算得到该点的实时流速值，原理类似传统浮标法。

**技术指标如下：**

（1）表面流速监测范围：±0.2～15m/s，测量偏差≤±8%。

（2）断面宽度：100m，可扩展至2km。

（3）水位数据：水尺识别或虚拟水尺识别，识别距离≤100m，精度≤±2cm。

（4）记录周期：自定义，最短1min。

（5）可根据输入的断面数据自动计算河道实时流量和累计流量。

（6）支持阈值设置，实现水位/流速阈值告警。

（7）400万像素高清视频图像，44倍光学变焦。

（8）支持应急浏览，控制云台转动，查看周围画面。

（9）支持按《水文监测数据通信规约》（SL 651—2014）和《水资源监测数据传输规约》（SZY 206—2016》规范向平台传输数据。

（10）最大支持512GTF卡；支持外接雨量筒、气象站等设备，组成水雨情一体站。

（11）防护等级：IP66。

**3. 应用范围及前景**

该技术适用于高洪流量、游荡性河道、界河流量等情况下的流量测验工作。对含沙量大、高流速的河道具备良好适应性。

影像法流量测验系统是新的测流手段，具有广泛的应用前景，典型应用是部署在水文站、江河跨界断面或水资源监测监控站点等位置，系统结构简单，安装方便，并具有以下特点：

（1）可视化监测。

（2）全天候无人值守自动测报。

（3）非接触测流，保证系统和人员安全。

（4）适应性广，对高流速、混浊水流、低枯水流都有良好适应性。

持有单位：黄河水利委员会河南水文水资源局、天地伟业技术有限公司

单位地址：河南省郑州市金水区聚锦国际1号楼

联 系 人：牛茂苍

联系方式：0371-66025941、18530900445

E-mail：183655889@qq.com

## 38 基于无人船控制技术的流量测验技术

**1. 技术来源**

其他来源。

**2. 技术简介**

该技术通过无人船搭载 ADCP 进行断面流速流量测验，以无人化的测验载体取代传统的有人船或者缆道拖曳三体船，以更现代化、高效化、智能化的技术方案实现流量测验，解放外业人员的劳动强度。

无人船主控内置 Linux 操作系统、定位定向板卡芯片、惯导芯片、4G 芯片、电台芯片及网桥模组，实现了强大的数据处理及通信功能，同时无人船整船内置单波束测深仪、ADCP、全向摄像头、毫米波雷达、超速马达等主要设备，主控实时接收传感器数据并经过算法处理，可以实时发送至无人船服务器平台，地面 PC 接收端可通过 4G 访问无人船服务器，获取到 ADCP 数据，实现无线传输。

**技术指标如下：**

(1) 船体尺寸：1200mm×750mm×400mm。

(2) 最大船速：7m/s。

(3) 电池规格：36V245Ah×4。

(4) 电机类型：无刷电机，无舵机转向。

(5) 续航时间：6h@2m/s。

(6) 通信距离：遥控 2km、数据 4G 无限制、网桥 2km。

(7) 避障距离：2～40m。

(8) 主控防水等级：IP67。

(9) RTK 定位精度：平面 8cm＋1ppm，垂直 15cm＋1ppm。

(10) 定向精度：0.2°（1m 基线）。

(11) 惯导精度：6°/h。

(12) 传感器：测深仪、ADCP 同时使用。

(13) 测深仪开角：6.5°。

**3. 应用范围及前景**

该技术适用于水利委员会水文站、各省市水文站的日常流量测验应用。该技术具有原创性、难度大、应用性强的特点。

成果已在黄河、长江及国内其他流域的日常测验进行了示范应用，发挥出重要作用，为水文现代化管理理念提供了技术和决策支撑。成果已被多省水文系统投产使用，已成为流量测验的典型案例。同时为世界同类型的流量测验工程提供了借鉴和示范作用，可产生生态经济效益。

持有单位：上海华测导航技术股份有限公司

单位地址：上海市青浦区高泾路 599 弄 D 座

联 系 人：韩萌萌

联系方式：021－51508100、18601610876

E－mail：mengmeng＿han@huacenav.com

## 39 基于雷视融合的河道流速流量测量技术

**1. 技术来源**

其他来源。

**2. 技术简介**

现有传统接触式测流技术操作复杂且在汛期高流速场景下无法实现自动化监测。另外，现有非接触式测流技术，雷达部署成本高，视频测流容易受到环境影响而导致测流数据不稳定，且两和算法均无法对水资源管理场景下实现低流速监测。

面向"流域生态防洪体系"以及"水资源管理与调配体系"两个关键场景，围绕流速流量感知能力构建，为有效填补现有测流设备在自动化、全量程监测方面的技术空白，华为公司提出了基于雷视融合平台的流速流量测量技术，该技术在岸基非接触式安装部署的条件下，通过深度融合雷达和视频流速实现了对表面流速和流量的精准化、自动化测量。

**技术指标如下：**

雷视融合测流技术自研发完成至今，已通过了实验室水槽验证以及外场水文站测试，测试结果表明：通过与转子流速仪对表面流速（入水 10cm）测量结果为标准进行对比，侧装雷达单点流速测量误差 5％，视频单点流速测量误差 10％。流量测量结果与同时段、同水位下的转子流速仪实测流量进行误差分析和关系线检验，结果表明流量误差在 5％范围内，且：①符号检验：合格；②适线检验：合格；③偏离数值检验：合格；④标准差：Se＝3.755％；⑤系统误差：0.151％；⑥随机不确定度：7.510％。

**3. 应用范围及前景**

该技术适用于水文站、行政区界水资源监测、排污口流量监测、水电站生态流量监测、灌区取用水监测。

雷视融合测流技术未来将面向更远探测距离以及更便携的安装部署方向进行发展。具体地，首先从摄像机及雷达底层硬件出发，提升传感器对流体表面特征的识别动态范围和灵敏度，使能雷视融合测流技术可实现更远距离、更为准确的表面流速测量。其次，进一步降低雷视测流系统的外场标定难度，简化标定成本，使能雷视融合测流技术可实现便携式、无人机载式安装部署，即装即用，从而更广泛地应用于防洪排涝等应急监测场景。

持有单位：华为技术有限公司

单位地址：广东省深圳市龙岗区坂田华为总部办公楼

联 系 人：冒甘泉

联系方式：0755－28780808、18926453724

E－mail：maoganquan@huawei.com

# 40 多功能声学多普勒流量在线监测技术

**1. 技术来源**

其他来源。

**2. 技术简介**

该技术基于 5MHz 超声波多普勒频移法测流技术,实现正负双向流速数据监测,通过混频频率和频移自动跟踪校准,精确识别流场变化,实现高精度双向测流,流速偏差不低于 0.2mm/s。通过内置压力式水位传感器,频移法多普勒流速传感,经过标准流量算法得到断面流量监测;由红外编码对射原理进行泥沙厚度的监测,应用物联网、人工智能、大数据、云计算以及移动互联网等技术,将实时流速、实时水位、实时流量、泥沙厚度和图像等信息的采集传输。实现大数据平台实时远程控制和一体化数据管理运行。

**技术指标如下:**

(1) 流速量程:$-2.00\sim7.00$m/s,流速偏差$\leq0.2$mm/s,分辨率:1mm/s。

(2) 水位量程:$0\sim10$m,精度:0.2%FS,分辨率:1mm。

(3) 流量范围:$3.6\sim99999999$m³/h。

(4) 泥厚量程:$0.5\sim30.0$cm,测量精度:0.5mm。

(5) 防护等级:IP68。

(6) 供电方式:太阳能供电或电池供电,DC12V。

(7) 输出接口:RS485,标准 Modbus 协议。

(8) 输出方式:水位、泥厚、流速、流量参数,通过标准传输协议上传到平台中心。

(9) 订制接口:水质和流量集成配套。

**3. 应用范围及前景**

该技术适用于中小型水库、河道、灌区、水闸、堤防、市政排污管网、地质灾害,缆道测流等场合的泥厚、水位、流速、流量等监测应用和系统大数据联网。该监测系统已得到广泛应用,在湖北、湖南、四川、广东、广西、江西、重庆、贵州、云南、安徽、福建、山东、江西、河南、辽宁、浙江、陕西等全国 17 省(自治区、直辖市)以及越南、密西西比河,共计安装了 12855 套小型灌区泥沙厚度和流量监测系统。目前主要应用于水利枢纽输水及灌区工程,智慧水务系统,中型灌区续建配套与节水改造,排涝应急工程,水利建设工程数字灌区建设,地下管网综合管理系统,灌区信息化建设,小型水库改造、水电站防汛、水闸泵站等监测。该系统软件界面直观形象,可向各级管理部门及时提供水位、泥厚、流速、流量、现场图片等水、量、泥综合信息,为水资源管理、水利信息化建设、防汛抗旱管理等提供有效的技术支持。

持有单位:厦门博意达科技股份有限公司

单位地址:福建省厦门火炬高新区信息光电园金丰大厦六楼 608 室

联 系 人:张霞青

联系方式:0592-5571176、18965189426

E-mail:3438617253@qq.com

# 41 智能高精度超声波流量在线监测技术

## 1. 技术来源

其他来源。

## 2. 技术简介

该技术利用声学多普勒效应进行测流。

超声波剖面流量计可获取分层垂线流速，结合内置与河海大学合作开发的断面流速计算模型，可生成每层平均流速，结合当前层面积，可以得出当前层流量，最后通过积分运算得出整体流量。

**技术指标如下：**

(1) 设备型号：HZ－VADCP－1MQP。

(2) 工作电压：DC6～30V。

(3) 功耗：≤80ma@12V。

(4) 测速范围：－6～6m/s（与流态有关）。

(5) 测速精度：＋0.005m/s；±1%FS。

(6) 稳定输出数据时间：小于10s。

(7) 最大测量水深：10m。

(8) 最大单元层数：128层。

(9) 单元层大小：≥1cm。

(10) 水位测量精度：±2mm。

(11) 设备存储温度：－30～70℃。

(12) 设备工作温度：－20～60℃。

(13) 温度传感器精度：＋0.3℃。

(14) 温度传感器分辨率：0.1℃。

(15) 防护等级：IP68。

(16) 防爆等级：Exia IIC T6 Ga。

(17) 产品尺寸：208.5mm×532mm×20mm。

## 3. 应用范围及前景

该款产品适用于排水管道、泵站等长期淹没、含易燃易爆的恶劣环境。同时也适用水文水利、灌区中河道流量监测。

随着硬件、技术水平的持续提升，流量监测已经从早期的估量，向科学精准计量持续转换。采用分层测量方式测量断面流量，测量精度更加精准。对于灌区做到"要多少水，给多少水"，真正做到"节水"精细化管理，未来会大规模推广。

持有单位：上海航征仪器设备有限公司、长江水利委员会水文局

单位地址：上海市徐汇区田州路99号9号楼708室

联 系 人：蒋莉

联系方式：021－54652966、13585609523

E－mail：lisajiang@shhzmc.com

## 42 ZSX－4型数字式流速流向仪技术

**1. 技术来源**

其他来源。

**2. 技术简介**

该技术是根据市场需求开发的用于测量河道、河口、湖泊等水下测点的流速流向仪。

ZSX－4型数字式流速流向仪是独立自主研发的数字式流速流向仪，主要由水下流速流向采集器、数据传输电缆及水上数据处理器等组成。水下流速流向采集器含有流速传感器和流向传感器。流向传感器中的磁浮子在地磁场的作用下自动定位在地磁南北方向，利用磁浮子的磁环路弱力距驱动光码盘使其基准线随动定位到地磁南北，尾翼迎合流向时传感器中光电管的分布半径遂产生相对于南北方向的角位移，读出光码盘中的数据即指示出流向的角度。仪器采用液晶显示器显示测量数据及参数，可通过按键设置流速仪的水力螺距、仪器常数、测流历时等参数及修改日期、时间等；仪器能保存2000个单点测量记录，在掉电状态下测量记录、日期、时间及仪器的水力螺距、仪器常数、测流历时等参数能长期保存；仪器设有RS－232C（DB－9针插座）接口，可由微机取出测量记录，通信速率为9600bps。

**技术指标如下：**

（1）测量范围：流向：0°～360°；流速：0.1～5m/s。

（2）流速测量历时设置：1～100s。

（3）适用水深：＜40m。

（4）测量精度：流向：±3°。

（5）流速均方差：$M \leqslant 1.5\%$。

（6）使用条件：含盐度：＜4‰。

（7）使用温度：－10～40℃。

（8）储存温度：－40～55℃。

（9）离铁船：≥1.7m。

**3. 应用范围及前景**

该技术适用于河道、河口、湖泊等水下测点的流速流向测量。

该技术根据市场需求开发出用于测量河道、河口、湖泊等水下测点的流速流向仪。该仪器既能测量水下测点的流速，还能同时测量测点的流向，测量数据保存在主机内，可通过接口取出测量记录。

持有单位：重庆华正水文仪器有限公司

单位地址：重庆市北碚区龙凤三村200号

联 系 人：邹建林

联系方式：023－68346892、15923064247

E－mail：272604999@qq.com

## 43 声学全断面时差法流量在线监测技术

**1. 技术来源**

其他来源。

**2. 技术简介**

该技术通过安装在河道两岸的工作站的两套设备交互工作来实现测量。通常呈与河流方向45°角的安装方位，采用双机交替发射调制超声波信号，根据双机接收到对方信号所需时间的差值来确定河道全断面流速。

**技术指标如下：**

(1) 测量原理：时差法相关性原理。

(2) 工作频率：200kHz，90kHz，50kHz。

(3) 剖面测量范围：0.2～1000m。

(4) 最大流速量程：$\geqslant \pm 10$m/s。

(5) 测量精度：$\pm 1\%$。

(6) 流速分辨率：1mm/s。

(7) 通信：支持 RS-485。

(8) 数据输出：指标流速/流量/水位/泥沙/温度。

**3. 应用范围及前景**

该技术可应用于：①河床相对稳定，冲淤变化小，无涡流等因素影响；②测量断面宽度在0.2～1000m；水深应大于20cm；③断面含沙量＜10kg/m。

该技术主要运用于水利、环保、自然资源等行业的监测。经济效益主要体现在降低洪灾损失和工程项目上可降低工程的设防标准进而降低造价。根据世界气象组织测算，水文的投入与产出的比例高达1：50。该设备的研究将可减免洪涝灾害造成的经济损失主要包括：直接减免的农、林、牧、渔业损失，基础设施损失，城镇和农村居民财产损失，城乡企、事业财产及停产停业损失、骨干运输线中断的营运损失以及其他经济损失等。

持有单位：浙江天禹信息科技有限公司

单位地址：浙江省杭州市西湖区紫霞街176号2号楼1212

联 系 人：康俊辉

联系方式：0571-86727577、15837874085

E-mail：952346580@qq.com

## 44 TEL – 11 雷达波在线测流系统

**1. 技术来源**

其他来源。

**2. 技术简介**

该技术把雷达波流速仪布设到断面相应起点距位置，通过 RS485 总线连接到岸边的测流控制系统采集流速并计算流量，通过 GPRS 或北斗卫星把数据发往到控制中心。

**技术指标如下：**

雷达波流速仪的技术参数：

(1) 流速测量范围：0.15～18m/s。

(2) 分辨率：±0.01m/s。

(3) 最大测程：30m。

(4) 发射频率：24.00～24.25GHz。

(5) 天线样式：平板雷达。

(6) 波束宽度：12°。

(7) 水流方向识别：面朝或背对水流方向自动识别。

(8) 测速历时：5～240s。

(9) 垂直方向倾斜：具有多角度、垂直角度自动补偿功能。

(10) 数据接口：RS485、RS232，可定制。

(11) 供电电压范围：5.5～30VDC 以上宽电压供电，带过压保护、反接保护。

(12) 12V 时工作电流：休眠时≤1mA，测量时 110mA。

(13) 角度设置范围：0°～60°（通过手动设置雷达探头相对主流向之间的左右转动角度，补偿探头方向偏差造成的测量误差）。

(14) 工作温度：－20～60℃。

(15) 保存温度：－40～80℃。

(16) 防护等级 IP68。

(17) 适用环境：全天候，大、中、小以及暴雨天均可正常测量流速。

**3. 应用范围及前景**

该技术适用于山区性河流、较浅的溪流、洪水期测流、人工测流较危险的水域、明渠流量在线监测。

系统实现了人工智能对话测流，体现了水文测验的现代化发展水平，为人工智能在水文测验中的应用开辟了新途径。流量实时监测数据通过信息系统及时准确地提供给防汛决策机构，为推进"驻巡结合、以巡为主、测报自动、应急补充"测验模式奠定了基础。

---

持有单位：天宇利水信息技术成都有限公司、云南省水文水资源局文山分局
单位地址：四川省成都市武侯区武兴二路 9 号 2 栋 2 单元 10 层 1002
联 系 人：杨运
联系方式：028 – 81475920、13880085035
E – mail：techwater@techwater.net

## 45 AiFlow 视频测流技术

**1. 技术来源**

其他来源。

**2. 技术简介**

该技术利用时空影像法通过提取水面图像中的波纹特征，在所拍摄的河流流动视频中沿水流方向设置一系列平行且等长的测速线，并从视频中逐帧提取每条测速线的灰度信息以合成该条测速线的时空图像。在每幅时空图像中，河流表面亮度的变化将呈现为近似平行的带状纹理，根据带状纹理与竖直方向所夹角度即可测算出河流表面流速的大小，将表面流速和表面流速系数转换成垂线平均流速，结合流速面积法求得断面流量。

**技术指标如下：**

流速测量范围在 0.1~20m/s 内，且分辨率为 0.1m/s，流量测验绝对误差应不超过 0.05m/s。在无外界环境干扰的条件下，流速在 0.1~0.5m/s 范围内，测量相对误差应在＋10％以内；流速大于 0.5m/s 时，实测流量测量相对误差应在±5％以内。

**3. 应用范围及前景**

该技术主要适用于水文局、水利局、灌区管理处。目前已成功在水利部长江水利委员会水文局、贵州省水文水资源局、安徽省淠史杭灌区总局、安徽省驷马山灌区工程管理处、山东省济宁市水务局、广东省水文局、四川省水文水资源勘测局、福建省水文水资源勘测中心等几十家单位进行推广应用。

自技术推广应用以来，一直保持良好的运行状态，从踏勘、安装、率定、交付、应用等流程提供全生命周期技术支持，测量结果准确，为水文测验、明渠量水、生态流量监测等应用场景提供高效、便捷、成本低的实时在线服务，已经取得了显著的社会效益、经济效益。

作为自主研发的技术可用于支撑流域防洪抗旱减灾调度、水资源管理、山洪预警、水利工程设计、水生态保护等行业应用需求，可广泛应用于各流域（省）防汛部门、水文水资源监测与管理、水电开发等水利水电行业，已经成功应用国家重点研发计划"国家山洪灾害风险预警服务平台关键技术研发与应用"课题，有较强的适应能力，易扩展、易推广。

持有单位：武汉大水云科技有限公司
单位地址：湖北省武汉市无偿珞珈山
联 系 人：汪荟
联系方式：027－87869330、13469868551
E－mail：635472217@qq.com

## 46 基于 NB - IOT 窄带物联网技术的节水一体化智慧监管技术

**1. 技术来源**

其他来源。

**2. 技术简介**

该技术通过建立多时空一体化的物联网监测体系和虚拟现实技术,结合单位实地情况构建网络传输体系,将各类型监测设备纳入管控系统,以获取完整原始数据,实现监测主题数据、监测设备数据并多终端实时查看,同时,按节水管理需求,增加历史数据信息的统计分析功能,获取不同维度的数据比对与分析,可实现对单位院内供水管道及楼宇供用水过程实时监控、实时计量,实现管网布局、非常规水收集利用、节水效果等内容在终端实时显示,可实现在线监测、分析、报警、智能诊断和评估、水平衡管理等功能。

**技术指标如下:**

(1)年用水总量。节水型机关建成后,年用水总量为 $5351.42m^3$,小于济南市下达的用水计划($10919m^3$)。

(2)实时监测性能。

1)NB - IOT(窄带物联网),是支持低功耗设备的蜂窝数据连接,具有覆盖广、连接多、速率快、成本低、功耗低等优点。

2)智能水表,远程采集水量,提供用水预报、预警和分析。

(3)智慧监管平台。

1)支持三/多层构架。

2)独立于特定的硬件系统和操作系统。

3)支持各种类型数据库系统。

4)支持消息服务和支持 XML 技术。

5)支持 Web Service、EAI 和组件化开发。

6)支持集群和失效转移,可拓展性和容错性好。

**3. 应用范围及前景**

该技术已在山东河务局所属 28 家单位进行推广应用,同样适用其他机关企事业单位及各类社会组织。

该技术是一套拥有非常规水(雨水、洗菜水)收集利用系统、绿化灌溉系统、节水信息化平台、VR 全景漫游等多项先进技术,运行管理制度健全,管理操作规范的智慧体系,可有效提高职工节约意识,可广泛适用于公共机构节能、创建节约型单位,是实现黄河流域生态保护和高质量发展的重要举措,具有较好的推广应用价值和前景。

---

持有单位:山东黄河河务局、山东黄河服务中心
单位地址:山东省济南市历下区黑虎泉北路 159 号
联 系 人:李广义
联系方式:0531 - 86987211、15653105707
E - mail:1738110961@qq.com

# 47 水利遥感影像识别解译技术

## 1. 技术来源

其他来源。

## 2. 技术简介

（1）高分辨率卫星遥感影像数据和无人机航片。数据处理主要包括几何校正、正射校正、坐标投影转换、数据格式转换、图像增强、影像融合、影像裁切和镶嵌、影像瓦片切割及服务发布等处理。

（2）系统支持在 B/S 端开展遥感影像智能解译工作，通过简易的操作，实现扰动图斑自动化解译，响应信息化监管技术规定要求。

（3）通过结合人工智能技术，开发提供面向行政区、自由区域不同尺度范围的类别和变化对象识别等智能服务。

（4）采用无人机航片和 DEM 数据构建项目区重点部位三维虚拟建模方法，实现了遥感影像数据标准化处理、自然地物和建筑物的三维建模、数据集成整合、三维虚拟景观生成等。

技术指标如下：

该技术经过信息产业信息安全测评中心的专业测评，在测评报告中，对于软件的功能实用性、易用性、安全稳定性、本地标准化、代码无毒化、数据导入导出安全策略做了肯定。主要技术指标数据为：

（1）响应时间：＜3s。

（2）并发用户数：1000，满足多人在线联合分工快速解译。

（3）安全性较好，去除弱口令、代码注入等不稳定因素。

（4）交互友好，不需要专业的知识，所见即所得操作。

## 3. 应用范围及前景

该技术适用于各级水利相关行政、科研、相关企事业单位的遥感监管工作，进行全时空监督。

不断融入 AI 算法、3D、数字孪生等技术，兼容国内外多种数据引擎，平台交互性和产品性能将得到快速提升；智慧水利方兴未艾，无人机、移动端可以补充现有平台应用的不足，该技术深度结合典型业务应用，不断完善现有功能，丰富解译标志库，产品在水利监管方面将会越来越重要。

持有单位：北京北科博研科技有限公司
单位地址：北京市西城区南线阁街基业大厦 3 层
联 系 人：张学东
联系方式：010－63203505、13621214404
E－mail：Zhangxd@beiktech.com

## 48 高时空分辨率蒸散和灌溉用水量监测技术

**1. 技术来源**

国家计划。

**2. 技术简介**

该技术首先通过联合"时空连续再分析背景场-高质量遥感影像-系统误差校正"全天候地表温度时空融合方法，以及双源能量平衡模型，构建适用于作物轮作制度的实际蒸散估算方案，生成长时序高精度、高时空间分辨率（1km，逐日）蒸散数据。其次，基于灌溉条件下的土壤水量平衡，考虑灌溉用水量的多重构成，根据遥感反演的实际蒸散、受灌溉影响的根区土壤水分、模型模拟的实际蒸散和根区土壤水分、由灌溉导致的地下水补给以及灌溉面积百分比，估算逐月 1km 空间分辨率的灌溉用水量。该技术易于操作，可应用于云覆盖天气条件，可获得全天候、高精度的灌溉用水量。

**技术指标如下：**

（1）蒸散发监测：

1）平均误差：0.10～0.54mm/d。

2）均方根误差：0.81～0.91mm/d。

3）决定系数（$R^2$）：0.70～0.82。

4）测量介质：作物下垫面。

5）时间分辨率：逐日。

6）空间分辨率：1km。

7）工作环境：全天候。

（2）灌溉用水量监测：

1）平均误差：$-0.11～0.15km^3/a$。

2）均方根误差：$1.90～2.33km^3/a$。

3）决定系数（$R^2$）：0.74～0.84。

4）测量介质：作物下垫面。

5）时间分辨率：逐月。

6）空间分辨率：1km。

7）工作环境：全天候。

**3. 应用范围及前景**

该技术适用于国家、区域/流域、灌区等不同层面的作物耗水、灌溉用水量估算，以及农业用水量复核。

该技术涉及农业、水资源、能量平衡模型以及卫星遥感技术等领域，通过融合多源数据监测信息生成高空间分辨率的实际蒸散，结合土壤水量平衡模型，可以获得大范围、准确、空间分辨率较高的灌溉用水量空间分布，服务于农业灌溉监测和灌区水资源分配和管理。灌溉用水量的准确获取，对于灌区进行灌溉制度优化、优化农业种植结构、可提高作物水分生产效率以及协调水资源调度，具有十分重要的意义。

持有单位：清华大学

单位地址：北京市海淀区双清路 30 号

联 系 人：张梅丽

联系方式：010-62785698、18994025400

E-mail：mlzh@mail.tsinghua.edu.cn

# *49* 水位流量关系辅助定线技术

**1. 技术来源**

其他来源。

**2. 技术简介**

（1）曲线算法。

1）拟合法：最小二乘法拟合，多项式（$n=2\sim5$），幂函数。

2）插值法：光滑插值、自然边界的 3 次样条插值、反推控制点的 B 样条插值、NURBS 样条逼近 4 种插值算法。

3）"智能拟合"法：根据所选测点的分布情况，分段拟合，然后拼接，解决了某些多测点大跨度曲线（不能拟合为多项式）的定线难题。

4）"复合曲线"：添加高水曲点或低水曲点，使曲线两端自由弯曲，解决了多条曲线平滑衔接这一难题。

5）"绳套曲线"：自动生成绳套曲线，保存曲线时断开为 2 条曲线（涨水线和落水线），适用于洪水绳套曲线和各种正"8"字、反"8"字、"人"字曲线。

6）"过渡曲线"：在两条固定临时曲线中间，制作或自动生成过渡线，线型包括：单调曲线、内插过渡曲线、上凸型曲线、下凹型曲线。

（2）定线平台。"三关线"（水位-流量、面积、流速）图形自动绘制，可切换为单独的流量、面积或流速曲线窗口，便于用户精细绘制各条曲线。

（3）选点分组与修线。在水位过程线上选取若干段实测点，或者在表格上选择；拖动数据点，或拖动曲线结点，进行修线。

（4）曲线精度和检验。实时显示定线精度和检验指标，详细显示数据点与曲线偏离情况，便于用户参照指标科学调整曲线。

（5）曲线管理。采用动态标签窗口技术，为每条曲线动态创建一个标签窗口，在该窗口内，可以进行相关操作。解决了部分测站每年数十条曲线的辨识、应用、编辑难题。曲线条数不受限制。

（6）制图。自动绘制曲线和测流方法图例、推流时段表；用户可以交互修改各项图形要素。图形可以直接打印、复制到剪贴板，或者保存为图片文件。

（7）数据格式兼容方面。提供了"自定义格式"，由用户指定水位过程和实测流量各项数据的列号、格式，可以兼容已知的大部分数据格式。

**技术指标如下：**

（1）系统功能完善，涵盖了手工定线模式下描点、分析、选点、初步定线、精修曲线、编制推流时段、推流计算、制图等步骤，自动生成各项报表、交互快速制作满足归档要求的大幅面关系曲线图。

（2）建立了曲线算法库，针对性地研制了专用曲线算法；开发了专用的定线平台，提供多种选点、修线手段，实时显示定线指标和对照情况，帮助用户高质量定线。

（3）计算正确、报表规范，兼容多种数据格式，可以与现有整编、报汛系统衔接。

## 3. 应用范围及前景

该技术适用于水文测站日常水位流量关系定线工作，也可用于相关科研、设计，以及测验管理和防汛会商等。

持有单位：黄河水利委员会水文局、河南安宏信息科技有限公司

单位地址：河南省郑州市城北路东 12 号

联 系 人：王丙轩

联系方式：0371－66023227、13676960216

E－mail：wbx.yrcc@qq.com

# 50 一体化全量程内涝管网雷达水位计技术

**1. 技术来源**

其他来源。

**2. 技术简介**

该技术的测量方式将测量范围划分为雷达传感器单独测量区、雷达和压力传感器交叉测量区、压力传感器单独测量区三部分，通过三部分实现内涝管网全量程测量。

**技术指标如下：**

（1）测量范围：0～10m。

（2）测量准确度：±5mm。

（3）分辨力：1mm。

（4）传输方式：NB-IOT/4G。

（5）防水等级：IP68。

**3. 应用范围及前景**

该设备无需外接电源，适用于城市内涝中排水管网、窨井等对象的水位监测，也适用于城市河涌水位监测。

设备可推广应用于排水管网监测，以扩充智慧水务感知层的信息采集能力；同时可推广应用于城市海绵设施监测。

持有单位：珠江水利委员会珠江水利科学研究院

单位地址：广东省广州市天河区天寿路80号珠江水利大厦

联 系 人：陈高峰

联系方式：020-87117188、15920179188

E-mail：Zkykjc@163.com

## 51 NSY.WLZ-1毫米波雷达水位计技术

**1. 技术来源**

国家计划。

**2. 技术简介**

该技术采用非接触雷达波测量技术，利用调频连续波技术进行距离测量，专业水位测量算法计算水位。

**技术指标如下：**

(1) 测量范围：30m、70m。

(2) 测量精度：＜±2mm。

(3) 分辨率：0.1mm。

(4) 波束宽度：4°。

(5) 频率范围：60GHz。

(6) 工作电压：DC9～24V。

(7) 通信协议：MODBUS-RTU协议。

(8) 工作温度：-35～50℃。

(9) 防护等级：IP67。

**3. 应用范围及前景**

适用于水库、河流、湖泊、地下水排水管道、水库、山洪预警等水位测量场合。

全国水文现代化以及灌区现代化建设以来，需要新建大量水位监测站点，而非接触毫米波雷达水位测量比传统水位测量具有无法替代的优势。同时毫米波雷达水位计经过长时间的运行，可实现数据稳定可靠，一线水文测验人员对此类产品认可度比较高，市场前景开阔。

持有单位：水利部南京水利水文自动化研究所

单位地址：江苏省南京市雨花台区铁心桥街95号

联 系 人：郭丽丽

联系方式：025-52898408、15295512335

E-mail：guolili@nsy.com.cn

## 52 HC.WQX40－1型气泡式水位技术

**1. 技术来源**

其他来源。

**2. 技术简介**

该技术是基于流体力学的压力水位计，其主要原理是：通过气体压缩及平衡装置在测量管中产生与被测水体相互均衡的压力，再将位于装置本体的传感器数据处理成水位信息。

**技术指标如下：**

（1）量程：0～10m、0～20m、0～40m可定制。

（2）输出接口：4～20mA、RS485。

（3）供电电源：12VDC（8～16VDC）。

（4）分辨力：0.1cm。

（5）精度：0.05％FS。

（6）压缩机类型：微型活塞圆筒压缩机。

（7）测管规格：8mm。

（8）可靠性：MTBF≥10000h。

（9）工作温度：－20～70℃。

（10）相对湿度：≤95％。

（11）采集间隔：5s～24h可设置。

（12）数字接口：RS485（标配Modbus、SDI12，可定制海牌通信息）。

（13）应用场合：静态水或动态水均可。

（14）软件功能：参数设置，校准调整，读取事件记录及历史数据等。

**3. 应用范围及前景**

适用于地下水、河流、湖泊、潮汐、水库等；灌区、生态流量、城市供水等；城市洪水、内涝、闸口等水位监测。

为建成"四预"功能的智慧水利体系，需充分运用云计算、大数据、人工智能、物联网、数字孪生等新一代信息技术，而气泡水位计等前端传感器是数据保障的依据。推进传感器的数字化、网络化，智能化，使其更加广泛地应用于水文、水利、城市排水，环境保护通安防能源等行业。

持有单位：东莞市海川博通信息科技有限公司

单位地址：广东省东莞市南城街道众利路86号2栋505室

联 系 人：张海芬

联系方式：0769－21668191、18680065260

E－mail：2816557800@qq.com

## 53　KH. WQX - 1 型气泡式水位计技术

**1. 技术来源**

其他来源。

**2. 技术简介**

该技术是自主研发与生产的高精度水位传感器。它由活塞泵产生的压缩空气流经测量管和气泡室，进入被测的水体中，测量管中的静压力与气泡室上的水位高度成正比。该水位计先后测定大气压和气泡压力，取两个信号之间的差值，可计算出气泡室上面的水位高度。

**3. 应用范围及前景**

适用于流动水体、大中小河流、水库或者水体污染严重等不便建测井或建井昂贵场合的水位监测。

KH. WQX - 1 型气泡式水位计具有高精度、高可靠、高智能、免气瓶、免测井、免维护、抗振动、寿命长的特点，特别适用于流动水体、大中小河流、水库或者水体污染严重和腐蚀性强的工业废水等不便建测井或建井昂贵场合的水位监测，如：水利水文、大坝上下游、地下水、城市排水泵站等监测，在水利信息化领域推广应用前景广阔。

持有单位：深圳市科皓信息技术有限公司

单位地址：广东省深圳市宝安区新安街道洪浪北二路稻兴环球科创中心 B 座 301 室

联 系 人：陈麒羽

联系方式：0755 - 26995180、18723391371

E - mail：chenqiyu@kehaoinfo.com

## 54 多邦水位计（TP‐SYQ10气泡式）技术

**1. 技术来源**

其他来源。

**2. 技术简介**

该技术工作原理是空气经过滤、净化后进入气泵。空气经气泵压缩，产生气压，通过单向阀快速流向气室，气体分两路分别向压力控制单元中的压力传感器和通入水下的通气管中扩散。当气泵停止工作时，单向阀闭合，水下通气管口被气体封住，从而形成了一个密闭的连接压力传感器和水下通气管口的空腔。根据密闭的气体容器内压强相等，通过一系列的换算和修正便可得出测量的水位。

**技术指标如下：**

（1）测量范围：0～70m。

（2）分辨率：1mm。

（3）供电电压：10～15V。

（4）测量介质：水。

（5）待机电流：5mA。

（6）通信方式：RS232/RS484/SDI‐12。

（7）记录存储：50万条以上数据。

（8）显示屏：4.3寸工业级彩色触摸屏。

（9）波特率：默认9600bps，可更改。

（10）泵：真空高寿命。

**3. 应用范围及前景**

该技术适用于水利及其他行业测定水位，无条件限制。主要适用于防洪抗旱、水文水资源、水环境水生态、农村水利等。

持有单位：重庆多邦科技股份有限公司
单位地址：重庆市沙坪坝区振华路41号附1号
联 系 人：王永尧
联系方式：023‐65315771、18983917258
E‐mail：523477952@qq.com

## 55 应用于水下地形测绘的专业声学探测技术

**1. 技术来源**

其他来源。

**2. 技术简介**

该技术的工作原理是利用声学换能器在水中发出一束超声波，当声波遇到障碍物反射后由换能器接收，根据声波往返的时间和所测水域中声波传播的速度，就可以求得障碍物与换能器之间的距离。

**技术指标如下：**

（1）测深范围：高频：0.3～200m；低频：0.5～600m。

（2）精度：±1cm±0.1‰×$D$（高频）；±10cm+0.1‰×$D$（低频）。

（3）分辨率：1cm。

（4）工作频率：高频＞200kHz；低频≤20kHz。

（5）波束角度：高频＜7°，低频≤20°。

（6）测量频率：＞20Hz。

（7）电压：直流 11～36V，交流 220V。

（8）外部接口：不少于 3 个 RS232、1 个 RS485、1 个电源接口、1 个换能器口和 1 个 LAN 口。

（9）Wi-Fi 热点：内置 Wi-Fi 天线，具有 Wi-Fi 热点功能，任何智能终端均可接入。

（10）防护等级：IP67，防尘防水。

（11）换能器尺寸不大于：250mm（长）×124mm（宽）×44mm（高）。

（12）主机尺寸不大于：220mm（长）×210mm（宽）×70mm（高）。

（13）主机重量：＜2.9kg。

（14）测深软件支持安卓平板等设备安装，支持测线规划、数据导出。

**3. 应用范围及前景**

该技术适用于江河湖泊、水库航道、港口码头、沿海、深海等诸多水域的水下地形测绘。

应用于水下地形测绘的专业声学测深仪技术主要用户是工程测量单位，随着技术的进步，其应用场景越加广泛，可在江河湖泊、水库航道、港口码头、沿海、深海等环境应用。此技术也可以推广到相关海事、航道、水文、水利、高校等相关单位。

持有单位：广州南方测绘科技股份有限公司

单位地址：广东省广州市天河区思成路 39 号

联 系 人：闫少霞

联系方式：020 - 23380888、18688874728

E - mail：yansx@southgnss.com

# 56 YLN－Z130 型地下水位监测仪技术

**1. 技术来源**

其他来源。

**2. 技术简介**

该技术是一种高精度的、接触性的、智能型的、全不锈钢设计高密封性的水位监测仪器。由高稳定性、高可靠性的压阻式传感器和内嵌 16 位 A/D 转换器的微处理技术电子部分组成，内置数据采集器，基于 GPRS/CDMA 无线数据传输，可实现内部模数转换，采集、存储、传输地下水水位和水温、标高、气压、气温等多参数数据。

技术指标如下：

（1）输出：数字输出 RS485。

（2）测量范围：0～100m 各量程。

（3）过载能力：量程的 2 倍。

（4）供电范围：8～28V/DC。

（5）信号输出：RS485。

（6）电气连接：电缆（PE，通气）；综合精度：0.1％。

（7）温度误差：≤±0.1％FS/10℃（－20～70℃）。

（8）线性：0.025％FS。

（9）频响：100Hz。

（10）分辨率：0.002％FS。

（11）稳定性误差：量程≤1bar：1mbar 量程＞1bar：0.1％FS。

（12）使用温度：－20～80℃。

（13）贮存温度：－20～80℃。

（14）防护等级：IP68，防冰。

（15）耐用性：10x 次压力循环，25℃。

（16）振动：20g（52000Hz，最大振幅 3mm）。

（17）冲击：20g（11ms）。

**3. 应用范围及前景**

该技术适用于地下水、水井及容器、钻孔、湖泊与流水、水库、污水处理、灌区测量等领域。

YLN－Z130 型地下水位监测仪全不锈钢焊接结构具有防潮、防结露、防渗漏功能，防堵塞、测量范围宽、坚固、抗雷击、抗强电磁变频干扰的特点。具有使用、安装、维护方便，操作灵活，运行稳定可靠，精度高，体积小等特点。并结合了国内气候环境而研发的数据平台，可实现数据的接收、分析处理和显示。系统功能丰富完善，独立系统无兼容性问题，具有集成性高、安装灵活、使用方便快捷、性能稳定、低功耗、高可靠、多通道、大容量等优点，可使运行和维护更省心。

持有单位：湖北亿立能科技股份有限公司
单位地址：湖北省宜昌市高新区兰台路 13 号中试车间 8 幢
联 系 人：万玲玲
联系方式：0717－6339483、18672101992
E－mail：82523801@qq.com

## 57 JXZK－MGL 型毫米波雷达闸位计技术

**1. 技术来源**

其他来源。

**2. 技术简介**

该技术是一款用于闸门开度测量的非接触式平面雷达测量仪器，核心器件（毫米波芯片、MCU、存储器、通信接口芯片等）全部采用国产器件。

JXZK－MGL 采用 80GHz 频率调制连续波雷达（FMCW）技术对闸门开度进行测量，采用 E 波段频率，雷达波束更窄，适合用于闸门这类小尺寸（闸顶宽度仅 20～30cm）目标的测距需求，先进的测距优化算法使测量结果更加精确（测量精度可达毫米级）。

**技术指标如下：**

JXZK－MGL 型毫米波雷达闸位计已通过水利部水文仪器及岩土工程仪器质量监督检验测试中心的检测〔证书编号：水岩仪检（20221097）号〕，核心技术指标如下所示：

(1) 测量范围：0.5～20m。

(2) 测量精度：±3mm。

(3) 雷达天线：平面微带脉冲阵列雷达。

(4) 雷达频率：80GHz。

(5) 电波发射角：10°×10°。

(6) 工作电压：9～24VDC。

(7) 工作电流（@12V）。

(8) 工作模式：≤100mA。

(9) 低功耗（休眠）模式：≤1mA。

(10) 数字接口：RS485，Modbus 协议。

(11) 无线传输（选配）4G。

(12) 外壳材质：铝合金外壳。

(13) 尺寸（mm）：Φ97×64。

(14) 防护等级：IP68。

(15) 工作温度：－35～70℃。

(16) 存储温度：－40～70℃。

(17) 防雷等级：6kV。

**3. 应用范围及前景**

该技术适用于水利工程中各类垂直启闭的闸门，通过在闸顶上方安装设备实现开度测量。

该产品已在浙江嘉善推广应用。相比传统机械式闸位监测方式，可避免机械闸位计长时间使用造成的伸缩误差；与激光闸位计相比，可避免强光、水汽等干扰因素影响。

---

持有单位：中科水研（江西）科技股份有限公司

单位地址：天津市河东区龙潭路 15 号

联 系 人：宋冠男

联系方式：0791－88111819、15721101887

E－mail：guannan.song@cnsmartwater.com

## 58　智慧水文一体杆（水智方）技术

**1. 技术来源**

其他来源。

**2. 技术简介**

智慧水文一体杆采用边缘计算和物联网相关技术，将边缘控制器（ECU）置入水文一体杆中，对传统水文杆进行升级改造，具有易安装、易维护、高可靠、易扩展、边缘计算的特点。

智慧水文一体杆聚焦水库监测、河流监测、湖泊监测、渠道监测等应用场景，实时感知水位、雨量、流速、图像等关键指标，依托边缘计算能力实现数据实时分析，及时报警、上报，异常断网状态下本地报警；同时基于 AI 完成漂浮物识别、采砂监管、异常情况识别等功能。

**技术指标如下：**

（1）水文相关认证：SL180－2015、SZY203－2016、SZY205－2016、SL651－2014。

（2）接入能力。

RS485 接口：4 路，3kA 防雷，15kV 空气放电，8kV 接触放电保护。

RS232 接口：2 路。

模拟量：电流 4～20mA，电压 0～10V、1～5V。

电源控制：内置（控制各传感器）。

以太网：2 路 10/100M 自适应以太网接口。

SD 卡：最大支持 64G 扩展。

支持协议：Modbus－RTU，Modbus－ASCII、Modbus－TCP、DLT645（1997）、DLT645（2007）、CJ/T188－2004、西门子 PLC、IEC60870－5。

（3）电气参数。

电源输入范围：9～24V。

工作温度：－40～85℃。

工作湿度：5%～95%，无凝露。

浪涌冲击：2kV 浪涌电压。

**3. 应用范围及前景**

该技术集成多种传感器于一体，适用于视频抓拍和传输及边缘计算。可对传感器数据进行融合，对异常情况进行识别，实现本地联动控制，智能化程度高，便于维护，有广泛的应用场景，特别适合于中小水库一体化集成监测，雨水情、工情监测等场景。

持有单位：太极计算机股份有限公司
单位地址：北京市朝阳区容达路 7 号太极信息产业园
联　系　人：薄理夫
联系方式：010－57702888、15001343847
E－mail：Bolifu@mail.taiji.com

## 59 超视距微波散射通信技术

**1. 技术来源**

其他来源。

**2. 技术简介**

对流层散射通信（简称散射通信）是利用大气对流层中的不均匀体对无线电微波的向前散射作用（大气对流层散射传播，Troposcatter），从而实现的超视距通信技术。

对流层是地球大气的最低部分，指从地球表面开始至 8～18km 高度的大气部分（对流层在低纬度地区平均高度为 17～18km，中纬度地区平均为 10～12km，极地平均为 8～9km）。这里蕴含约 75% 的大气质量和 99% 的水汽及气溶胶，是大部分云和降水的形成以及大气对流最活跃的地方。

微波频段的无线电信号能借助对流层的散射实现传输，是由于对流层富含多种成分，它们物理特性不规则、不均匀，对无线电波具有不规律的折射率，因此产生散射现象。利用高空对流层中的散射现象从而实现点对点微波信号的超视距（远至数百千米）发送与接收。

散射信号传输受诸多复杂因素影响，例如大气的温度、压强和湿度等因素，以及空气的水平、垂直方向运动和湍流、漩涡等运动过程。即使传输的路径不对称，两个方向产生的路径损耗均相同。为了实现高质量的对流层散射通信，必须有效对抗信号传输过程中产生的衰落和损耗；对流层散射传输过程中信号有两类衰落同时存在：慢衰落和快衰落。

利用分集技术减少快衰落深度、降低衰落超过一定深度的信号比例，从而使快衰落平滑、缓减。有效的分集技术有空间分集、角度分集、频率分集、时间分集等。对于慢衰落，则基于独特的自适应编码技术与大数据模型，进行有效预测及缓减。对流层造成的散射损失与路径损耗，则通过高灵敏度的发射机接收机和高增益天线等技术来解决。以上技术原理与解决方案，使散射通信成为一项实用的专用远程通信技术。

慧清科技在散射通信技术方面取得了突破性进展，创新地运用频率隐分集、迭代检测、速率自适应、自动对准等关键技术，研发出新一代散射通信系统，实现了单天线、快速开通、抗干扰、高速传输、小型化，在该技术领域进入全球领先阵营，并且实现 100% 自主可控。

**技术指标如下：**

（1）背负型。

工作频段：14.5～14.8GHz，15.05～15.35GHz。

双工方式：异频双工。

通信业务：IP 数据，勤务话音，2.4kbps 辅助开通信息。

传输速率：2.4kbps～8Mbps。

速率自适应：具备速率自适应功能。

一键开通功能：具备一键开通功能。

接口：以太网标准数据接口、以太网标准控制台接口、勤务音频接口。

最大发射功率：10W。

天线口径：0.6m 抛物面。

开通时间：设备具备自动对准开通功能，开包安装到链路开通小于 15min。

手动版本设备从开包安装到链路开通小于 20min。

供电：24V 直流供电，双电源输入接口，支持不断电更换电池。

环境适应性：工作温度：−40～55℃；贮存温度：−50～70℃。

防尘防水等级：IP65。

（2）固定站型。

工作频段：5.85～605GHz 和 6225～6425GHz。

双工方式：异频双工。

通信业务：IP 数据，勤务话音，2.4kbps 辅助开通信息。

传输速率：2.4kbps～50Mbps。

速率自适应：具备速率自适应功能。

一键开通功能：具备一键开通功能。

接口：以太网标准数据接口、以太网标准控制台接口、勤务音频接口。

最大发射功率：200W。

天线口径：2.4m 抛物面固定天线。

开通时间：设备具备自动对准开通功能，开链路开通小于 15min。

供电：220VAC@50Hz，功耗≤1600W。

工作温度：－25～55℃。

防尘防水等级：IP65。

**3. 应用范围及前景**

散射通信设备因具有超视距越障通信能力，十分适于在极端环境下作为建立远距离通信主干网络的有效手段。

应用前景：

（1）水利应急通信保障。在指挥部、灾情现场组成的防汛应急指挥调度体系中，灾情现场的视音频数据需要第一时间传送到指挥部并接收指挥部下达的指挥调度命令。

"三断"，即断电、断网、断路，是应急情景最常见的情况；同时，伴随灾害常有暴雨、洪水等极端环境状况，给水利应急通信保障工作带来极大困难，指挥部难以及时获取灾情现场的信息，影响指挥调度工作的有效开展。

散射通信适用于建立现场到前方指挥部"关键一段"（主要距离范围为 20～90km，常见距离约4060km）的宽带无线主干通信链路，将现场的单兵信息终端、音视频采集系统等连通到指挥部，解决以下问题：灾情现场与指挥部保持双向音视频互联。向其他人员无法到达区域延伸侦察，回传图像。具备独立的野外部署能力，功耗低，自带蓄电池即可满足正常工作。设备高度集成、重量轻、操作便捷，单人经简单培训即可操作。背负型散射通信设备即主要为此类通信情景设计。

（2）水利信息专网备份链路。一些重要的水利设施，必须保障通信的完全畅通，因此除了现有公网、卫星通信链路外，可增加散射通信链路。这样，当任何时候如果公网、卫星通信出现故障或损害不能正常工作时，散射通信作为独立的专用链路，可以立即启动，与远方建立安全的通信网络，保障信息的不间断传输。

根据现场环境和业务需求可以选择大功率、远距离通信的固定站型散射通信系统或灵活机动的背负型散射通信系统，应用前景广阔。

持有单位：北京慧清科技有限公司、水利部信息中心

单位地址：北京市西城区白广路二条 2 号

联 系 人：赵福梅

联系方式：010－82102679、18848438940

E-mail：zhaofumei@huiqingkeji.com

## 60 悬移质泥沙自动采样技术

**1. 技术来源**

其他来源。

**2. 技术简介**

该技术由自动水文测量控制台、泥沙采样设备总成、多通道水文测验信号仪等组成。控制台控制采样器运行到达位置、遥控发射模块发出关仓指令，水下接收模块接收指令后控制采样器关闭指定采样仓。采样仓可在悬臂上摆动 $60°$ 自动定位，一人即可实现取样任务。

**技术指标如下：**

系统集成全自动水文测量控制台预设泥沙取样点、集成水面、流速、河底及采样控制的多通道水文测验综合信号仪，可实现自动化采样，设备工作稳定可靠。

（1）应用最大含沙量：$800kg/m^3$。

（2）设计水深：$100m$。

（3）采样容积：$1000mL/2000mL$。

（4）发射器工作电源：$DC26V/12V$。

（5）仓数：$2/4/8$。

（6）采样结构：旋臂式。

（7）信号控制器工作电压：$AC220V$。

（8）控制信号：$14$ 路。

**3. 应用范围及前景**

安装简便，铅鱼、吊箱、测船均可安装。设计应用水深 $100m$，国内大江大河、省区河流及水库均可应用。

悬移质泥沙自动采样器遥控操作取样，使用广泛，智能化操作，信号传输稳定，性能好。可广泛应用各类渠道河流缆道测站，升级改造方便，大大提高工作效率。降低人工劳动强度，保证基层测站人员测验安全，应用前景广阔。

持有单位：郑州星睿水利科技有限公司
单位地址：河南省郑州市金水区城北路 5 号
联 系 人：张景
联系方式：0371－66024004、13629846091
E－mail：1039902141@qq.com

# 61 ZNY.YDJ-Ⅱ型水文水资源遥测终端机技术

**1. 技术来源**

其他来源。

**2. 技术简介**

该技术以低功耗微处理为控制核心，内嵌物联网实时操作系统，融合电子技术、嵌入式技术与物联网技术，满足水利行业水文水资源监测领域低功耗与多功能的双重需求。该技术实时采集处理水位、雨量、水质、流速、流量等传感器数据，并将采集的传感器数据按照水利行业国标协议，基于4G、5G、北斗卫星、电台等信道远传至中心站。在操作系统的统一调度下，遥测终端机按照用户设置的规则，有序实现数据采集、处理、存储、传输过程；此外，遥测终端机可响应中心站的控制指令，实现设备的远传控制。

**技术指标如下：**

（1）支持协议：《水文监测数据通信规约》（SL 651—2014）；《水资源监测数据传输规约》（SZY 206—2016）；MSTP（中南院协议）。

（2）通信方式：支持超短波（VHF）、GPRS/GSM/3G/4G、卫星（北斗、海事、铱星）、NB-IoT、LoRa、Zigbee、蓝牙、INTERNET网络等多种通信方式。

（3）采集要素：支持采集水位、雨量、流速、流量、水温、闸门开度、电池电压、水质及蒸发量、风速、风向、湿度、温度、气压等多种参数。可在线动态配置多种传感器和采集如下：支持格雷码浮子水位计接入；支持格雷码翻斗式雨量计接入；支持模拟量接入（0～5V、4～20mA）；支持智能传感器接入（RS232、RS485、I2C、SDI12）；支持一线制温度传感器接入（最大支持255个）。

（4）MCU处理器：MSP430F系列超低功耗微控制器，FlashMemory≥256kb，RAM≥16kb。

（5）静态待机功耗：1.3mA。

（6）RTC实时时钟精度，±5ppm（在25±1℃以下）。

（7）接口防雷电等级：±1.5kV。

（8）其他：防水等级，IP65；MTBF≥25000h。

**3. 应用范围及前景**

该技术不仅适用于传统水文、水资源领域，也可用于水利、水环境、城市水文（内涝监测预警）、水电工程后环境评价、新能源、地质灾害监测预警、物联网等方面。

该技术集数据采集、显示、远程传输、存储功能于一体，采用低功耗设计，在太阳能供电的监测现场，可对现场地下水以及河流、水库、湖泊等环境的水位、降雨量、水量、水质、现场图像进行远程监测，并将数据实时传输到中心站，可实现全自动无人值守的自动遥测。可解决水文领域人工观测效率低、数据不连续、可靠性不高等问题。

---

持有单位：中国电建集团中南勘测设计研究院有限公司
单位地址：湖南省长沙市雨花区香樟东路16号
联 系 人：李怀玉
联系方式：0731-85073747、13607480223
E-mail：471915325@qq.com

## 62　基于北斗三代高精度 GNSS 接收技术

**1. 技术来源**

其他来源。

**2. 技术简介**

该技术采取多星多频设计，加持北斗三号卫星系统，以中海达多年算法经验为依托，可实现高精度毫米级定位；其高精度、低功耗、前端解算与小型化设计等特点，均是为水库大坝表面位移监测所研发设计。

技术指标如下：

（1）信号跟踪：GPS：L1、L2、L5；GLONASS：L1、L2；BDS：B1I、B2I、B3I、B1C、B2a；GALILEO：E1、E5a、E5b。

（2）精度及可靠性：RTK 水平精度±（8mm＋1ppm），RTK 垂直精度±（15mm＋1ppm）；静态平面精度±（2.5mm＋0.5ppm），静态高程精度±（5mm＋0.5ppm）。

（3）数据格式：RTCM2.X、RTCM3.X、RTCM4、原始数据及实时动态结果数据。

（4）通信：RS485/LAN/蓝牙/NB/4G/LoRa，可实现 LoRa 前端组网解算。

（5）整机平均功耗：＜25W，电源电压输入范围：9～28V－DC/1A。

**3. 应用范围及前景**

该技术适用于表面变形监测，例如国土地、矿山、水库、边坡、桥梁等行业领域。

北斗三代高精度 GNSS 接收机未来朝着小型轻量化、高集成低功耗、高性能、高稳定性、便捷易用的方向发展。集成高性能定位板卡、天线、MEMS 传感器和北斗三号通信模块，支持 MEMS 触发动静态结合解算，远程控制、蓝牙手机 App 配置、北斗三号智能通信切换等重要功能，具备本地解算功能，精度更高、稳定性更好。适宜在既有建筑、地质灾害、边坡、地面沉降、矿山、尾矿库、桥梁、油气管线、大坝等表面变形监测等方向充分推广应用。

持有单位：广州市中海达测绘仪器有限公司

单位地址：广东省广州市番禺区东环街番禺大道北 555 号天安总部中心 13 号楼 202 房

联 系 人：竹立

联系方式：020－28688228、18565221018

E－mail：852362893@qq.com

# 63 面向栅格数据的区域与流域数据程序化提取技术

## 1. 技术来源

省部计划。

## 2. 技术简介

该技术以数字高程模型为驱动提取流域水系；由流域水系拓扑关系辨识河流关键断面的水力连接关系；根据栅格流向数据分析各断面的上游集水控制区域，对集水控制区域进行集合判别运算，得到断面的区间汇流范围；由流域水系与数字高程栅格数据叠加，分析水利工程沿河流、高程的分布特征。应用该技术可解决河湖水资源管理中江河湖库水文水资源情势评估关键问题，为流域水量、水质和水生态的协同管理提供决策依据。该技术可以有效提高区域与流域数据提取的效率与精度，从而服务于水生态环境修复保护和防灾减灾等河湖治理工作。

技术指标如下：

（1）流域面积：50 万 $km^2$。

（2）栅格分辨率：30m 精度数字高程数据。

（3）断面数量：同时对 300 个关键河流断面进行建模。

## 3. 应用范围及前景

该技术基于数字高程模型栅格数据获取重要河流断面的集水区域，提取土地利用、降水蒸发等水资源水环境数据，辅助河湖治理管理决策。

目前，该技术已经用于"广东省榕江流域水量分配""广州市流溪河健康评价"等工程项目，支撑科学高效的数据提取与分析。进一步的，可以将模型方法部署于云端，结合移动终端为工作人员提供一站式服务；还可以应用于数字孪生流域建设，结合点位和区域检测数据，服务于流域水资源精细化管理。

该技术应用前景良好，可以进一步地完善数据提取与可视化功能，为河湖治理工程管理与决策提供模型方法支撑。

持有单位：中山大学
单位地址：广东省广州市新港西路 135 号
联 系 人：赵铜铁钢
联系方式：13811480489
E - mail：zhaottg@mail.sysu.edu.cn

## 64 大禹智慧水务量水站网技术

**1. 技术来源**

其他来源。

**2. 技术简介**

该技术参照国内外信息技术应用发展趋势和最佳实践，综合中小型灌区量水站建设近期和长期发展战略，中小型灌区量水站网软件框架结构规划以业务需求驱动信息化建设，切实解决管理信息化重点难点，可实现业务管理水平提高和信息化建设的良性循环，辅助智慧决策，从而实现对业务支持、信息资源、应用系统、管理和领导决策五个层面进行提升。

**技术指标如下：**

（1）地理信息系统。服务器 CPU 的最大负荷 $A \leqslant 50\%$；工作站 CPU 的最大负荷 $A \leqslant 50\%$；系统年宕机次数 $n \leqslant 1$ 次；业务操作平均响应时间 $\leqslant 3s$；处理具体文档响应时间 $\leqslant 3s$；查询与统计的响应时间，一般情况 $\leqslant 3s$。

（2）管网信息管理系统。平均无故障间隔时间 MTBF $\geqslant 20000h$；服务器 CPU 的最大负荷 $A \leqslant 50\%$；工作站 CPU 的最大负荷 $A \leqslant 50\%$；系统年宕机次数 $n \leqslant 1$ 次；工作站联机启动时间 $t \leqslant 2min$；单项数据查询响应 $t \leqslant 10s$；全网刷新时间 $t \leqslant 10s$。

（3）计算机辅助调度系统。平均无故障间隔时间 MTBF $\geqslant 20000h$；可用率 $A \geqslant 99.8\%$；模拟量综合误差 $\leqslant 1.0\%$；开关量综合误差 $= 0$；脉冲量综合误差 $\leqslant 1.0\%$。

**3. 应用范围及前景**

该技术适用于水务物联网数据采集、大数据分析、模型仿真、移动化应用等农田水灌区、高效节水项目等。

根据国家对信息化建设的宏观要求以及管理的实际需要，在确保灌区信息化预期目标实现的前提下，充分考虑到科技发展以及现行管理水平等客观因素，遵循"因地制宜、视需定建、突出重点、高效可靠、确保效果"的原则，坚持先进性与经济性相兼顾、超前性与实用性相兼顾、典型性与推广性相兼顾等指导原则。在技术上采用先进、成熟的现代信息技术，使其具有较好的先进性和较长的生命周期，保证系统较有力的推广前景。

持有单位：大禹节水集团股份有限公司
单位地址：天津市武清区京滨工业园民旺道 10 号
联 系 人：刘丽芳
联系方式：022 - 59679308、15832641503
E - mail：361851360@qq.com

# 65 浮台式自供电水质水文气象在线监测技术

**1. 技术来源**

其他来源。

**2. 技术简介**

该技术通过水质、水文、气象传感器组对水环境进行监测，能够实时采集数据信息并按照通信规约经北斗传输模块和 GPRS 传输模块与上位机进行通信，将收集到的数据传送给上位机，便于将数据存储在云系统上，可实现远程监控和移动终端的操作。

采用北斗和 GPRS 双模通信方式，能有效提高数据传输的稳定性和地域适应性，为水环境监测提供准确的实时数据。通过智能软件分析系统实现对环境数据的实时分析并提供预警功能；通过监控设备和 AI 人工智能图像识别算法实现对监测站周边情况及自身安全状况的自动巡查、识别、报警。

**技术指标如下：**

（1）浮台采用高强度铝合金框架，浮箱采用 PE 材质，具有无毒、抗腐、防冻的优点，整体尺寸可根据需求设计，灵活组装。

（2）北斗传输模块采用 RDSS 短报文蘑菇头，防护 IP67，电压 DC9～24V，定位精度 5m 以内；GPRS 传输模块采用 4G/5GDTU 模块，支持 485 接口。控制模块采用 STM32 控制核心，内核为 ARM32，有 9 个通信接口。

（3）监测单元包括水质、水文、气象传感器组，防护 IP68，供电 DC6～12V，Modbus - RTU 协议，量程按实际需求，精度符合国家标准。

（4）供电系统采用 36V/350W 单晶硅太阳能板，蓄电池 24V500Ah，电源管理控制器 24V50A， 逆变器 12V500W。

**3. 应用范围及前景**

适用于水库、内河流域的实时水环境监测，实现对无电网、偏远地区水体监测的实时数据传输。

该技术可应用于水库、内河流域的实时水环境监测，解决人工采集检测的成本高、费时费力且不能实时监测的问题。为支持国家智能水网的推广和建设，解决偏远地区、无人区水环境监测的实时数据传输和供电问题，可提供优化的解决方案。该监测站的浮台结构稳定可靠，在施工和投运后无废气、废液排放，对环境无影响；供电方式采用光伏、风电等清洁能源，不消耗市电，节能环保免维护。

持有单位：水利部机电研究所、天津水科机电有限公司
单位地址：天津市河东区龙潭路 15 号
联 系 人：陈晓龙
联系方式：022 - 82852130、13920565865
E - mail：1178303999@qq.com

## 66 地下水污染与风险在线监测预警关键技术

**1. 技术来源**

国家计划。

**2. 技术简介**

该技术针对现有地下水污染与风险在线监测技术面临的污染物指标覆盖度低、风险监控技术落后、生物风险监测指标不足等重大问题，突破国际垄断，在山东、辽宁、湖北、江苏等地下水监测和污染场地修复工程中应用推广，为长期精准监测地下水水质状况、快速应对地下水污染突发事件、提升地下水污染事件应急处置管理能力提供了重大技术支撑。

该关键技术包括 5 项子技术：①高关注度污染物在线监测技术；②污染物风险甄别与溯源技术；③地下水生物安全风险快速检测与分级评估技术；④多源水质自动监测与数据传输技术；⑤地下水污染预警与水质安全综合管理集成系统。

技术指标如下：

（1）高关注度污染物在线监测设备涵盖六种重金属（Cr、Cd、Fe、Pb、Cu、Zn）和三类有机污染物（石油烃、多环烃、苯系物），重金属检出限小于 2mg/L，有机污染物检出限小于 0.5mg/L；设备准确度小于 10%，重复性小于 5%，分析时间 1h，通信接口为 RS485，整机国产化率大于 80%。

（2）地下水生物安全风险快速检测设备涵盖多种病原体，水体检测限为 50 拷贝/mL，气溶胶检测限为 50 拷贝/mL，重复性小于 5%，最小采样周期 0.5～2h 可调，最小运行周期 2～24h 可调，运行环境温度为 5～40℃，温度 30℃和湿度 75% 条件下可以连续运行 8h。

**3. 应用范围及前景**

适用于重点行业企业周边区域、地下水水源地和污染场地修复工程中的地下水水质与风险监控。

该技术将进一步依托地下水高关注度污染物在线监测设备、地下水生物安全风险快速检测设备和地下水污染预警与水质安全综合管理平台，在国内重要地下水水源地与地下水监测项目中开展示范与技术推广，通过参与国家标准制订，在了解市场需求的基础上进一步提升性能。

持有单位：吉林大学

单位地址：长春市前进大街 2699 号

联 系 人：张大奕

联系方式：0431-85166453、18664880219

E-mail：zhangdayi@jlu.edu.cn

# 67 感潮河网区水质监测预警技术

**1. 技术来源**

省部计划。

**2. 技术简介**

该技术主要包括流域一维感潮河网水动力水质模型、二维感潮河网水动力水质模型、水动力水质模拟及展示平台。

**技术指标如下：**

该技术中，水动力水质耦合模型在5min内完成超过3000个断面、时长7d的复杂一维河网水动力水质模拟分析。30万个网格数量的区域，15d二维水动力水质耦合模拟计算耗时为14.4min，比主流商业软件计算速度快5～30倍。

**3. 应用范围及前景**

该技术可应用于不同地区、不同流域规模下的复杂河网水动力水质模拟分析，为水质预报预警提供重要技术支撑。

该技术未来可结合数字孪生流域建设，实现河网区"四预"防洪体系。该技术形成的水情监控-潮位预报-水动力水质分析-动态展示技术体系，可为河网水质预报预警信息化系统建设提供原型解决方案。

持有单位：珠江水利委员会珠江水利科学研究院

单位地址：广东省广州市天河区天寿路80号珠江水利大厦

联 系 人：陈高峰

联系方式：020-87117188、15920179188

E-mail：Zkykjc@163.com

# 三、水环境与水生态

## 68 河流生态环境流量整体分析技术 HEFASS

**1. 技术来源**

国家计划。

**2. 技术简介**

该技术构建具有物理、生物和经济复合机理的流域水–生态–经济耦合模型，模拟流域生态水文本底、为河流生态修复确定基准参考状态，解析河道内及河道外各利益相关方对河道流量过程的量化影响、为各利益相关方参与协商及决策提供依据；基于流域生态水文分区及相应的生态目标，开展分项生态环境流量组分（河道基流、环境需水、湿地景观需水、生物栖息地需水和产卵期流量脉冲过程、汛期输沙需水等）理论计算，并考虑全流域各利益相关方对河道流量过程的量化影响和权责界定开展协商决策，确定基本、弹性、适宜多层级河流生态环境流量指标。

**技术指标如下：**

（1）水–生态–经济耦合模型实现了流域水循环过程精细化模拟，能够提供天然流量过程作为河流生态修复的基准，能够量化解析各利益相关方对河道流量的影响并作为考虑其权责的依据。

（2）基于分区生态目标、分项生态流量组分的基本、弹性、适宜多层级生态环境流量指标分析方法，易于相关决策落地实施。

（3）全流域（河道内和河道外）利益相关方参与机制和方法，能够从流域整体支撑生态环境流量保障。

**3. 应用范围及前景**

适用于经济社会与生态环境争水矛盾突出地区的河流生态修复目标确定和生态环境流量指标分析。

该技术紧密结合我国生态文明建设国家战略和河湖复苏重大实践需求，属于河湖生态保护治理的急需技术。该技术可推广应用于经济社会与生态环境之间用水矛盾突出、河流生态环境流量保障问题严峻的地区，例如国内的海河流域、辽河流域以及国外人类活动影响较大、水资源问题突出的流域。技术应用可为缺水地区河流生态环境修复、区域社会经济与资源环境协调发展等提供理论方法和技术支撑。

持有单位：中国水利水电科学研究院、陕西省江河水库工作中心
单位地址：北京市海淀区复兴路甲 1 号
联 系 人：郝春沣
联系方式：010 – 68785513、13810776667
E – mail：haocf@iwhr.com

## **69** 河道大型人工景观缓滞水体群生态功能提升技术

**1. 技术来源**

国家计划。

**2. 技术简介**

（1）基于不同植被生命周期的需求，从"量质生栖"四位一体入手，构建了人工景观蓄水河段生态功能单元优化调整技术，可实现人工景观水体生态净化功能状况的精准识别。

（2）构建了人工景观缓滞水体流态调整与分区水力协同调控、景观缓滞水体水质净化等技术，提出了人工景观水体群水力调控方案和原位净化技术路线，可实现水生态环境改善以及水体自净功能的提升。

（3）基于水华生消过程的主要驱动因子研究，可建立景观缓滞水体水华预警及应急处置技术，可实现景观水体群水华预警及应急处置技术方案。

**技术指标如下：**

依托永定河（北京段）人工景观蓄水河段—莲石湖，开展"人工景观水体水质改善集成技术工程示范"，示范水域面积约104hm²，包括以下三项技术，主要技术指标分别是：

（1）人工景观水体群生态净化功能评估技术，构建了水质净化功能评价标准，提出了优化莲石湖水质生态净化功能的大型水生植物配置方案。

（2）景观缓滞水体流态调整、分区水力调控协同及水质净化技术，在示范工程稳定运行期间，水华暴发（叶绿素 a>100μg/L）频次低于5次/年、面积控制在20hm²范围内。

（3）景观缓滞水体群水华预警及应急处置技术，构建了基于水华生物预警技术的水华多参数综合集成的在线监测预警系统。

**3. 应用范围及前景**

适用于以水质不达标、水华频发、水生态功能不健全、再生补给为主的人工景观缓滞水体群或天然河流湖泊水系。

基于国家科技重大项目"永定河（北京段）河道廊道生态修复技术与示范课题（2018ZX07101005）"，提出了河道大型人工景观缓滞水体群生态功能提升成套技术，可应用于河流缓滞景观水体等水环境管护等。该技术对于水动力条件较差、水生态功能不健全、多水源补给水质显著扰动的城市人工景观缓滞水体群或天然河流湖泊水系生态功能提升，具有较好的应用前景。

持有单位：中国水利水电科学研究院、北京市水科学技术研究院
单位地址：北京市海淀区复兴路甲1号
联 系 人：骆辉煌
联系方式：010-68681792、13810898180
E-mail：luohh@iwhr.com

## 70 沙质断流区河流绿色生态廊道构建技术

**1. 技术来源**

国家计划。

**2. 技术简介**

该技术基于河流廊道生态系统结构功能整体性概念模型，从水文情势时空变异性、景观单元空间异质性、河流形态蜿蜒性、河岸系统稳定性和水域生境多样性等提出沙质断流河流绿色生态廊道构建技术。

**技术指标如下：**

（1）以造床流量引导、局部人工疏导，促进以水开路、用水引路，促进河道自然发育的沙质断流河流形态重塑技术；经 2020 年永定河生态补水示范，水域面积增加，河型恢复至历史断流前状态，河势基本稳定。

（2）遴选具有枯水胁迫易管护、洪水条件下低阻流的土著优势植物种 3～5 种，生态护岸形式 3～5 种，缓渗复合植被配置模式 3～5 组，形成适宜沙质河岸的植被护岸构建技术；经示范，岸坡植被种类增加，丰富度指数和多样性指数升高。

（3）确定造床流量塑床、低流量抚育的脉冲水流，改良 2 类基质，筛选 4 类水生植物，构建 5 种物理栖息地，形成适于沙质河流的水域生境恢复技术。经 2020 年示范，水域生境底栖生物物种达到了 22 种。

**3. 应用范围及前景**

适用于干旱半干旱缺水河流廊道的恢复，特别是类似于永定河受自然干扰及人工强调控双重驱动影响的流域。

该技术较好地解决了沙质断流河道生态廊道构建中景观单元配置、河流形态重构、水域多样生境和生态河岸带等关键问题，为沙质断流绿色生态廊道构建提供技术支撑，成果针对性和可操作性较强，具有良好的示范效果和推广价值。

持有单位：中国水利水电科学研究院、北京市水科学技术研究院、北京林业大学

单位地址：北京市海淀区复兴路甲 1 号

联 系 人：骆辉煌

联系方式：010－68781792、13810898180

E－mail：luohh@iwhr.com

# 71 平原河湖水源地水质安全保障技术

**1. 技术来源**

其他来源。

**2. 技术简介**

该技术围绕平原河湖水源地水质安全保障存在的新老问题，针对平原河湖水源地新型污染物风险突出、变化环境下蓝藻水华及其次生灾害驱动机制不明确、面向水源地水质保护的环境治理与生态修复存在技术瓶颈等关键问题，可构建缺资料地区典型抗生素入河入湖负荷估算方法，建立典型抗生素与微囊藻毒素对水源地水质复合风险预测预警模型，研发氮磷营养盐和抗生素原位同步高效削减技术。

技术指标如下：

（1）缺资料地区抗生素入河入湖负荷估算与来源解析方法，可在丘陵地区估算和解析目标物质 85％以上入河入湖负荷，在复杂平原河网地区估算和解析目标物质 78％以上入河入湖负荷。

（2）融合物理机制和深度学习的湖库蓝藻水华多模式集合预测模型，整体预测精度提升10％，水华暴发期蓝藻生物量峰值预测准确度提升 15％，蓝藻水华暴发预警期 5～7d。

（3）水源地新型污染物原位高效削减与磷素资源化利用技术，相同单位耗能下抗生素和难降解有机物去除率提升 15％，单位水量处理费用下降 10％；基于改性水滑石的磷资源回收效率提高30％。

**3. 应用范围及前景**

适用于长江中下游丘陵及平原区河湖水源地健康诊断、污染负荷解析与治理、水环境质量提升、突发水质恶化应急处置。

水源地水质安全是直接关系人民健康和社会经济发展的头等大事，水源地水质安全保障技术是贯彻和落实河湖长制的关键支撑，具有重要意义和迫切需求。该技术成果建立的"平原河湖水源地水质安全保障理论技术及应用"将在河湖水源地安全综合保障、河湖水生态健康改善、流域水环境治理管理等方面发挥重要作用，具有广阔的应用前景。下阶段将重点研究水污染负荷的深度减排技术，着力提升技术成果的信息化、数字化、智慧化水平。

持有单位：水利部交通运输部国家能源局南京水利科学研究院、江苏世邦生物工程科技有限公司
单位地址：江苏省南京市广州路 223 号
联 系 人：王智源
联系方式：025－85829778、13813999508
E－mail：zywang@nhri.cn

## 72 基于钉螺生态水力学特性的连通水系阻螺技术

**1. 技术来源**

国家计划。

**2. 技术简介**

钉螺是日本血吸虫的唯一中间宿主，阻断钉螺扩散是控制血吸虫病的重要手段。该技术基于钉螺生境需求，通过构建钉螺栖息地适宜性指标、标准和阈值，建立钉螺适应性指标的喜好曲线，结合遥感影像解译、现场监测和数值模拟，确定洲滩钉螺适宜分布区；在此基础上，结合钉螺沉降、起动等和迁移轨迹模拟等水力学特性，研发沉螺池、卡槽浮式拦螺装置、水力旋流排螺等装置，在确定有螺区域的取、引、调水等水系连通工程中予以布置，阻止钉螺在连通水系中迁移扩散。

**3. 应用范围及前景**

适用于有螺河湖取水、引水、调水等水系连通工程的规划和设计中，有效控制钉螺和血吸虫病扩散。

该技术具有深厚的理论基础，技术体系先进、成熟，可单项或组合使用，能够有效控制血吸虫病流行区的钉螺扩散，已在多个省市水利血防工程中得到广泛应用，具有良好的推广应用前景。

未来研究及应用重点包括钉螺迁移扩散的精准模拟，生态化水利血防技术研发，其他介水传染病扩散规律与中间宿主（如双脐螺、福寿螺）防控技术研究，以及该技术在世界其他血吸虫病流行区的推广应用等。

持有单位：长江水利委员会长江科学院
单位地址：湖北省武汉市江岸区黄浦大街 289 号
联 系 人：柴朝晖
联系方式：027 - 82827225、13971617248
E - mail：a3515522@126.com

# 73 生物生态耦合的农村非常规水智能模块化处理技术

### 1. 技术来源

省部计划。

### 2. 技术简介

针对目前我国农村生活污水处理技术的不足，基于水利部技术示范项目（SF－201801）开展了技术研究和现场示范，提出了"生物生态耦合的农村非常规水智能模块化处理技术"。

该技术由"生物接触氧化一体化处理设备＋组合潜流人工湿地"两个主体单元组成。污水首先通过格栅对大颗粒污染物进行物理截留，初步降低无机颗粒物的含量，提高污水的同一性和可生化性，接着污水进入调节池（集水池）进行水质水量调节，经调节后的污水进入生物接触氧化池的不同处理单元，通过生物填料附着生长的厌氧、好氧和缺氧微生物与污水接触发生吸附、降解、转化等作用，使污水得到净化，经一体化设备处理后的出水进入潜流型人工湿地，通过物理、生物及化学作用进行深度处理，进一步去除水体中的污染物，经处理达标后就近排放或资源化回用。

技术指标如下：

（1）处理效率：处理能力与占地面积比＞$0.5t/m^2$。

（2）出水水质：通过调整运行方式，既能达到再生水水质标准［如《农田灌溉水质标准》（GB 5084—2021）、《城市污水再生利用 城市杂用水水质》（GB/T 18920—2020）等］，又能满足农村生活污水处理设施污染排放标准［如浙江省《农村生活污水集中处理设施水污染物排放标准》（DB 33/973—2021）、江西省《农村生活污水处理设施水污染物排放标准》（DB 36/ 1102—2019）等］。

（3）污染物去除率：对污水中$COD_{Cr}$、$BOD_5$、TP、$NH_3-N$、悬浮物等主要污染物的平均去除率＞50%。

### 3. 应用范围及前景

该技术以农村或集镇生活污水为主要处理对象，处理方式为集中处理或分散式处理。

该技术具有占地少、投资省、安装便捷、出水水质稳定、运维方便、使用寿命长等特点，可实现对农村生活污水模块化、分散式、智能化处理。根据出水水质要求可灵活调整运行方式，既能达到再生水水质标准，又能满足地方农村生活污水污染排放标准，实现达标排放或非常规水资源化回用。既能缓解当地水资源供需矛盾，又可改善水生态环境质量，有着较好的环境、经济和社会效益。

持有单位：长江水利委员会长江科学院

单位地址：湖北省武汉市江岸区黄浦大街23号长江科学院

联 系 人：郭伟杰

联系方式：18071118503

E－mail：guoweijie1986@163.com

## *74* 不影响河涌水流特性的原位生物强化处理

**1. 技术来源**

省部计划。

**2. 技术简介**

该技术结合自生动态生物膜技术、斜板沉淀技术、曝气技术、微生物载体技术等，可构建一种适用于感潮内河涌或具有一定流速的城镇河道的原位强化生物处理装置，兼顾净化表层水体和抑制底泥悬浮（内源释放）功能。该装置包括倾斜态网格结构和漂浮结构，网格结构上端悬于水面、下端固定于河床，适应水位变化，与水流方向保持 35°～60° 的倾斜角度，实现表层水体和下层水体的分层处理。表层水体采用倾斜态网格结构上悬挂的碳素纤维（网格上部 3/4 或 2/3）进行处理，水流从网格通过，载体表面微生物膜净化水质；下层水体采用固定于网格结构下部的无纺布进行处理，水流在无纺布表面形成错流过滤，拦截底泥悬浮物并加速其沉淀；无纺布上缘固定微孔曝气管，改变水体底层氧化还原状态，驯化河道微生物群落，同时加速无纺布上形成的滤饼层的脱落和动态生物膜更新。$n$ 个倾斜态装置沿水流方向串联布设，分别以无曝气、间歇曝气和连续曝气方式形成仿 A2O 串联模块。

**技术指标如下：**

处理流速为 0.05～0.1m/s（流动性小，需要治理）、氨氮为 8～15mg/L（轻度黑臭）的污染水体：

（1）网格结构与水流方向角度呈 60°，无曝气模块氨氮平均去除负荷约 0.60g/（m² · d）、去除率约 38%；仿 A2O 间歇曝气模块氨氮平均去除负荷为 2.06g/（m² · d）、去除率约 83%；连续曝气模块氨氮平均去除负荷约 3.12g/（m² · d）、去除率约 90%。

（2）网格结构与水流方向角度呈 60°，当网格结构的下部不设置含碳无纺布，仿 A2O 间歇曝气模块氨氮平均去除负荷为 1.40g/（m² · d）、去除率约 73%。

（3）网格结构与水流方向角度呈 80°，仿 A2O 间歇曝气模块氨氮平均去除负荷为 1.10g/（m² · d）、去除率约 60%；网格结构与水流方向角度呈 0°，仿 A2O 间歇曝气模块氨氮平均去除负荷为 0.81g/（m² · d）、去除率约 50%。

**3. 应用范围及前景**

适用于常水位水深大于 60cm 的感潮内河涌、具有一定流速或水位波动、底泥污染的城镇河道的原位强化生物处理。

随着截污减排的大力推进，现阶段底泥淤积及污染问题成为水环境质量提升的关键之一；受水动力条件影响，悬挂式、飘带式载体或人工水草等在珠三角感潮河道中的广泛应用存在一定限制。该技术兼顾净化表层水体和抑制底泥内源释放功能，未来发展方向是在装置和系统的模块化安装上进一步改良，以适应更复杂的河道结构和地形条件。

持有单位：珠江水利委员会珠江水利科学研究院
单位地址：广东省广州市天河区天寿路 80 号珠江水利大厦
联 系 人：陈高峰
联系方式：020 - 87117188、15920179188
E - mail：Zkykjc@163.com

## 75 河湖污染底泥碳氮硫污染物同步去除技术

**1. 技术来源**

其他来源。

**2. 技术简介**

底泥是城镇黑臭水体的重要内源污染，底泥污染物削减与好氧微生态系统构建是水环境治理中的难题。研发了"河湖污染底泥碳氮硫污染物同步去除技术"（先去除底泥耗氧污染物，后修复上覆水体）生物修复新模式和关键技术。首先，异养反硝化细菌利用硝酸盐为电子受体降解底泥中的有机物（$NO_3^- + OM \rightarrow N_2 + CO_2$）和去除硫化物（$NO_3^- + S_2^- \rightarrow N_2 + SO_4^{2-}$），达到消除底泥黑臭（$H_2S$、$FeS$等）的效果。其次，通过好氧（$O_2$）生物刺激法，向强化好氧功能菌群，引导重构"泥—水"微生物健康生态。

**技术指标如下：**

经广东省科学院微生物所开展的测试，该技术主要性能如下：

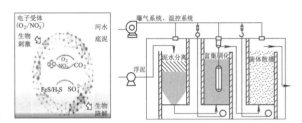

城市河网水动力-水质多目标联控联调智能决策技术

（1）颗粒粒径：$10mm \pm 1mm$。

（2）颗粒重量：$1g \pm 0.2g$。

（3）施用量：一般河道治理投加量为$5kg/m^2$，具体投加量需依据沉积物中酸可挥发性硫化物（AVS）、总有机碳（TOC）以及预留20％的总有效剂量计算。

（4）埋深深度：一般经验埋深为$15 \sim 20cm$。

（5）处理厚度：施药层上下空间$10 \sim 15cm$。

（6）底泥治理效果：15日底泥 AVS、有机质和总氮去除率分别可达95％、40％和75％。

（7）多廊道设备污泥产量：$15m^3/d$。

（8）多廊道设备运行费用：活性污泥驯化撒播单价为$2 \sim 3$元$/m^3$。

（9）底泥治理工期：20d。

**3. 应用范围及前景**

该技术主要适用于城镇黑臭河涌、小微水体、景观湖塘、农村黑臭河道等污染底泥的原位修复与水生态系统重构。

"河湖污染底泥碳氮硫污染物同步去除技术"是一种河湖污染底泥原位治理技术，可实现污染底泥无害化、减量化和健康微生态构建三位一体的修复目标。在该技术模式下开发的反硝化微生物调控技术，具备低成本、高效、稳定、全方位的特点。在未来研究中，仍需加强矿化剂对河流生态安全影响研究，加强技术的成果转化。

持有单位：珠江水利委员会珠江水利科学研究院

单位地址：广东省广州市天河区天寿路80号珠江水利大厦

联 系 人：陈高峰

联系方式：020 - 87117188、15920179188

E - mail：Zkykjc@163.com

## 76 底泥资源化的菌藻共生种植基技术

**1. 技术来源**

其他来源。

**2. 技术简介**

（1）该技术产品添加水泥、黄土、秸秆后具有较强的机械强度，具有良好的抗冲性，能防止底泥冲刷后污染物大量释放，也能有效固定沉水植物，避免水流冲走。

（2）该技术添加水泥固化后，能减缓底泥中的污染物释放，也能为沉水植物和微生物提供长效的营养物质。

（3）该技术添加秸秆后，孔隙度增加，能为功能微生物和藻类提供附着位点，促进菌藻共生的水生态系统构建。

**技术指标如下：**

经珠江水利委员会珠江水利科学研究院中心试验室检测，本产品主要技术指标如下：

（1）产品底泥的中 COD 释放速率为 $1358mg/(kg \cdot d)$，仅有河道底泥中 COD 释放速率的 $1/3$ $[5000mg/(kg \cdot d)]$；氨氮、磷酸盐释放速率为 $0.01mg/(m^2 \cdot d)$ 和 $0.12mg/(kg \cdot d)$，远低于河道底泥氨氮和磷酸盐释放速率 $2.47mg/(kg \cdot d)$ 和 $15.29mg/(kg \cdot d)$。

（2）产品的最大抗水流冲击流速为 $1m/s$。

（3）产品表面藻类组成主要为硅藻门和绿藻门，仅有少量的蓝藻门。

（4）产品表面的菌藻形成互利共生机制，菌为藻类提供无机营养物质，藻类为微生物提供有机物能量来源。

**3. 应用范围及前景**

该技术可适用于小微水体、黑臭水体、水库等河道底泥治理，能够实现河道长治久清，水生态系统长久平衡。

未来将进一步研究加大本技术产品的研究范畴，通过对不同底泥进行研究，得出针对不同底泥的最佳配比，并进一步扩展本技术的应用范畴，将技术应用于城市小微水体、水库，农村黑臭水体治理、景观湖塘等方面，该项目自运行以来，运行稳定，在水质保持、维持水生态系统稳定方面具有较好的应用前景。

持有单位：珠江水利委员会珠江水利科学研究院
单位地址：广东省广州市天河区天寿路 80 号珠江水利大厦
联 系 人：陈高峰
联系方式：020－87117188、15920179188
E－mail：Zkykjc@163.com

## 77 基于自然解决方案的消落带生态修复技术

**1. 技术来源**

国家计划、省部计划。

**2. 技术简介**

基于自然的解决方案是指受自然生态系统的启发而产生的解决方案。长江上游梯级水库陆续建成，形成的消落带植被稀疏，土壤贫瘠，治理难度大。已有的生态治理侧重于库岸稳定等，缺乏整体性设计及生态系统各要素的协同设计思想。该技术是通过向消落带自然生态系统学习，解锁自然力量而研发的。

**技术指标如下：**

（1）消落带生态治理技术示范区植被覆盖率达 90% 以上，生物多样性可提高 10% 以上。

（2）基于消落带适生功能的植物群落优化配置措施示范区水土侵蚀强度下降了 20% 以上。

（3）协调增效的植被-土壤系统具有较强的生态防护功能，削减入库污染负荷 TN、TP 和 COD 达 20% 以上。

**3. 应用范围及前景**

广泛应用于国内大中型水库消落带，尤其是长江上游干支流水库消落带，河湖岸带的生态治理也可参照执行。

我国现有 10 万 m³ 以上的水库约 9.8 万座。尤其是长江上游梯级水库陆续建成，形成了大面积消落带。受水力侵蚀等影响，植被生长困难，水土流失严重。

《中华人民共和国长江保护法》明确指出，国务院有关部门会同长江流域有关省级人民政府要加强对三峡库区和丹江口库区等重点库区消落区的生态环境保护和修复。水利部推动了三峡后续工作规划的编制与实施。很多消落带生态治理工程将要陆续实施。

因此，该技术具有较大的推广应用前景。

持有单位：水利部中国科学院水工程生态研究所
单位地址：湖北省武汉市洪山区雄楚大街 578 号
联 系 人：张原圆
联系方式：027-82927823、15327197228
E-mail：54231622@qq.com

## 78 突发水污染事故应急模拟与污染源反演追踪技术

**1. 技术来源**

国家计划。

**2. 技术简介**

该技术将一维和二维水质模型的控制方程的解析解作为约束条件，以模型计算值和实测值的误差为目标函数，构建拉格朗日函数，将条件约束极值问题转化为无约束极值问题，得到该目标函数下的伴随方程。对数据同化方程进行反向积分，求得目标函数对控制参数的下降梯度，利用最速下降法进行迭代求解得离散系数或者污染源强度、位置的最优解。

**技术指标如下：**

点源污染源追踪技术实践应用结果表明：基于伴随同化法和多指纹识别法，采用污染源追踪反演技术系统性地开展了污染物追踪，使排污口引起的突发水污染事故溯源准确率由目前的 30％提高至 90％以上，该技术可以精确反演污染源源强浓度和预测污染源沿程浓度变化，反演和预报误差控制在 15％以内。如 2018 年 9 月湘江株洲段突发重金属铊污染事故，事故发生后对湘江重要断面铊浓度进行了跟踪测量。根据铊浓度实际测量结果，运用该技术成功的反演出猴子山、望城水厂断面和铜官水厂的浓度变化曲线，污染源位于株洲市钻石工业园，污染源强度为 0.26g/s，与现场监测平均浓度为 0.27g/s，误差控制在 3.7％。

**3. 应用范围及前景**

该技术适用于对入河排污口的管理和突发水污染事故的源追踪工作，适宜环境需具备一定流量的河道。

该技术可建立突发水污染事故的快速预测模型和基于数值解的精确预测模型，提出应急预测的程序和方法，为流域机构和地方水行政主管部门开展入河排污口管理和突发水污染事故应急处置提供技术支撑，将来也可应用于其他突发水污染事故的应急预测预报工作中。总的来看，该技术成果在污染源追踪及应急处理、入河排污口管理过程中具有广阔的应用前景。

持有单位：长江水资源保护科学研究所

单位地址：湖北省武汉市汉阳区琴台大道 515 号

联 系 人：徐建锋

联系方式：027 - 84872078、13212724762

E - mail：584870687@qq.com

# 79 河流水华防控生态调度技术

**1. 技术来源**

国家计划。

**2. 技术简介**

按照"水华预测预警—生态需水核算—调度方案制定"思路,提出河流水华防控技术体系。通过评价浮游藻类生长对环境适宜度判定水华暴发概率并开展预警,再以藻类生长低适宜度为设定条件,并考虑近期天气和营养盐等预报条件,反算关键节点断面抑制水华所需的生态流量过程,按照需求改变相关水利工程运行方式和持续时间,可实现河流水华精准防控。

**技术指标如下:**

(1)汉江中下游水华防控生态调度实践表明,水华有效预见期由 24h 提高至 72h,预测准确率由 50% 提高到了 80% 以上,生态调度期间浮游藻类生长适宜度显著下降至低水平,藻密度快速降低,生态流量满足率显著提升。

(2)第三方监测结果表明,2018 年 1—3 月生态需水调控期间,仙桃断面生态流量满足率提高了 20%;2021 年 1 月生态需水调控期间,仙桃断面生态需水满足率提高了 19.4%。水华生态调度实施后,汉江中下游仙桃断面叶绿素 a 浓度从 $80\mu g/L$ 下降至 $30\mu g/L$,藻密度从 $2.0\times10^7 cell/L$ 下降至 $0.8\times10^7 cell/L$;调度后硅藻生长适宜度指数从 0.88 下降至 0.2,生态调度效果十分显著。

**3. 应用范围及前景**

该技术适用于我国富营养化的平原河流和河道型水库支流的水华防控工作,适用河段需具备闸坝等调度条件。

当前河流水华防控仍然以被动应对为主,未来亟须从应急调度向预报调度转变,变被动应对为主动预防,以本技术为基础不断提高预测精度和效率。

富营养化平原河流和河道型水库支流河口等水动力较弱的滞水河段是水华高发的典型水域,我国闸坝建设等引起的滞水区水动力减弱已成为普遍现象,在当前河流营养盐浓度普遍偏高的背景下,河流水华防控具有十分迫切的需求。

总体来看,本技术成果在富营养化河流中具有广阔的推广应用前景。

持有单位:长江水资源保护科学研究所
单位地址:湖北省武汉市汉阳区琴台大道 515 号
联 系 人:徐建锋
联系方式:027-84872078、13212724762
E-mail:584870687@qq.com

## 80 长江水环境治理排水管网非开挖置换技术

**1. 技术来源**

其他来源。

**2. 技术简介**

小管径排水管网非开挖置换技术采用顶拉环切置换工艺，是在水平定向钻和泥水平衡顶管基础上创新形成的技术工艺。利用定向钻机造斜到第一口检查井进入原管道水平顶进，利用原有管道路径将钻杆从管中心穿到最末端检查井，安装上旋转切割钻头，配合自密封自锁承插接口缠绕实壁短管，将传统管道回拖法改为拉顶工法，利用末端井安装管节，在管道尾端顶进短管，旋转切割钻头将原管道及变形坍塌的管材环向切割破碎并清出管道，设备余力通过机头后分动装置和传力杆传到管尾，实现顶进目的。

**技术指标如下：**

（1）工艺：结构性修复、结构使用年限 50 年，结构安全等级为二级。

（2）荷载：位于道路下的管道车辆荷载按公路 B 级标准考虑，位于绿化带或人行道下的管道地面荷载标准值为 4kN/m。

（3）材料：环刚度大于 125kN/m；纵向回缩率（110℃）小于 3％；蠕变比例小于 4％；管材拉伸强度大于 15MPa。

（4）工效：管道修复效率可达到 30～50m/d。

**3. 应用范围及前景**

该技术适用于地下 DN300～DN800mm 严重变形坍塌的小管径塑料排水管非开挖修复。

未来研究方向是研发系列化破管钻头和自锁口管材，形成中小管径塑料管道非开挖修复标准化工艺，打造一体化技术与产品服务；该技术可推广应用于城市水环境治理管网修复工程中，解决中小管径塑料管变形坍塌修复难题；该技术弥补传统非开挖修复工艺缺陷，避免传统开挖修复带来的城市交通堵塞、环境影响与重复投资问题，节约城市建设成本，确保经济社会效益显著提升。

持有单位：长江地球物理探测（武汉）有限公司

单位地址：湖北省武汉市解放大道 1863 号 24－1 栋

联 系 人：苏婷

联系方式：027－82926243、13657261592

E－mail：suting@cjwsjy.com.cn

## 81 湿地生态修复模式研究及盐碱地开发关键技术

### 1. 技术来源

省部计划。

### 2. 技术简介

该技术明确盐碱土中水盐的运移机理及规律，指导水稻田灌溉与排水，尤其是以水洗盐、压盐的中、重度盐碱地改水稻田灌溉与排水制度；确定适用于脱除盐碱地退水中盐分的湿地植物脱除方法，利用芦苇和香蒲等湿地植物可在较高盐碱度条件下生长和吸收盐碱地退水中的盐分特性，通过收割湿地水生植物的方式完成盐碱地退水中盐分的脱除，从而有效地降低盐碱地退水中的含盐量，减小对周围生态环境的影响，避免次生盐碱地的产生。

技术指标如下：

（1）可完成盐碱地水田泡田期、本田期灌溉制度研究，可确定不同灌水时期的水、盐调控总量。

（2）可完成盐碱地水田的农田退水量、洗盐排盐量与退水的湿地水生植物修复关键技术。

（3）确立一套完整的盐碱区水田开发及湿地生态修复技术工艺流程，建立了农田退水量、退水含盐量与湿地规模的关系。

### 3. 应用范围及前景

该技术适用于松嫩低平原大面积的盐碱地，包括大多为低产田、弃耕地或无法耕种的碱斑地块甚至寸草不生的盐碱化土地。

松嫩平原所出产的东北大米在国内甚至国际市场上经济价值较高，松嫩平原加大水田种植面积可以适应市场的旺盛需求，同时也可以优化区域的农业产业结构，推动经济发展，使社会稳定，促进区域和谐。该技术成果经济、社会及环境效益显著，为东北粮食增产提供了技术支撑，具有良好的推广应用前景。

持有单位：松辽水利委员会流域规划与政策研究中心、北京航空航天大学

单位地址：吉林省长春市解放大路 4188 号松辽委

联 系 人：王晓妮

联系方式：0431 - 85607786、13514463663

E - mail：32330576@qq.com

## 82 大型湖泊入湖污染生态阻控与多维生境系统修复技术

**1. 技术来源**

其他来源。

**2. 技术简介**

该技术针对大型湖泊入湖污染治理难度大和受损生境涉及面广的特点和实际需求，根据湖泊周边地形地貌、生态环境现状、水质及生境修复目标，采取沟渠湿地、河口湿地、雨水花园、生态净化区等生态阻控技术，结合沿岸生活污水截污、智慧污染溯源预警技等手段，可实现清水入湖；通过自然生态岸线建设、湖滨缓冲带构建、深潭浅滩营造等技术，从陆地到滨岸带到水体多维度恢复鸟类、两栖动物、鱼类等生境。

**3. 技术特点**

该技术可为国内大型湖泊生态修复和水质提升保障提供综合解决技术方案，并具有较为先进的智慧管控技术支撑，更适用于目前国内湖泊生态管理的需求。

技术指标如下：

（1）根据湖泊生态环境现状和入湖水质要求，可建立高、中、低三种净化模式下的生态阻控拦截体系，实现农田面源污染、雨水径流污染、河流携带污染、灌渠排水污染等各种面源污染的系统拦截净化。

（2）可在缓冲带和陆向湖滨带范围内塑造适宜生境，构建和恢复本土植物群落，促进陆生、水生动物以及鸟类的生物多样性及生境恢复。

（3）将湖泊生态环境保护修复与当地社会经济发展有机融合，统筹生态、环境、防洪、景观、文化、交通、产业等多方位需求，实现湖泊多目标保护与修复。

**4. 应用范围及前景**

该技术适用于大中型天然湖泊的水环境改善、生态修复、生物多样性恢复、水文化景观建设、生态廊道监测、智慧管理平台等方面的规划设计。

该技术提出的面源污染生态阻控系统解决方案、湖滨缓冲带构建、生境营造和生态群落修复等技术可推广应用到国内其他大中型湖泊的生态治理和修复，河口湿地、生态净化区等部分技术还可应用于河流全流域生态环境治理，助力区域绿色发展和生态价值实现，应用前景广阔。

持有单位：中水北方勘测设计研究有限责任公司
单位地址：天津市河西区洞庭路 60 号
联 系 人：汤慧卿
联系方式：022－28702802、18622416283
E-mail：tanghq@bidr.ac.cn

## 83 城市河道清淤脱水一体化智能管护技术

**1. 技术来源**

其他来源。

**2. 技术简介**

该技术利用智能清淤船、椭叠固液分离系统实现淤泥的清理和减量，结合物联网技术实现全过程智慧化控制。智能无人清淤船通过独特的吸泥系统，在不直接接触河底工况下柔和抽吸，抽吸泥浆通过管道输送至岸边的固液分离系统。泥浆在预处理系统中形成絮体，然后进入椭叠脱水系统进行压榨脱水，形成含水率低于65％的泥饼，装袋外运。尾水经过精密过滤系统过滤，符合标准后排放；反冲洗用水返回预处理系统再次进行循环。物联网控制系统实时控制清淤、脱水、余水排放全过程。

**技术指标如下：**

（1）智能清淤无人船：

1）材质：304不锈钢。

2）长度≤6m；宽度≤2.2m；吃水深度≤0.8m。

3）最大清淤深度：≤5m。

4）泵送距离：≥300m。

（2）椭叠固液分离系统：

1）箱体尺寸：长度≤7m，宽度≤2.5m，高度≤3m。

2）干化后泥饼含水率：≤65％，确保满足运输条件。

3）尾水水质：排放滤液浊度≤20NTU或≤原水浊度。

（3）物联网控制系统：

1）将PLC的数据进行处理并上传，进行协议转化、边缘计算。

2）兼具数据存储、看板监控、设备台账管理、数据报表、信息追溯、报警推送等功能。

**3. 应用范围及前景**

该技术适用于城市内河日常运维；有限空间的清淤脱水一体化处理；垃圾渗滤液缓冲池的淤泥清理等。

该技术从2020年开始应用推广，由于其相对于传统清淤方式的技术优越性和广泛适用性，在国内尤其是发达地区（发达地区对城市内河的环境要求较高）已有多个应用案例。

未来随着国家政策支持和各地对城市生态文明建设的推进，此技术可广泛应用于其他城市内河、湖泊和一些有限空间内的清淤，同时还可开发其他应用场景，例如垃圾填埋场渗滤液缓冲池的沉积淤泥清理等。

持有单位：南京瑞迪建设科技有限公司、江苏碧诺环保科技有限公司、南京水科院勘测设计有限公司
单位地址：江苏省南京市鼓楼区广州路223号
联 系 人：孙宇
联系方式：025-68953804、13814087111
E-mail：ysun@nhri.cn

## 84 自然生态的农村面源污染防治技术

**1. 技术来源**

国家计划。

**2. 技术简介**

该技术以生态去除农村小微水体中污染物为主要目的，同时兼顾湿地景观功能发挥，研发了"基质填料＋水生植物＋水力调控"三重协同的高效复合人工湿地净化系统，确保雨季洪水期及冬季低温环境可有效运行。针对农村水系空间形态比城市水系更为复杂，普遍存在污染复杂、河床淤积、岸线侵占、缺水断流、生态退化等问题，优化设计了塘-湿地生态处理技术系统，构建针对农村面源污染河流的"原位立体生物持续净化-傍河湿地水质保障-河口湿地水质保育"的"三级保障"生态修复技术体系和调控模式，保障入河水质达到Ⅴ类水标准。

**技术指标如下：**

技术指标主要体现在以下几个方面：

（1）整体性。本技术基于生态系统的整体性原则，研发"基质填料＋水生植物＋水力调控"三重协同净化技术，克服了单一流态下脱氮能力季节性差异大、反硝化碳源不足和除磷效率低等问题，可实现4～10℃低温下氮、磷及有机物去除率较传统湿地提高10%。

（2）模块化。针对农村水系空间形态比较复杂的特点，采用模块化、组件式设计，构建"原位立体生物持续净化-傍河湿地水质保障-河口湿地水质保育"的"三级保障"生态修复技术，可保障农村河道水体有机物和氨氮污染物浓度显著降低，可提升河流水质。

**3. 应用范围及前景**

该技术适用于以面源污染治理为主的农村中小河流水生态环境保护与修复工作。

未来拟针对农村缓滞水体中氮、磷富营养化造成的水生态环境问题，以改性基质填料和水动力优化配置研究为重点，进一步提升湿地系统对不同进水水质情景下的净化效果，并促进小流域水系连通和水质交换，可为农村缓滞水体修复领域提供经济、高效、稳定的新工艺方法，不仅可实现对富营养化和缓滞水体的修复与治理，而且节水节能、节支增效，提高水资源利用效率，可取得良好环境效益的同时，兼具较好的经济效益，保障社会和谐稳定发展。

持有单位：安徽省（水利部淮河水利委员会）水利科学研究院（安徽省水利工程质量检测中心站）、中国水利水电科学研究院

单位地址：安徽省合肥市高新区红枫路55号

联 系 人：汪邦稳

联系方式：0551－65145263、15391970712

E－mail：357733852@qq.com

## 85 修复富营养化水体的组合装置及方法技术（细分子化超饱和溶氧-超强磁化技术）

**1. 技术来源**

其他来源。

**2. 技术简介**

该技术以细分子化超饱和溶氧技术能够将缔合的大水分子团细化到纳米级，从微观上改变水分子的部分物理化学性质，促使水中大分子污染物迅速解环开链，同时能使氧气超饱和的溶解于水中，水中的溶解氧可达到 50mg/L 以上，该技术有效地提高了各种物质在水中与氧的接触面积与反应效率，氧的利用率可达到 95％以上，可高效去除水中各种污染物，提升水体质量。

超强磁化技术能够将水能量化，加快反应速率，并且将水中的高浓度溶解氧转变成活性氧，可极大提升水体中原有生物种群的活性、活力、生长速率，从而加速对水体中污染物的分解。

**技术指标如下：**

水中溶解氧含量达到 50mg/L 以上。纯物理作用，不投加任何药剂，保证城市地下水及居民用水安全。企业产品标准通过北京市丰台区质量技术监督局组织的专家组审查，各项技术指标符合国家法律、法规和强制性标准以及相关产业政策的规定。

**3. 应用范围及前景**

该技术适用于黑臭水体、富营养化水体、生活污水、工业废水等水体治理，饮用水源、长距离输水等水质提升，水生态修复等。

细分子化超饱和溶氧-超强磁化技术用于富营养化水体治理、黑臭水体治理、饮用水源地水质提升，可实现水体有效净化，并达到国家地表水标准，具有良好的推广应用前景。

持有单位：北京环尔康科技开发有限公司
单位地址：北京市朝阳区利泽中二路1号中辰大厦
联 系 人：史宝静
联系方式：010－64782199、17301055826
E－mail：hek9898@163.com

## 86 地下管道非开挖螺旋缠绕修复技术

**1. 技术来源**

其他来源。

**2. 技术简介**

（1）该技术利用缠绕机在旧管道里边行走边缠绕，来形成一个各种形状钢加固的 PVC 内衬管，即机头行走式。例如：圆形、矩形、马蹄形、三角形等非圆形自由截面的内衬管。该技术适用于不同材质原管道的更新，适用于修复异型管道、有一定弯曲度的管道和重力流管道。该技术是 D1000～D5000mm 大口径圆形管和不规则形状管道更新的完美选择。

（2）钢塑加强型技术原理：型材和钢带被同步安装在检查井内的缠绕机上，以螺旋缠绕的方式推进，在缠绕过程中，位于型材边缘的公母锁扣互锁，并将钢带压合在型材接缝处，在新旧管道环形间隙内注浆，形成一条高强度、具有良好水密封性的钢塑加强型新管。该技术适用于 DN600～DN2500mm 口径管道的修复。

（3）扩张型工艺专注 DN250～DN600mm 中小口径管道的修复。该工艺是先缠绕出一条比原管道略小的衬管，缠绕同时在锁扣放入预置钢线并注入专用硅胶，拉动预置钢线，切断副锁扣，使衬管扩张，直到衬管紧密贴合于原管道的内壁上。扩张型衬管按衬管独立结构管设计，密闭性好，是中小口径最佳选择。

**技术指标如下：**

（1）PVC 型材拉伸强度 42.2MPa，拉伸弹性模量 $2.78 \times 10^3$ MPa，断裂伸长率 142%，弯曲强度 64.6MPa。

（2）修复后管道使用寿命大于 50 年。

（3）管道修复直径尺寸为 250～5000mm。

（4）完全非开挖施工。

**3. 应用范围及前景**

该技术适用于水环境水生态保护、水利工程建设、输水管道修复、市政工程给排水管道修复。

由于螺旋缠绕法非开挖修复具有传统修复技术不可比拟的技术优势，尤其在大口径管道非开挖带水修复领域，更是填补了国内的空白。建设部公布，全国目前的地下排水管网 300 多万千米，近几年国家多个部门陆续出台文件，围绕海绵体城市建设、黑臭水体治理、水环境治理和老旧管网改造等提出了要求，目前非开挖技术首先在直辖市和部分计划单列市及省会城市推开，国内市场巨大，持续性强。

持有单位：天津倚通科技发展有限公司

单位地址：天津市静海区杨成庄乡宫家屯村北 100 米

联 系 人：王卓

联系方式：022－58627630、13802133577

E－mail：13802133577@139.com

## 87 分布式埋地组合污水处理技术

**1. 技术来源**

国家计划。

**2. 技术简介**

该技术在多年来适用于南方气候特点成功经验的基础上，依托国家"十三五"重点研发计划课题"生活污水处理技术研发与示范"（2018YFC0408103），针对北方地区冬季微生物活性低、脱氮除磷难、系统运行不稳定等问题，以及高标准排放要求，采用分布式埋地建设模式、进行工艺参数优化、筛选低温高效微生物、进行填料结构改进，集成创新低温低耗 MBR、耐冷高效菌种培育、物联网云平台智慧水务等组合技术，保证了高标准出水。

**技术指标如下：**

（1）出水标准高：出水优于《地表水环境质量标准》Ⅳ类标准（总氮＜10mg/L），扩大了出水利用途径，有利于提高水资源利用效率，是节水型社会建设的创新技术。

（2）占地面积小：用地指标约为 $0.20\sim0.40\text{m}^2/\text{m}^3$，仅为传统工艺的 1/5。

（3）邻避效应低：研发了专有除臭、降噪及污泥处置技术，有效解决了噪声、臭气、污泥等二次污染问题。采用地下模块化建设、地面花园式设计，可有效破解"邻避效应"，提升周边居住品质。

（4）分布式设计：采用"就地收集-就地处理-就地回用-联片管理"的模式，能够有效减少管网建设和运行管理成本。

**3. 应用范围及前景**

该技术适用对排水水质高标准要求的水环境敏感区、城镇化高度集中的人口聚集区，日处理量在 $500\sim30000\text{m}^3$ 为宜。

未来应进一步围绕模块结构创新、工艺参数优化、高效微生物筛选、填料结构改进、自控技术智慧、除臭降噪提升等方面开展深度研究，可进一步进行成果熟化，确保该技术能够稳定适用于高排水要求的经济发达、人口稠密或环境脆弱的中小城镇或城市聚集片区的市政生活污水处理。

持有单位：中联环股份有限公司、中国水利水电科学研究院
单位地址：福建省厦门市思明区后埭溪路28号皇达大厦28楼
联 系 人：李尔泉
联系方式：0592－5838561、13860122973
E－mail：cue@vip.163.com

## 88 梯度型自压式 MBR 污水处理设备技术

**1. 技术来源**

其他来源。

**2. 技术简介**

该技术是一种将高效膜分离技术与传统活性污泥法相结合的新型高效污水处理工艺，它用具有独特结构的 MBR 平片膜组件置于曝气池中，经过好氧曝气和生物处理后的水，通过滤膜过滤后出水。它利用膜分离设备将生化反应池中的活性污泥和大分子有机物质截留住，省掉二沉池。活性污泥浓度因此大大提高，水力停留时间（HRT）和污泥停留时间（SRT）可以分别控制，而难降解的物质在反应器中不断反应、降解，最后经过 MBR 平板膜的过滤后出水达到排放标准。

**技术指标如下：**

（1）产水量：自压式 MBR 膜产水量可达到 450L/（m·d）达到市面上主流抽吸式 MBR 平板膜产水能力。

（2）跨膜压差：正产运行时最大跨膜压差可以达到 20kPa，在该跨膜压差下产水量依旧可满足设计出水量。

（3）溶解氧：膜池溶氧控制在 2mg/L 左右，鼓风机间歇运行，运行 1 小时停止半小时，该曝气形式下对膜污堵几乎无影响。

（4）液位差：膜池液位高于 MBR 膜组件 20cm 以上时，产水量即可达到设计流量，设备正产运行时只需要控制好液位差就能保证 MBR 膜组件设计出水量。

（5）使用寿命：由于自压式 MBR 膜产水采用自流形式，而自吸泵负压抽吸采用机械强制抽吸对膜有一定的损伤，所以自压式 MBR 膜使用寿命比自吸泵负压抽吸的平板膜延长 2～3 年。

**3. 应用范围及前景**

该技术适用于集成式一体化污水处理设备处理分布式农村生活污水。出水水质达到城镇排放一级 A 标准。

相对而言 MBR 膜法处理工艺具有抗冲击能力强、出水水质好、运行稳定的优点应用，但也存在能耗高、易污堵的缺点。一种梯度型自压式 MBR 污水处理设备采用水位高度差自压式出水不需要自吸泵负压抽吸、鼓风机间歇运行，有效地解决了能耗高的缺点，膜清洗周期延长，在分布式污水处理领域推广前景广阔。

持有单位：青岛鑫源环保集团有限公司
单位地址：山东省青岛市高新区正源路 35 号
联 系 人：吴莹
联系方式：0532－87700827、15753216098
E－mail：xinyuanep@xinyuanep.com

# 89 污染河湖治理与生态复苏协同组合技术

**1. 技术来源**

其他来源。

**2. 技术简介**

该技术针对污染河湖在水质提升和生态复苏两方面的综合治理需求，通过"驳岸净化修复＋人工强化净化＋水下生态系统修复"三个模块的集成为上述需求提供了解决方案，其中驳岸净化修复技术是基础，人工强化净化技术是关键，水生态系统修复技术是核心。

（1）驳岸净化修复技术：污染水体分别流经厌氧生物过滤坝体、缺氧生物滤池及好氧生物滤池，可发生碳化、氨化、硝化和聚磷作用。增设污泥回流装置后，在厌氧区发生释磷、氨化作用，在缺氧滤池进行反硝化脱氮作用，在好氧滤池进行除磷、硝化、碳化作用。最终通过"厌氧-缺氧-好氧"微生物的综合反应使外排水更洁净。

（2）人工强化净化技术：通过在水体中布置新型生态浮床、多功能喷泉曝气等一系列措施，来改善水体的氧化还原条件，提高水体透明度，为污染物的去除提供有利环境条件，提高水体自身的净化能力。

**技术指标如下：**

（1）驳岸净化修复技术：由厌氧生物过滤坝体、缺氧生物滤池及好氧生物滤池构成，内设污泥和硝化液回流装置，对 COD 和氮磷污染物的去除率为 $30\% \sim 70\%$。

（2）新型生态浮床：比表面积 $\geqslant 1500 m^2/m^3$，孔隙率 $\geqslant 80\%$，植物种植孔密度 $\geqslant 20$ 株$/m^2$，污染物去除率 $\geqslant 10\%$。

（3）多功能喷泉曝气：由微生物生长聚集塔、喷泉曝气系统和固定系统三部分组成，具有水体复氧和净化的双重作用，作用范围内污染物去除率 $\geqslant 30\%$。

（4）高效净污水生植物组合技术：适宜种植水深为 $1 \sim 2m$，种植密度 $36$ 丛$/m^2$，根据当地气候条件对不同品种沉水植物进行搭配种植，并投加适量的水生动物及微生物菌剂。总氮、总磷的去除率分别为 $\geqslant 63\%$、$\geqslant 49\%$。

**3. 应用范围及前景**

该技术适用于有水质提升和生态修复治理需求的河流湖泊地表污染水体治理工程（已完成控源截污或轻度污染水体）。

本技术主要针对已完成控源截污且有更高水质要求的河湖生态复苏建设工程，近年来国家对治水要求不断提升，从黑臭水体治理到河湖断面达标考核，均开展了深入工作，除了常规的控源截污、雨污分流等内容外，更需要强化污染河湖水质提升与生态复苏协同治理。同时在降低运行成本、新材料新品种的引进、提高系统稳定性等方面提出了新的发展方向，在"十四五"时期的水环境治理工作中，该技术应用前景广阔。

持有单位：南京市市政设计研究院有限责任公司、中国水利水电科学研究院

单位地址：江苏省南京市玄武区同仁街 31 号

联 系 人：孙宇

联系方式：025－83283655、17626040363

E-mail：846157363@qq.com

# **90** 多功能组合式河流景观生态设施技术

**1. 技术来源**

其他来源。

**2. 技术简介**

该技术由汀步型拦水堰、二维流湿地和生态护坡三大模块构成。河道上游来水经拦水堰拦截泥沙后，通过短坝将上游来水引导至河道两侧的二维流湿地，河道两侧坡面汇流则经由生态护坡，通过护坡植物进行初步拦截后再进入湿地，经处理后排往下游。

汀步型拦水堰上游一侧设有排沙坑，底部设有排沙管，泥沙在水位差的作用下从排沙管排至下游。湿地中设有填料并种有植被，通过过滤、吸附、硝化及反硝化作用，去除水体中污染物，净化上游来水和坡面汇水。生态护坡自下而上设置坡体、碎石层、土壤层和绿化层，碎石层和土壤层内设置有植草格，种植相邻格体之间的连接处设置有插孔，起固定作用。

**技术指标如下：**

（1）汀步型拦水堰：排沙管与水平面的夹角为 5°；踏步宽度大约 0.3m，中心间距约 0.5m，相邻汀步高差小于 0.25m。

（2）二维流湿地：石块堆砌挡墙宽 0.5m，高 0.8m，长度根据河道情况布设；滤水河床砂石垫层厚度 0.4m。

（3）生态护坡：植草格采用改性高密度聚乙烯，由多个正六边形网格体连接而成，单边边长不超过 0.3m。

治理后汀步上游河道淤积显著减少，湿地出口附近微生物种群数量、丰富度明显提高，初期雨水经湿地处理后，水体中的 COD、氨氮和总磷的去除率分别为 20%、25%、25%。经检测，湿地出水清澈、无色无味、无浮油，其中透明度、溶解氧、氧化还原电位、氨氮等主要指标均可达到国家标准要求。

**3. 应用范围及前景**

该技术适用于有景观、护岸、海绵体打造、生物栖息地营造及水体净化等一项或多项功能需求的河道水环境整治工程。

多功能组合式河流景观生态设施可在不同气候条件及不同河道地貌特征下应用，具备二维流湿地与生物栖息地耦合作用，能够提升生物栖息地生境，通过选用新型复合材料，提高水质净化功能。可有力促进工程示范区生态水系景观格局的形成，在加强水循环、改善水环境、提升水景观、恢复水生态系统结构、强化生态系统服务功能等方面效果明显。

持有单位：水利部海河水利委员会水文局
单位地址：江苏省南京市玄武区同仁街 31 号
联 系 人：孙宇
联系方式：025-83283655、17626040363
E-mail：846157363@qq.com

## 91 RhP 体系——开放性水域污染的生物强化治理技术

**1. 技术来源**

其他来源。

**2. 技术简介**

该技术利用取自天然水体的沼泽红假单胞菌经强化、改良后大规模生产的遗传稳定、高密度微生物制剂 RhP 多功能水质改良菌。它能将水体中的氮、磷、硫等污染物转化为自身细胞组成物质，并被浮游生物吞噬，高密度菌剂在完成污染物转化后即逐步消亡，一般投放十天后水体中 RhP 菌浓度可逐渐恢复至环境原有浓度，无冗余物残留。

RhP 体系技术，是以 RhP 菌的利用为核心在污染物→微生物→浮游生物→鱼虾贝的循环中，通过人工干预高效转化污染物为有益生物资源，达到治理污染目的的一系列生物操纵手段，诸如投放 RhP 菌制剂加快污染物→微生物转化、投入鱼苗等水生动物加快浮游生物→鱼虾贝转化、投入经靶向驯化的 RhP 菌制剂转化特定污染物等。

**技术指标如下：**

水体污染和防蓝藻治理，水质可从地表Ⅴ类提升到Ⅲ类，治理前后指标（mg/L）：

（1）总磷：治理前大于 0.4→治理后小于 0.2；

（2）氨氮：治理前大于 2→治理后小于 1；

（3）$COD_{Cr}$：治理前大于 2→治理后小于 1；

（4）$BOD_5$：治理前大于 10→治理后小于 4；

（5）叶绿素 a（$mg/m^2$）：治理前大于 200→治理后小于 20；

（6）黑臭水体治理中，四个月就可消除黑臭；

（7）溶解氧：治理前小于 0.2→治理后 5 以上；

（8）氨氮：治理前大于 20→治理后 2 以下；

（9）氧化还原电位（mV）：治理前－270→治理后 220。

养殖废弃物资源化处理，每 500 头猪用五亩养殖水体配合 RhP 体系技术，就可接纳全部沼液并转化成浮游动物，成为鱼的天然饵料而被资源化利用，在大幅度降低治理费用的基础上实现零排放。

**3. 应用范围及前景**

该技术适用于湖泊污染治理、防治蓝藻暴发、黑臭水体治理、河道水质提升达标、养殖废弃物资源化利用，实现零排放。

结合水质实时监测技术和生物检测技术的发展，开展水体中污染物与 RhP、浮游生物、鱼虾贝的数量、活性等因素关联研究，建立 RhP 体系技术应用数学模型，为消除黑臭水体、抑制蓝藻暴发、修复河湖生态提供精准、实时治理工艺方案，可进一步提高治理效果、降低成本，在我国水污染治理、水生态修复开辟更广阔市场。

持有单位：成都大开应用技术研究所

单位地址：四川省成都市武侯区人民南路三段 17 号附 1 号

联 系 人：周刚

联系方式：028－85020010、13908183730

E－mail：cddk@163.com

## 92 RLC - 50T 臭氧活性炭复合污水处理系统技术

**1. 技术来源**

其他来源。

**2. 技术简介**

该技术利用污水处理方法中高级氧化法对污水进行深度处理，通过臭氧的强氧化性，配合催化剂的催化作用，在污水中产生羟基自由基，从而对污水进行预氧化处理，进而通过活性炭催化剂复合填料来将污水中的 $COD_{Cr}$ 进行充分的分解，可实现污水的深度处理。

同时通过臭氧以及反冲洗可有效恢复活性炭催化剂填料的使用功能，可达到高效工作目的。RLC - 50T 臭氧活性炭复合污水处理系统结构组成包括：L2200mm×B1500mm×H2000mm 臭氧催化反应器、5000L/h 进水泵、8000L/h 氧化回流泵、射流器、臭氧发生器、$H_2O_2$ 溶液箱、活性炭催化剂复合填料、液位计、20L/h 催化剂计量泵、PLC＋触摸屏、配套管路、5000L 进料箱等。

技术指标如下：

(1) 核心工艺：臭氧＋活性炭＋催化剂催化氧化。

(2) 设备本体材质：不锈钢 316L。

(3) 臭氧发生器产气量：50g/h。

(4) 设备功率：3kW。

(5) 外形尺寸：L2200mm×B1500mm×H2000mm。

(6) 系统处理水量：100$m^3$/d。

(7) 适用进水类型：经过生化处理后的污水进水 $COD_{Cr}$ 浓度要求：＜200mg/L。

(8) 出水 $COD_{Cr}$ 浓度：＜20mg/L。

(9) $COD_{Cr}$ 去除效率：90%（进水 $COD_{Cr}$ 浓度在 100mg/L 左右时，出水 $COD_{Cr}$ 可达 10mg/L 以下）。

(10) 有效使用寿命：10 年以上。

**3. 应用范围及前景**

该技术适用于经过前端生化处理后的污水，进水 $COD_{Cr}$ 浓度小于 200mg/L。

中水回用在我国经历了从认识到实践等一系列的过程，随着目前经济的发展，对水的要求无论从质上还是量上都有更广阔的需求，中水回用将在更大范围内展开。该技术通过调节臭氧发生量来激活催化剂填料的使用功能，使出水 $COD_{Cr}$ 浓度低于 20mg/L，处理效果显著，可操作性较强，具有良好的实际处理效果和推广价值。

持有单位：瑞蓝科环保工程技术有限公司、中国水利水电科学研究院

单位地址：北京市丰台区南三环中路 70 号南曦大厦 D 座 17 层

联 系 人：张少伟

联系方式：010 - 87875978、13901105161

E - mail：bjrlc@163.com

## 93  MABR 水环境污染治理技术

### 1. 技术来源

其他来源。

### 2. 技术简介

该技术是一种有机地融合了气体分离膜和生物膜水处理的新型污水处理技术。微生物膜附着生长在透氧中空纤维膜表面，污水在中空纤维膜周围流动时，水体中的污染物在浓差驱动和微生物吸附等作用下进入生物膜内，经过生物代谢和增殖被微生物利用，使水体中的污染物同化为微生物菌体固定在生物膜上或分解成无机代谢产物，从而可实现对水体的净化。

技术指标如下：

（1）MABR 中空纤维膜具有优异的透氧性能和机械强度：MABR 河湖水体净化专用中空纤维膜丝平均断裂拉伸强力≥2500cN、干膜组件气体通量≥0.5m³/（h·件），应用过程中氧转移效率 60% 以上。

（2）优异的挂膜性能和污染物去除能力：在地表水体中可实现土著微生物的快速富集与培养驯化，快速消解水体污染物、修复水生态，其主要水质指标可达到《地表水环境质量标准》（GB 3838—2002）Ⅳ类及以上。

（3）优异的水质适应能力：MABR 技术不仅可应用于高污染和微污染水体，而且可应用于高盐度污染水体的净化，并具有良好的耐低温能力。

### 3. 应用范围及前景

该技术适用于河道、湖泊、水库等黑臭及劣Ⅴ类水体净化项目。

MABR 水环境污染治理技术具备完善的工艺路线设计及系统集成。其产品及装置和系统在水环境领域得到了推广应用。到 2025 年，力争在膜产品设计和规模化生产、膜应用技术开发和大型工程实施、服务质量、品牌认知度、市场份额等方面在国内外市场具有相当的优势，为水污染防治领域提供成熟稳定、先进可行的技术支撑。

持有单位：天津海之凰科技有限公司
单位地址：天津西青区榕苑路 16 号鑫茂科技园 C2 座 D 单元四层
联 系 人：曹翠翠
联系方式：022-23857578、18622348676
E-mail：caocui705@163.com

## 94 深大湖库水与沉积物环境感知与智慧采样设备技术

**1. 技术来源**

国家计划。

**2. 技术简介**

该技术着眼于水电开发，水电开发是我国保障能源安全、优化能源结构、应对气候履约以及支持偏远山区脱贫发展的重要战略。水库建设和运行在为人类带来显著社会经济效益的同时，也产生一定的生态环境影响，是全球水利环境长期关注的热点。近二十年来，对于西南河流澜沧江水电开发生态环境问题。传统观点认为：梯级水库拦截碳氮磷硅等关键生源要素，影响下游水生态系统和区域发展；水库温室气体排放，影响水电的清洁性；水文情势变化，影响土著鱼类生存与繁殖。在生态文明建设和长江大保护新形势下，水电工程生态环境保护已成为水资源可持续开发利用急需破解的难题。

技术指标如下：

（1）自主研发高坝深库分层水样及沉积物柱状样智能采集系统，最大工作水深 280m，垂向温度梯度自感应分层水样采集有效识别 0.5℃温度变化，精准获取温跃层分层水样。

（2）深水沉积物柱心采集模块，无扰动抽取水土界面孔隙水样，通过声波振动技术，扰动强度当量不超过 0.5cm，可靠采集不同硬度沉积物柱心。

（3）研制水库消落带水土关键环境因子在线感知与光纤传输系统，长期连续监测水-土界面 0cm 处至沉积物 40cm 深度微界面区域关键环境因子变化，沉积物温度、溶解氧、电导率、水压等指标监测精度分别达 0.01℃、0.01mg/L、1S/m 和 0.1hPa。

**3. 应用范围及前景**

该技术适用于高坝大库深水沉积物样品及水样采集、沉积物剖面理化性质的垂向特征和动态监测。

研发的由多套数据记录模块与传输模块组成的水库关键带环境因子智能监测系统，可连续监测沉积物剖面理化性质的垂向特征和动态变化，获得沉积物界面理化性质的高精度连续监测数据；研发的高坝大库深水采样设备可解决多项技术瓶颈和国外技术封锁，为深大湖库的水生态保护及河流健康监管提供有力的技术设备，经济效益、社会效益和生态效益显著，推广应用前景广阔。

持有单位：水利部交通运输部国家能源局南京水利科学研究院
单位地址：江苏省南京市鼓楼区广州路 223 号
联 系 人：林育青
联系方式：15251828811
E-mail：yqlin@nhri.cn

## 95 水处理智能一体化精密投加系统及控制设备技术

**1. 技术来源**

其他来源。

**2. 技术简介**

该技术由底层设备（硬件）及上层控制单元（软件）组成。底层设备采用高度冗余化设计，能够应对自动启用备用设备、免配置扩展等诸多实际应用需求。上层控制单元在控制策略和运算方法上进行创新，采用多因子前馈-双反馈闭环控制与传统的前馈-反馈相结合的控制方法。

上层控制单元包含人工神经网络算法，可与计算机通过 OPC 的形式，获取投加所需参数，实现数据共享和交换，并协调一致工作。人工神经网络算法根据水厂实时参数，自动计算出药剂的最佳投加量（期望值），并通过通信链路下发至执行机构，执行机构根据该指令，自动调节工作参数，使药剂的投加量达到期望值。

底层设备采用泵阀投加模式，并配套有电磁流量计对投加流量进行实时监控。底层设备通过采集流量计信号，自动对磁力泵频率及调节阀开度进行调控，使得投加量达到计算/设定投加量，从而确保水质的达标，实现精准加药。阀流投加模式控制范围可达 10～800L/h，能满足各种药剂在各种环境变化下的投加需求。

**技术指标如下：**

（1）一体化精密投加设备量程：10～800L/h。

（2）药剂投加控制精度：±0.5%。

（3）水厂沉淀水浊度控制指标：在非水质剧烈变化的条件下控制浊度为设定值的±0.5NTU。

（4）水厂余氯控制指标：设定值的±0.1mg/L。

（5）污水处理厂控制指标：满足污水处理厂 1 级 A 排放标准。

（6）连续可靠运行大于 20000h，设备使用寿命 10 年。

（7）系统 7 天实现自学习，形成智能控制算法专家库。

**3. 应用范围及前景**

该技术适用于大型市政水厂、乡镇小型水厂、水电站自备水厂、化工厂水厂以及污水处理厂的智能加药、消毒系统。

针对自来水工业的核心工艺控制的行业难点，利用现代信息技术进行改造和升级势在必行。该系统主要运行于水厂、污水处理厂，项目贯彻国家强制水质标准，提高水质，保障居民饮水安全和生态环境；可提高关键净水技术智能化水平，降低对人员值守依赖。

持有单位：武汉长江科创科技发展有限公司、长江水利委员会长江科学院
单位地址：湖北省武汉市江岸区黄浦大街 289 号
联 系 人：周霁
联系方式：027-82829766、13971471772
E-mail：417840369@qq.com

## 96 河湖泥水处理多功能设备技术

**1. 技术来源**

其他来源。

**2. 技术简介**

该技术针对河湖污染底泥的物化性质，设计并制作多功能泥水处理设备，采用"底泥垃圾分选＋泥砂分离＋生化处理"来对污染底泥和水体进行复合处理，通过采用泥砂分离和洗沙设备，实现淤泥中河沙的分离和资源利用，同时采用生化处理工艺，将有机污染物进行处理，实现淤泥减量处理的同时也可达到对底泥中的砂石分离利用的目的，最大限度地实现淤泥减量处理和污水净化的双重目标。

**技术指标如下：**

（1）河湖污染底泥经过本技术处理后，泥浆中的砂石含量可大幅度降低至 5% 以下，淤泥中砂石回收利用率达到 90% 以上；平均含水率为 90% 以上的河道淤泥经过泥沙分离、脱水固化后，变成了含水率为 40% 以下的泥饼，淤泥体积大幅度下降，淤泥减量化程度达到 80% 以上。

（2）河湖污染底泥和水体经过本设备处理后，水体不黑不臭，常用水质指标 COD、氨氮、溶解氧等达到地表五类水标准（GB 3838—2002）。

**3. 应用范围及前景**

该技术适用于河涌、湖泊、水库的污染底泥和污染水体处理及资源化利用，也可应用微污染水体的净化处理。

该技术将围绕底泥处理的减量化、无害化、资源化和生态化开展，处理规模从过去的设备大型化向小型化转变，移动式、高效处理设备将成为以后研究和应用的主要方面。多功能泥水处理设备顺应河湖污染底泥处理的趋势，可实现小微水体的污染底泥处理和污染水体的净化，在河湖污染底泥和水体治理中的应用前景广阔。

持有单位：广州珠科院工程勘察设计有限公司
单位地址：广东省广州市天河区天寿路天寿大厦 1801 室
联 系 人：闫晓满
联系方式：020 - 87117815
E - mail：250243571@qq.com

## 97 输水干渠智能化水体综合处理装备技术

**1. 技术来源**

其他来源。

**2. 技术简介**

该技术主要由五部分组成：移动平台、曝气装置、在线自动配药喷洒装置、电气控制系统、动力及推进系统。配药与喷洒原理：由加水泵、加药泵将渠道水与原药剂加入药箱搅拌混合成一定浓度范围（粗精度）的药液；系统通过对清水泵、计量泵的调度协调，在管道中使喷洒药液再次进行稀释，同时系统对喷洒管道内药液的浓度、流量等数据进行采集与处理，实现系统控制精度范围内的定流量、定浓度控制。

针对渠道输水水质安全的相关要求，装备实现在渠道水体受到危化物污染后，可实现快速响应，根据污染物特性采取有针对性的消物措施，并以智能化运行方式实现"药剂"的在线溶解与配制、曝气通量与曝气深度自由调节，且可适应全天候工作能力，及时高效地消除污染。

**技术指标如下：**

松散耦合型 Web 洪水预报调度系统实现简单、组件独立性强和构架灵活的特点，在系统管理、稳定性、跨平台通用性等方面优势明显，并在作业广度和频度方面大大超过了传统的作业预报方法，具备无资料地区预报和校正能力，可分布式部署，实现运算与校正并行计算能力，大大提高了系统执行效率与运行可靠性。具备移动平台移植可能性。

**3. 应用范围及前景**

该技术适用于中小型湖泊、水库及小型河流渠道等场所的水体化学品应急处置工作，可达到快速消除污染物的目的。

该技术的研制与应用可有效处理输水干渠局部的危化物，为输水干渠的输水安全提供强有力的支撑，提高输水渠道应对风险的能力，为沿线受水城市人民的饮水安全提供了一道坚实的移动屏障。

持有单位：黄河机械有限责任公司
单位地址：河南省郑州市中原区淮河路 29 号
联　系　人：张智勇
联系方式：13137117995
E-mail：814018839@qq.com

## 98 脱稳耦合平板膜法矿井水零排放集成装备技术

**1. 技术来源**

省部计划。

**2. 技术简介**

该技术将脱稳结晶和平板膜系统相耦合。首先,通过脱稳技术将高盐水中的硬度去除 40%～70%,转化成资源化的石膏产品,同时降低膜系统运行结垢风险;其次,通过平板膜系统,将脱稳后的料液进行过滤浓缩后,得到优质产品水,浓缩液部分回流至前端脱稳工艺段,可进一步通过脱稳将石膏资源化。

该技术是自主研发并拥有自主产权和品牌的主要面向煤矿矿井水的处理系统,是国内第一套通过"脱稳+平板膜"的方法对矿井水进行零排放的系统。装备具有集成度高、可移动性强、占地面积小;工艺流程简单、处理量大、回收率高、耐污堵;药剂消耗量少,运行成本低;自动化控制易于维护、安全可靠等特点。不仅实现产水回用,还实现了盐资源化回用,产出的硫酸钠结晶盐符合《工业无水硫酸钠》(GB/T 6009—2014)Ⅰ类一等品标准。

**技术指标如下:**

(1) 处理能力:800～1200t/(天·台)。

(2) 适用进水水质:$COD_{Cr}$:≤30000mg/L;氨氮:≤2000mg/L。

(3) 硫酸盐:≤10000mg/L;氯化物:≤20000mg/L;溶解性总固体:≤50000mg/L;总硬度:≤5000mg/L;氟:≤100mg/L。

(4) 出水水质:$COD_{Cr}$:≤100mg/L;氨氮:≤15mg/L;硫酸盐:≤50mg/L;氯化物:≤100mg/L;溶解性总固体:≤300mg/L;总硬度:≤100mg/L;氟:≤2mg/L。

(5) 回收率:根据待处理水含盐量不同,回收率可在 60%～95% 范围内恒定运行。

(6) 能耗及效率:装机功率为 262kW/台;装配有能量回收装置,实际运行功率可节省约20%～30%。

(7) 可靠性指标:膜组件设备采用智能化生产线生产,合格率高达 99.99%;系统耐污堵程度高,清洗周期可长达 1 个月,性能恢复率达 99.8%;系统质保期不低于 5 年。

**3. 应用范围及场景**

该技术适用于煤矿矿井水、煤化工、焦化等各领域高硬度、高矿化度废水的处理。

我国对高矿化度废水资源化开发利用已有近 40 年的历史。目前国内外的除盐工艺主要为反渗透技术,其他技术已逐步被淘汰。该技术对于以反渗透为核心技术的膜过程,在低成本、零排放方面具有显著的技术优势。

据前瞻产业研究院、中国信息产业网等数据显示,2020—2025 年,煤矿矿井水的市场空间达1100 亿元,煤化工废水的市场空间达 200 亿元,具有很大的市场需求,因此该技术应用前景广阔,潜力巨大。

---

持有单位:烟台金正环保科技有限公司
单位地址:山东省烟台市莱山区瑞达路 1 号金正环保产业园
联 系 人:陈勤勤
联系方式:0535－8012937、15153516767
E－mail:qqchen@jinzhenghb.com

# 99 湖库消落带污染物原位信息提取及风险预测技术

**1. 技术来源**

国家计划。

**2. 技术简介**

消落带是陆地水环境中最为敏感的生态脆弱带，典型污染物（重金属和氮磷营养盐）在消落带土壤/沉积物中的迁移和释放直接威胁我国江河湖库的水质安全。

该技术包含三部分内容，具体为典型污染物（重金属和氮磷营养盐）的原位信息提取、土壤/沉积物-水界面污染物迁移动力学过程捕获以及污染物风险评价和预测。该项技术的应用能够实现消落带环境介质中污染物毫米分辨率尺度下的空间分布的原位信息提取，在此基础上，结合动力学迁移释放模型获取污染物在消落带固-液相的迁移动力学特征参数、孔隙水供给能力等信息，从而准确评估污染物在消落带土壤/沉积物中的潜在生态风险，科学预测污染物的迁移释放。

技术指标如下：

（1）适用范围广。该技术 pH 值和离子强度使用范围宽，能在不同环境介质中稳定获取目标污染物的原位信息。

（2）空间分辨率高。该技术的一维空间分辨率 1mm×1mm，二维空间分辨率可达到 42$\mu$m×42$\mu$m，能获得毫米尺度下目标污染物的原位信息。

（3）集成性强：该技术实现了消落带土壤/沉积物-水体中有效态污染物的原位信息提取技术、污染物迁移释放特征模拟技术以及有效态污染物生态风险评价和预测技术的有效集成。

（4）综合性：该技术可实现土壤/沉积物-水体界多种污染物（重金属和氮磷营养盐）的原位提取、土壤污染物的迁移释放特征高分辨捕获、土壤淹没及污染物浸出对流域水环境污染及生态风险科学评估及有效预测等多个目标。

**3. 应用范围及前景**

该技术适用于河流和湖库消落带环境介质中污染物的原位信息提取，科学评估和预测污染物的水生态环境风险。

该技术的应用能够实现消落带环境介质中污染物毫米分辨率尺度下的原位信息提取，在此基础上，结合动力学迁移释放模型获取污染物在消落带固-液相的迁移动力学特征，从而准确评估污染物在消落带环境介质中的潜在生态风险，科学预测污染物的迁移释放。基于原位信息的风险预测技术已在水利部、生态环境部流域机构等多家单位应用，可为我国湖库水生态安全的预测和评估提供技术支持。

---

持有单位：南京智感环境科技有限公司、中国水利水电科学研究院、中国科学院南京地理与湖泊研究所、长江水利委员会水文局

单位地址：江苏省南京市六合区天圣路 22 号 F 栋 15 楼

联 系 人：邢颖

联系方式：17372286883

E-mail：zhigan@easysensor.net

# 四、农村水利

## *100* 灌区耗水态势遥感监测技术

**1. 技术来源**

国家计划。

**2. 技术简介**

该技术研发多源遥感影像处理全链路自动化，构建基于改进单源能量平衡公式的遥感耗水解译方法，研制作物耗水无云影像碎片化处理方法，可实现灌区旱作物、水稻田、果林等不同作物耗水态势的即时空间监测。

**技术指标如下：**

（1）空间分辨率：全国范围数据产品空间分辨率 1～5km，灌区及分灌域范围数据产品空间分辨率 250～500m，示范区等功能特定产品不低于 30m。

（2）时间分辨率：全国范围数据产品≥8 天，灌区及分灌域范围时间分辨率可≤3 天，示范区等功能特定产品可每日更新。

（3）计算效率：全国范围更新单日实时产品计算效率≤3h，灌区及灌域范围更新单日实时产品计算效率≤0.5h。

（4）监测精度：耗水监测精度可达 85％以上。

**3. 应用范围及前景**

该技术适用于政府机关、大中型灌区管理部门、高校及科研机构以及规模化种植户，提供灌区耗水态势准实时监测。

该技术为灌区耗水的监测和管理提供了一种即时、自动、便捷、高效、低成本的解决方案，有利于节水灌溉的推广实施，有助于推进灌溉农业朝着精准化、智能化的方向发展。

持有单位：中国水利水电科学研究院
单位地址：北京市海淀区复兴路甲 1 号
联 系 人：魏征
联系方式：010－68785226、18710047605
E－mail：weizheng@iwhr.com

## 101 涝渍兼治的暗管排水技术及配套装置技术

**1. 技术来源**

国家计划。

**2. 技术简介**

该技术以除涝降渍减灾为靶点，通过合理的铺设高渗透性能的反滤体替代田间渗透性能较差的土壤，采用连续或间隔的方式布设反滤体，配合常规暗管，形成涝渍兼治暗管排水技术以及配套除涝降渍装置 2 套。

**技术指标如下：**

（1）强降雨条件下排水效率提高 10％以上。

（2）地表除涝条件下排水效率可比常规暗管排水效率提高 100％。

（3）地下降渍条件下可提高降渍效率 20％。

（4）节约耕地 5％以上。

（5）作物产量提高 5％以上。

**3. 应用范围及前景**

该技术适用于水利工程、水库、湖泊、城市河道、内河内湖、渠道、近海水域等水上漂浮污物智能化清理和处置。

水面污物机器视觉识别监测技术、水面污物传感器融合识别技术、水域机器人自动避障和运动控制技术、漂浮物拦截上岸系统技术、智能化启闭机技术、水上漂浮污物资源化利用技术等六项核心技术研发，可填补我国水域漂浮污物应用机器人智能化治理的空白。

通过不断的研发与完善，形成批量化的生产，可以在全国乃至全球范围进行推广应用。同时，可以形成以机器人为主体的智能清污、保洁，智能水文监测、巡逻和智能应急救援服务等新业态，可实现智能装备从智能制造走向智能服务的产业转型升级。

持有单位：中国水利水电科学研究院
单位地址：北京市海淀区复兴路甲 1 号
联 系 人：陶园
联系方式：010 - 68785231、13717663722
E - mail：taoyuan@iwhr.com

## 102 喷溅装置淋水均匀性测量系统技术

**1. 技术来源**

其他来源。

**2. 技术简介**

该技术利用微单元结构实现对喷溅装置典型叠加区域淋水分布均匀性测量，通过同步测试不同微单元格的水量，可实现对喷溅装置溅水均匀分布系数的准确测量。喷溅装置淋水均匀性测量系统由循环水泵、循环水池、循环水管道、配水管、喷溅装置、流量计、微单元流量测量系统、压力计、主机以及电源设备组成。

**技术指标如下：**

（1）利用微单元格结构和电磁流量计结合的方式，准确测量喷溅装置典型叠加区域微单元格流量，测量精度优于 1%。

（2）系统能够实现最大淋水密度 13t/（m²·h）条件下淋水均匀性测量。

（3）系统能够实现不同落水高度条件下的淋水均匀性测量，最大落水高度 1.2m。

（4）系统能适应于冷却塔不同类型喷溅装置的淋水均匀性测量。

（5）系统可实现对喷溅装置关键水力性能参数的准确测量，包括：流量系数、均布系数以及工作水头等。

**3. 应用范围及前景**

该技术适用于冷却塔循环水的高效利用，主要应用于喷溅装置水力特性试验、喷溅装置优化布置以及研发。

目前，喷溅装置淋水均匀性测量系统只适用于室内实验室，无法利用该系统进行现场测量，未来研究方向是如何将该测量系统设计成为便携式，便于现场对喷溅装置淋水均匀性进行测试，通过现场测试快速获得配水均匀性的好坏，为喷溅装置的现场性能测试以及冷却塔用水效率提升提供技术支持。此外，该系统还可用于评价农业喷灌系统淋水均匀性的好坏，因此将该系统小型化、自动化以及便携化，未来具有广阔的应用场景及应用前景。

持有单位：中国水利水电科学研究院、水利部节约用水促进中心

单位地址：北京市海淀区玉渊潭南路 1 号

联 系 人：宋小军

联系方式：010 - 68781512、13811045032

E - mail：songxiaojun1982@163.com

# 103 沿海垦区控制灌排和高效脱盐关键技术

**1. 技术来源**

省部计划。

**2. 技术简介**

该技术集成灌溉洗盐、控制排水脱盐、隔离层阻盐、有机质改土、灌排布局优化控盐、远程信息化控制等技术,形成一套脱盐效率高、管理方便、可大范围推广的沿海垦区控制灌排和高效脱盐的技术体系。

**技术指标如下:**

(1) 发明专利"水田灌溉排水自动控制装置"可根据水稻生长需求调节农田水位,能够有效防止作物渍害和改良盐碱化土壤。实用新型专利"互联计量球阀式阀口",可以远程控制和精准计量农田灌溉水量。

(2) 2018—2020 年在响水县应用推广 82 万亩,响水县水务局出具应用证明,本项目技术应用后,年均节水 15.2%,土壤脱盐率达到 50% 以上,土壤有机质含量提升 25%,人力成本减少 30%。

**3. 应用范围及前景**

该技术适用于沿海垦区农田灌排布局规划、设计,农田暗管埋设关键技术参数的确定以及盐碱耕地土壤快速改良。

沿海垦区土壤盐碱化和灌溉排水引起的次生盐渍化问题是制约我国沿海地区粮食生产和生态环境改善的主要问题,也是沿海土地资源集约利用和可持续开发最主要的障碍。沿海垦区控制灌排和高效脱盐技术应用于沿海垦区农业生产过程中,可改善土壤耕种条件,促进农业节水、节地、增收,提高资源综合利用效率,推动沿海地区高质量发展,具有广阔的应用前景和显著的经济效益、社会效益和生态效益。

持有单位:水利部交通运输部国家能源局南京水利科学研究院
单位地址:江苏省南京市广州路 223 号
联 系 人:金秋
联系方式:025 - 85829762、13776632622
E - mail:haiw _ sq@mwr.gov.cn

## 104 青藏高原典型作物高效地面灌溉技术

**1. 技术来源**

国家计划。

**2. 技术简介**

该技术基于水量平衡法，根据多年气象数据对高寒区彭曼公式辐射项进行修正，并通过田间试验揭示作物需水关键期和作物系数，最后结合 CROPWAT 模型优化灌溉制度，可实现典型作物生育期内适时适量地高效地面灌溉，达到节水增产的技术效果。

**技术指标如下：**

本技术相关指标发布《饲用燕麦栽培技术规程》（DB54/T 0093—2015）、《青稞生产技术规程 藏青 2000》（DB54/T 0077—2014）及《牧区草地灌溉与排水技术规范》（SL 334—2016）内。主要包括：土壤、水质条件（符合 GB 5084）；产地海拔（3670～4300m 的农区）；整地平地（以土壤细碎，耕层松软，土壤平整，上虚下实为标准）；施基肥（农家肥 1000～1500kg/亩，磷酸二铵 7.5kg）；播种（拉萨、山南一带 4 月中下旬为宜）；田间管理（三叶期进行中耕除草、根据土壤墒情进行田间灌溉、分蘖期结合灌水施肥尿素 5kg/亩）；病虫害防治（农药符合 GB 4285）；收获；运输。

**3. 应用范围及前景**

该技术适用于西藏自治区全域，也可为青藏高原地区灌溉典型作物提供技术支撑，保障其高质量、持续稳定发展。

灌溉典型作物有利于保护天然草场，西藏自治区多举措开展保护草原生态，促进农牧民增收的工作，以灌溉草地为主的牧区水利逐步受到重视，计划 2030 年灌溉草地面积达到 269.8 万亩。本技术从地面灌溉角度出发，针对西藏地区的气候特色与灌溉现状，对燕麦和青稞的需水关键期、作物系数和灌溉制度进行研究，从本技术成果应用效果和发展需求分析，既可大面积推广西藏全域典型灌溉典型作物，也可推广至整个青藏高原地区。

持有单位：水利部海河水利委员会水文局

单位地址：内蒙古呼和浩特市大学东街 128 号

联 系 人：王丽霞

联系方式：0471－4690612、14747360813

E－mail：wanglixia.26@163.com

## 105 果树水肥一体化高效节水集成技术

### 1. 技术来源

其他来源。

### 2. 技术简介

该技术综合运用计算机科学、地理信息科学、面向服务科学等多学科理论、方法和技术,以物联网、云计算、人工智能和自动控制等技术为基础支撑,建立面向作物生长周期的水肥一体智能灌溉模型,研制出兼具数据采集和执行控制功能的水肥一体智能灌溉装置,构建水肥一体智能灌溉云服务系统,可利用内嵌的数学模型开展辅助决策,依据土壤墒情和气象等要素及时形成灌溉方案,并经互联网将指令下达至水肥一体化管理设备,进行精准定量灌溉和施肥,从而实现灌溉施肥全链条的自动化管理。

**技术指标如下:**

(1)单套设备控制面积:1000 亩以内。

(2)操作界面友好性:具备智慧灌溉、人工灌溉和手动灌溉三种工作模式,设备配备 17 寸彩色液晶触摸屏,中文操作界面,使用户获得良好的交互体验。

(3)自动化操作性能:智慧灌溉模式,可联网云服务平台,自动下载平台的模型分析方案,并按照方案自动控制水源泵、施肥泵和地块轮灌阀门,决策效率高、响应速度快。

(4)控制设备数量:设备可控制 4 路施肥阀,4 台搅拌器,1 台增压泵,6 路灌溉阀门;有线控制方式下,通过扩展阀门控制模块,可增加灌溉地块数量,最大可支持 64 路;通过无线方式,可控制外部 2km 范围内的 32 台灌溉地块阀门设备。

### 3. 应用范围及前景

该技术适用于北方缺水地区果树精准灌溉施肥中,有井、水库、蓄水池等固定水源,水质达到微灌标准要求。

该成果可为用户配套提供智慧灌溉信息化管理软件、手机 App 软件,使用户随时随地掌控全局、轻松灌溉。水肥一体化技术的示范和推广将有助于在不减少种植面积及种植效益的情况下大幅度减少水资源的开采量,有效降低农业灌溉用水量,提高用水效率。

该技术可助力果树产业标准化、现代化、集约化、可持续发展。随着区域水资源供需矛盾的日益凸显,国家节水行动的深入推进,该技术在我国北方缺水地区将具有越来越高的推广应用价值。

持有单位:山东省水利科学研究院
单位地址:山东省济南市历下区历山路 125 号
联 系 人:王薇
联系方式:0531-55767791、13853198720
E-mail:wang1980wei@163.com

## 106 贵州山地作物精准灌溉施肥装备与控制技术

**1. 技术来源**

省部计划。

**2. 技术简介**

该技术通过引进吸收消化以色列等发达国家水肥精准智能调控关键设备前沿技术的基础上，研发了一款适应于山地丘陵地区施肥灌溉的低成本、高性能三通道灌溉施肥装备，可突破解决施肥机控制器通信协议不开放，无法在线组网的技术瓶颈可较好地解决山地丘陵地区作物水肥一体化系统灌溉技术问题。本技术研发成果为我国山区特别是西南喀斯特地区水肥精准调控、优化与控制提供了一种新思路、新方法和新手段。

**技术指标如下：**

三通道灌溉施肥装备主要性能指标：

(1) 单注肥通道施肥量：A 通道 675L/h，B 通道 700L/h，C 通道 660L/h。

(2) 控制精度：EC 值：−0.01、pH 值：−0.08。

在此基础上，实现了三、四、五通道施肥机的系列化生产与应用，在关键零部件国产化的基础上，形成整机的装配和生产能力，在我省结合脱贫攻坚项目实施进行应用示范推广超过 35 台，实现了贵州山地作物水肥智能调控装备技术自主可控。

**3. 应用范围及前景**

该技术适用于不同区域、作物种类要求的农业园区。可满足水库管理所、园区管委员、灌区管理局三级管理的需要。

该技术在 5 个市（州）的大型灌区续建配套与节水改造、农业水价综合改革工程项目中累计完成应用超过 43 万亩，累计培训园区人员 1388 人。实现了节水 40％、节肥 30％、节工 10 工日/亩。全自动施肥机进口价格为 15 万元/台，实现国产化市场价格在 6 万元/台左右，可节约装备成本 60％以上。"十四五"期间，全国全自动施肥机市场需求约为 1 万台，每台节约 9 万元，国产化全国可以节约 9 亿元/年，贵州可以节约 1800 万元/年左右。

---

持有单位：贵州省水利科学研究院

单位地址：贵州省贵阳市南明区西湖巷 29 号

联 系 人：王永涛

联系方式：0851−85932585、13639078718

E−mail：409011805@qq.com

# 107 西北旱区小麦/玉米农田节水减排优产综合技术

## 1. 技术来源

国家计划。

## 2. 技术简介

该技术基于农田水碳平衡、土壤-植物-大气连续体水分传输和调亏灌溉理论，针对不同地域特色、水资源特征和农田灌溉现状等，采用不同灌溉、覆盖和施氮等农业措施，通过分析田间水流运动特征、土壤水分入渗分布规律、农田作物耗水规律、产量形成及温室气体排放规律，集成覆盖、关键水补灌、氮肥类型及施用量优化和灌水技术参数优化等技术措施，可确定西北旱区小麦/玉米农田节水减排优产综合技术。

**技术指标如下：**

（1）灌水定额（每公顷单次灌水量）减少 $750\sim1125m^3/hm^2$，小麦和玉米灌水定额减少 $2250\sim3375m^3/hm^2$，年内玉米小麦轮作区单位面积每年可减少灌水量 $4500\sim6750m^3/hm^2$；作物水分利用效率提高 $13.5\%\sim16.5\%$。

（2）每年减少用工 $30\sim60$ 个工日$/hm^2$。

（3）小麦、玉米单季氮肥（纯氮）施用量减少 $75\sim150kg/hm^2$。

（4）小麦和玉米单季产量增加 $1350\sim1650kg/hm^2$。

（5）温室气体（主要是 $CO_2$ 和 $N_2O$）排放总量降低 $5\%\sim8\%$。

## 3. 应用范围及前景

该技术适用于西北旱区或其他气候相似地区小麦、玉米农田，还应根据气候年型（干旱年、平水年和湿润年）进行调整。

未来继续加强气候变化条件下该技术的节水减排优产效果研究；以及在"黄河流域生态保护和高质量发展"战略背景下，如何在水资源刚性约束下进一步挖掘节水潜力；还需持续研究该技术是否会带来其他生态环境问题及其解决措施。

该技术具有显著的节水增产减排效果，对保障国家粮食安全，实现农业节水和"双碳"目标具有重要意义，并且具备在西北其他地区推广应用的前提，具有广阔的应用前景。

持有单位：西北农林科技大学
单位地址：陕西省杨凌示范区邰城路3号
联 系 人：谷晓博
联系方式：029-87082902、18291879219
E-mail：guxiaobo@nwafu.edu.cn

## 108 基于气象信息的农田灌溉决策技术

**1. 技术来源**

国家计划。

**2. 技术简介**

该技术利用观测的气象数据实时计算 $ET_0$，结合作物不同生育阶段作物系数 $K_c$，实时计算确定作物每天的实际耗水量 $ET_c$，并充分考虑农田灌溉历史、作物水分需求、灌溉方式、土壤类型等因素的影响，确定作物需要灌溉的时间和灌水量，以确保土壤水分总是保持在适宜作物生长的范围内，满足作物正常生长发育水分需求，实现增产增效目标。同时，不同作物种类、不同生育时期、不同气象环境条件下，作物的实际耗水量和耗水规律都会所有不同，产品包含主要农作物（小麦、玉米、棉花等）的灌溉决策预警模块，用户可根据自己种植的作物、所处的地理位置和使用的灌溉方式，选择相应的子服务模块，按照提示输入少量必要信息后，系统即可自主对种植作物的灌溉进行全程指导，操作简便，响应快捷。

**技术指标如下：**

（1）大气温度测量范围：−40～60℃，分辨率 0.1℃，准确度±0.3℃，铂电阻。

（2）大气湿度测量范围：0～100%Rh，分辨率 0.1%Rh，准确度±2%Rh，电容。

（3）大气压力测量范围：10～1300hPa，分辨率 0.1hPa，准确度±1hPa，硅压阻式。

（4）风向测量范围：0°～360°，分辨率 1°，准确度±3°，超声波。

（5）风速测量范围：0～60m/s，分辨率 0.1m/s，准确度±0.3m/s 或 3%，超声波。

（6）雨量传感器测量范围：0～4mm/min，分辨率 0.2mm，准确度 3%，翻斗式。

**3. 应用范围及前景**

该技术适用于现代化灌区、高效节水灌溉示范区及高标准农田等科学灌溉指导，还可用于水利、农业、林业等科研工作。

该技术根据农田种植的作物、所处的地理位置和使用的灌溉方式，可自主对农田灌溉进行全程指导，操作简便，响应快捷，覆盖区域面积大，从而有效提高农田灌溉管理的科学性和灌溉水利用效率；该技术的设备基本为一次性投资，后续运行费用低，且多年使用稳定可靠，经济方面优势明显。平均每亩农田只需几元钱的一次性投资，就可显著提高水分生产效率 20% 以上，适宜未来规模化种植的农田灌溉用水的节约化、集约化和智慧化管理，应用前景广阔。

持有单位：中国农业科学院农田灌溉研究所、北京澳作生态仪器有限公司

单位地址：河南省新乡市牧野区宏力大道（东）380 号

联 系 人：邓忠

联系方式：0373－3393335、15836018927

E－mail：dengzhong@caas.cn

## 109 覆盖滴灌作物水肥高效利用技术

**1. 技术来源**

国家计划。

**2. 技术简介**

该技术提出了覆盖滴灌作物水肥协同精量施控制度，结合自主研发的小流量、低压高均匀灌水器和低能耗大吸肥量施肥器等水肥精量施控设备，可集成构建覆盖滴灌作物水肥高效利用技术。

**技术指标如下：**

（1）水肥预测生长模型。可确定覆盖滴灌玉米和小麦的 $K_{cb}$ 参考值，通过多年试验验证，构建的生长模型可将灌水施肥预测时间精确到 2 天内。

（2）产品。经国家农业灌排设备质量监督检验中心等机构认定：

a2 款小流量毛管，0.1MPa 压力下流量为 0.6L/h 和 0.86L/h，流态指数 $x$ 为 0.48 和 0.45，性能指标达到国际 A 类产品标准，铺设长度达 150～180m。

b1 款低压高均匀毛管，0.05MPa 低压下流量为 1.7L/h，$x$ 为 0.396，优于国际同类产品流态指数最小值范围 0.43～0.45。

c1 款大吸肥量文丘里，0.25～0.3MPa 压差下吸肥量为 800～1000L/h，相同能耗下吸肥量是同类型产品的 2～5 倍。

**3. 应用范围及前景**

该技术可广泛适用于北方粮食主产区玉米、小麦与设施果蔬覆盖滴灌，尤其适用于大规模地块和集约化管理农场。

该技术基于以作物生理生长响应为依据的水肥决策模型以及自主研发的滴灌系统水肥施控核心产品，在覆盖下作物耗水需肥量科学预测和精量施控方面比传统技术手段具有更高的精准性与灵敏性，该技术可大幅度降低滴灌系统管网投资和系统耗能，提升灌水施肥均匀度和施控精度。该集成技术适用场景广泛，应用前景广阔。

持有单位：中国农业科学院农业环境与可持续发展研究所
单位地址：北京市海淀区中关村南大街 12 号
联 系 人：苗倩
联系方式：010－82109768、15210371680
E－mail：miaoqian@caas.cn

## 110 "三位一体"稻田智能节水灌溉技术

**1. 技术来源**

其他来源。

**2. 技术简介**

该技术是加装于小型灌区提水泵站、输配水渠道、田间放水口上的智能化、机械化装置。该系统由三部分组成，原理如下：

(1) 农灌泵站自控装置。每期打水时，通过手机指令遥控泵站开机，当泵站出水池水位上升至限定上限且达到延时，系统自动停机。当田间不断灌水，渠系水位自动下降，泵站出水池水位下降到设定下限并达到延时，系统自动开机。

(2) 防渗渠水位自动恒定装置。利用分水闸阀上下游水位差，通过浮桶浮力实现对恒定阀的启闭控制，确保防渗渠水位一直保持在设定的位置。

(3) 稻田自动灌排装置。利用农田内水层深度控制浮球，引导机构浮球的升降，进而带动储水箱内阀瓣的动作，实现田间自动灌水。

**技术指标如下：**

(1) 稻田自动灌溉装置：南通市产品质量监督检验所 2014 年对稻田自动灌溉系统的核心部件自动式放水阀门，进行了放水器高度调节、精度调节、控制器响应时间 3 个项目的检验，检验项目均符合 Q/320682ADO1—2014 标准的规定。

(2) 防渗渠水位自动恒定装置：下级渠道水位超出常水位 5cm 以内且满足延时 2min，分水阀自动关闭。

(3) 农灌系统自控装置：实现 3 重设定；出水池上下限水位差控制在 50cm 以上；一次性设定小循环次数小于等于 9。

**3. 应用范围及前景**

该技术适用于我国平原地区已实施防渗渠或暗渠节水工程的小型灌区，规模化种植区域推广效果更佳。

该技术的推广应用较好地解决了农田灌溉管理"劳力荒"、先进灌溉技术"难推广"等突出问题，具有显著的节工、节水及增收效益，可在我国平原地区已实施防渗渠或暗渠节水工程的小型灌区大力推广。

下一阶段，将拓展用水计量化与管水信息化功能，开展"一人多灌区智能管控"低成本模式研究，努力实现规模化生产、工厂化制作、装配式安装。同步加大成果转化力度，将产品研制与推广瞄向国内更大市场，加快提升技术的覆盖率。

持有单位：江苏冠甲水利科技有限公司
单位地址：江苏省如皋市城北街道海阳北路 999 号
联 系 人：陈志良
联系方式：0513 - 87619013、17372887631
E - mail：1125565090@qq.com

## 111 稻田精准灌排管控技术

**1. 技术来源**

其他来源。

**2. 技术简介**

该技术是基于水稻节水灌溉技术、精准灌排控制装置和信息管控平台等构建。采用该技术进行稻田灌排时，针对地块和水稻种植周期，基于采用的水稻节水灌溉技术和应用区域的水稻栽培技术制定灌排方案，通过采集田间水位、灌溉水量、降雨量、作物实际生长态势等信息动态调整灌排方案，利用精准灌排控制装置控制田间水层深度，自动管理稻田灌水和排水，充分利用雨水，保证田间水位保持在灌排方案设定范围内，节约水稻用水，减少稻田排水，防治稻田面源污染。

**技术指标如下：**

（1）精准灌排控制装置：箱式结构；双闸板调节；通过刻度精准控制灌溉水层，溢流式排水。

（2）管控平台：手机端 App 或微信小程序。

**3. 应用范围及前景**

该技术适用于水稻种植区农业节水减排和农业面源污染治理。

稻田精准灌排控制是防治稻田面源污染的关键环节，能够发挥蓄雨、节水、减排、调峰等作用，明显减少农田面源污染对水体的影响。该技术简单实用，配合水稻节水灌溉技术推广和水稻田防渗、防漏改造，不仅能提升水稻生产过程中的水肥利用效率，具有显著的经济效益，还能通过有效防治农业面源污染，产生显著的环境效益，在水稻种植区域的推广应用前景广阔。

持有单位：浙江绿迹农业科技有限公司、中国水利水电科学研究院、平湖市水资源与水土保持管理服务站、中电建生态环境设计研究有限公司

单位地址：浙江省嘉兴市平湖市广陈镇泗泾村吴家浜 38 号

联 系 人：余魁

联系方式：13867457085

E-mail：yanqh@iwhr.com

## 112 农村集中供水智能管控成套技术

**1. 技术来源**

其他来源。

**2. 技术简介**

该技术采用市电或光伏供电方式利用已有水源,通过水泵对水池蓄水,然后自流或加压向用户供水,采用管道式微滤(MF)过滤器、超滤(UF)净化器、紫外线消毒器、浊度仪、智能水表等设备和技术集成,并基于物联网及无线传感技术进行数据采集和控制来实现取水、供水、水净化及消毒、水质监测、水量计量等功能。

**技术指标如下:**

(1)硬件性能。

1)供电电源:市电或光伏。

2)微滤精度:$40\mu m$。

3)超滤精度:$0.01\mu m$。

4)浊度检测量程:$0\sim100$NTU。

5)浊度检测分辨率:$0.001$NTU。

6)杀菌率:紫外线 $99\%\sim99.9\%$。

7)水量计量精度:2级。

8)数据传输技术:4G/NB-IOT/LORA。

9)根据水源可选配置:加药装置、反渗透净水设备、活性炭净水设备。

(2)软件性能。

1)采用云+端的物联网管控模式。

2)模拟量和数字量信号数据接入。

3)补水、加压手/自动控制。

4)水量精准计量与管控。

5)支持硬件数量:≥10万。

6)界面响应速率:100ms。

7)通信方式:RS485、4G/5G、MQTT、HTTPS等。

**3. 应用范围及前景**

该技术适合偏远地区独立供水系统;适用于规模化农村集中供水建设及标准化改造;也可应用于各类工农业、生活供水。

该成套技术基于智能仪表和控制终端的可视化平台,可实现远程自动控制、水质监测、水量计量、预报、预警等功能,平台智能可靠、管理便捷;可自动过滤和净化,拆卸方便、经济实用;消毒系统运行安全可靠、无污染、杀菌率高,确保从源头到龙头的水质安全。

该成套技术具有结构简单、经济实用、运行维护便利等特点,对提高农村供水信息化水平和管理服务能力,推进农村供水规模化发展及标准化改造具有重大推广价值。

持有单位:中国水利水电科学研究院、天津水科机电有限公司

单位地址:北京市海淀区复兴路甲1号

联 系 人:李万平

联系方式:022-82852586、18920396955

E-mail:1260289188@qq.com

## 113 太阳能光伏供水技术

**1. 技术来源**

其他来源。

**2. 技术简介**

该技术主要由光伏组件、智能型控制器、蓄电池、逆变器、水泵、饮水槽、数据采集控制传输设备等构成。其工作原理是利用光伏组件将太阳能转换为电能，驱动水泵从水源（水井、储水窖）提水至地面或饮水槽供农田灌溉或人畜饮用。光伏扬水逆变器对系统的运行实施控制和调节，将太阳电池阵列发出的直流电转换为交流电，驱动交流水泵，或直接驱动直流水泵，并根据日照强度的变化实时地调节输出频率，实现最大功率点跟踪，最大限度地利用太阳能。同时电能在智能型控制器的有效控制下为蓄电池充电，以便在无阳光的情况下控制器能够利用蓄电池中存储的电能驱动水泵进行提水作业。

**技术指标如下：**

（1）单晶硅太阳能电池组件技术参数。

1）标准功率：200W。

2）电压：24V。

3）功率偏差：正偏差1%。

4）工作温度：-40~85℃。

5）25年衰减率：10%。

（2）控制器技术参数。

1）适配太阳能电池功率：400W。

2）适配蓄电池、直流水泵额定电压：24V。

3）适配直流水泵额定功率：200W。

4）工作环境温度：-30~50℃。

（3）蓄电池技术性能参数。

1）标准容量：100Ah。

2）电压：12V。

3）功率偏差：正偏差1%。

4）工作温度：-5~25℃。

（4）水泵技术参数。

1）水泵额定功率：200W。

2）水泵额定电压：24V。

3）流量：$1m^3/h$。

4）扬程：8m。

5）使用环境温度：-30~50℃。

**3. 应用范围及前景**

该技术适用于缺水、缺电的偏远山区、农场、学校、医院、工厂和单一家庭供水，以及畜牧用水、农业灌溉。

随着我国双碳目标的提出，以及太阳能光伏技术的进一步发展，太阳能光伏供水系统的适用范围不断拓展，可以广泛应用于农林灌溉、荒漠治理、草原畜牧、生活用水、海水淡化、城市水景、城市泳池、鱼塘养殖等领域，具有广阔的推广应用前景。

持有单位：内蒙古金原农牧科技有限公司、中国水利水电科学研究院
单位地址：内蒙古锡林郭勒盟锡林浩特市交通投资大厦
联 系 人：李敏
联系方式：0479 - 8110799、18247927497
E - mail：1030700568@qq.com

## 114 基于低功耗的管道精准计量和阀控制技术

**1. 技术来源**

其他来源。

**2. 技术简介**

该技术是基于管道流量和用水控制领域的技术,主要由超声波管道流量计量技术和低功耗电动阀门控制技术构成。

超声波管道流量计量技术:采用多路时差法方式测量出管道内液体的流速,在根据管道截面积得出管道水的瞬时流量。

低功耗电动阀控技术:通过采用高精度的涡轮蜗杆部件组合成高传动比的传动机构,使得驱动阀门开关时只需要很小的驱动电流即可完成。

防护技术:阀门本体能达到 IP68 防护级别,内部采用外壳密封技术,内部填充防水防潮材料填充。

**技术指标如下:**

(1)驱动方式:电动。

(2)材质:球墨铸铁。

(3)内衬材料:丁基橡胶。

(4)阀板材料:304 不锈钢。

(5)阀门电源:3.6V/7.2V/12V/24V - DC。

(6)驱动功耗:DN80~DN200:<1.5A。

(7)连接方式:法兰。

(8)电动执行器材质:铝合金。

(9)通信:RS - 485/触点。

(10)工作温度:-20~50℃。

**3. 应用范围及前景**

该技术专门用于农田灌溉、农业节水、农业水价改革、管道供排水、城市供排水、灌区信息化建设等取用水计量监测应用,集成阀控、计量、无线远传、刷卡控制,是当前性价比很高的一种技术。其中超声波管道流量技术保证计量精度;低功耗设计,可采用太阳能和电池两种供电方式,更拓宽该设备的应用场景;IP68 防水、防潮、防爆防护级别使其适应环境能力更强。

持有单位:山东欧标信息科技有限公司
单位地址:山东省济南市高新区齐盛广场 5 号楼 2011 室
联 系 人:陈永娟
联系方式:0531 - 88997936、18560113281
E - mail:18560113281@163.com

## 115 牧区水土草畜平衡计算与评价技术

**1. 技术来源**

省部计划。

**2. 技术简介**

该技术在水草畜平衡理论的基础上，纳入土地因子，分析水资源系统、土地资源系统、饲草资源系统和牲畜饲养系统之间的动态关系，以经济生态综合效益最大，以水、土、草资源承载力为约束，开展水土草畜平衡动态计算，确定适宜的水土草畜平衡调控阈值，分析水土草资源对灌溉人工草地和牲畜饲养的支撑能力，依据适宜规模开展水土草畜平衡评价，提出水土草畜平衡管理方案。

**技术指标如下：**

（1）计算模型：水土草畜系统是水土草等自然资源及社会经济生态复合大系统，采用多目标规划方法构建多目标、多层次的平衡模型，实现多目标综合评价与调控。

（2）求解方法：采用基于目标排序遗传算法求解计算，避免多个目标之间的不可公度性。

（3）评价方法：以水土草畜平衡调控阈值为基准，开展水土草畜平衡评价，保证评价结果的客观性。

（4）系统软件：包括参数输入、平衡计算、方案优选和成果输出模块，计算简单便捷。

**3. 应用范围及前景**

该技术适用于牧区区域性（268 个旗县和 69 个团场）水土草畜平衡计算与评价和牧区水利工程规划设计的规模确定。

我国牧区幅员辽阔，约占国土总面积的 45.1％，水资源短缺、生态环境脆弱、水土资源不匹配问题突出。在水土资源约束趋紧、草地生态保护高需求、灌溉人工草地过度与不充分发展并存的情形下，坚持水土草畜平衡发展，合理确定灌溉人工草地规模，避免因水资源超载造成生态环境恶化；推进灌溉人工草地建设，支撑种养结合的生态型草地畜牧业发展模式，因此该技术是实现牧区经济社会发展与草原生态保护的关键技术，推广应用前景广阔。

持有单位：水利部海河水利委员会水文局

单位地址：天津市河东区龙潭路 15 号

联 系 人：王丽霞

联系方式：0471－4690612、14747360813

E－mail：wanglixia.26@163.com

## 116 水田进水口量控一体化闸门技术

**1. 技术来源**

国家计划。

**2. 技术简介**

该技术是中国水利水电科学研究院水利研究所依托国家重点研发计划项目"东北粮食主产区高效节水灌溉技术与集成应用"研发设计的一种水田智能测控闸门,利用矩形薄壁堰流量模型,解决了水田深-浅-湿-干墒情控制,实现了田块尺度量测控一体化和全渠道决策管理。

**技术指标如下:**

(1) 适用宽度:农渠 30～40cm,支斗渠 50～120cm。

(2) 适用水深:0～60cm。

(3) 工作温度:-20～70℃。

(4) 相对湿度:0～95%RH。

(5) 测量精度:±5%。

(6) 防护等级:≥IP68。

(7) 通信方式:4G/5G/Wi-Fi/蓝牙。

(8) 供电方式:太阳能供电。

(9) 操作系统:App 控制。

**3. 应用范围及前景**

该技术适用于水田灌区进水口、支渠斗渠水位水量监测控制以及易涝农田涝渍情况监控等,可实现定额和定水层管理。

该技术为农田灌排、量控提供硬件支持,有效支撑水田"深-浅-湿-干"节水灌溉和定水分定水层管理;实现农田用水总量控制、定额管理以及远监控的自动化、信息化管理;对于易涝农田可以有效监控涝渍情况,技术应用前景广阔。

持有单位:中国水利水电科学研究院

单位地址:北京市海淀区复兴路甲1号

联 系 人:胡雅琪

联系方式:010-68786511、13121939530

E-mail:huyaqi@iwhr.com

## *117* 轴流泵匹配水力设计技术开发及应用技术

**1. 技术来源**

国家计划、其他来源。

**2. 技术简介**

轴流泵叶片形状复杂、叶片扭曲大、流道宽，本项目在建立起轴流泵内部流动数值仿真方法的基础上，分析研究轴流泵内部流动特性。研究表明轴流泵叶片吸力面出口靠近轮毂存在强烈的二次流，导叶近壁面有分离涡，尤其轮毂进口和轮缘出口位置涡分离现象较为明显，传统水力设计方法难以抑制内部二次流，往往导致轴流泵效率偏低，高效区窄等特点。

本项目基于三维反问题设计方法，指出反问题与叶片载荷的关系，定义轴流泵叶片与导叶的载荷加载方式，对叶轮、导叶开展载荷与水力性能关系的开展研究，分别得到叶轮、导叶适合的载荷加载形式和匹配方法，形成轴流泵叶轮与导叶载荷匹配水力设计方法，有效抑制流量二次流和涡分离等不良流动现象的水力损失，可提高轴流泵水力性能，扩宽轴流泵高效区。

**技术指标如下：**

通过对该技术在立式轴流泵与潜水轴流泵两种形式轴流泵的试点应用，经由第三方监测，立式轴流泵效率达到88％以上，潜水轴流泵效率达到83％以上，与原有机组效率相比，最高效率可提高3％～5％，高效区可扩宽30％以上。

**3. 应用范围及前景**

该技术适用于各类装设轴流泵的防洪排涝泵站，也适用于其他低扬程、大流量的潜水轴流泵和贯流泵站等。

该技术可以创建基于载荷分布参数的轴流泵匹配水力设计方法，适用于各类装设轴流泵的防洪排涝泵站，特别是低扬程的泵型、如轴流泵、贯流泵、混流泵等。由于流道宽，内部存在典型的二次流动及较大范围的回流等复杂流动，研究表明该技术所提出基于载荷匹配的设计方法可以有效抑制泵内的二次流、减少水力损失、提高水力效率与扩宽高效区，具有很好的应用前景，同时也可以应用于其他行业的轴流泵中，应用前景广阔。

持有单位：中国灌溉排水发展中心、中国农业大学、上海凯泉泵业（集团）有限公司

单位地址：北京市西城区广安门南街60号灌排发展中心

联 系 人：李娜

联系方式：010－63203536、13581596569

E - mail：gpzxlina@126.com

# 118 玻璃钢测控一体化闸门技术

## 1. 技术来源

其他来源。

## 2. 技术简介

该技术使用自主设计的玻璃钢型材加工而成，闸门整体全部采用高强度玻璃钢材质，组合式装配可大大提高闸门的生产效率，一体式安装可减小施工难度。集成化一体式设计，可实现水位流量测算、视频监控和智能控制。

**技术指标如下：**

(1) 闸门材质：主体采用高强度玻璃钢。

(2) 驱动方式：钢索式、螺杆式、链条、齿条。

(3) 启闭速度：1～2.5mm/s。

(4) 手动启闭：支持手动启闭。

(5) 驱动电机：DC12V/DC24V 马达。

(6) 供电：太阳能供电、市电。

(7) 太阳能板：60～100W。

(8) 电池：50～100Ah。

(9) 本地界面：10 寸 LCD 显示屏。

(10) 控制方式：本地控制、自动控制、远程控制。

(11) 控制模式：开度控制、流量控制、水位控制。

(12) 保护方式：过流保护、上下限位保护、极限限位保护。

(13) 急停操作：支持。

(14) 开度：绝对编码器。

(15) 密闭性：密封件每延米小于 0.25L/min。

(16) 校准方式：一键自动校准。

## 3. 应用范围及前景

该技术适用于灌区节水配套改造、现代化农业建设、高标准农田灌排、防汛抗旱、污水处理。

玻璃钢材质具有耐腐蚀和耐磨性较好、强度高、质量轻、价格低，在灌区节水配套改造、高标准农田灌排、防汛抗旱、污水处理、化工厂具有广阔的应用前景。

---

持有单位：中灌智水科技发展（衡水）有限公司
单位地址：河北省衡水市枣强县肖张镇创新路 1 号 B 座 205
联 系 人：李永清
联系方式：0318 - 8236099、18911072765
E - mail：429582602@qq.com

## 119 新型集成式一体化净水技术

**1. 技术来源**

其他来源。

**2. 技术简介**

该技术以地表水为水源，将絮凝、沉淀、过滤三个净化单元组合在一体，可预加工生产、现场装配，为方便随意组合的单体大型钢制饮用水净水装置；拼装箱体内部安装有智慧云服务装置，便于信息的计算、存储和远程控制；反冲洗液位传感器接收和传输过滤区的水压信号，自动化程度提高。

技术指标如下：

（1）絮凝时间。絮凝时间保证在 20min 以上，保证絮凝效果。

（2）表面负荷。斜管沉淀池表面负荷 $7m/(m^2 \cdot s)$，保证颗粒物的有效沉淀。

（3）滤池滤速。滤池滤速控制在 8m/h，符合设计规范。

（4）反冲洗形式。采用气水形式，气洗强度 $13L/(m^2 \cdot s)$，水洗强度 $7L/(m^2 \cdot s)$。

（5）损水率。每天反洗、排泥量在 2％以下，较少水量的损失。

（6）施工周期。采用了拼装形式，整体施工周期在 1 个月以内。

**3. 应用范围及前景**

该技术适用于地表水作为水源的新建水厂、传统水厂二次改造及水厂扩建等系列集中供水工程。

该技术的设备主体为钢结构，在工厂内制成成品，运抵现场就位，安装调试后即可投入使用。与同规模的钢筋混凝土构筑物相比，投资可减少 50％，占地面积可减小 60％，施工周期可缩短一半。

该技术具有去除范围广、出水水质好、自动化程度高、运行费用低、智能化程度高等众多优点，市场推广前景良好。

持有单位：青岛鑫源环保集团有限公司
单位地址：山东省青岛市高新区正源路 35 号
联 系 人：吴莹
联系方式：0532－87700827、15753216098
E－mail：xinyuanep@xinyuanep.com

## 120 集约化农村饮水净化处理与智能监管技术

**1. 技术来源**

其他来源。

**2. 技术简介**

该技术设备耗材经过反洗可多次使用并具有过滤速度快、过滤精度高、截污容量大、设备使用寿命长等特征。

**技术指标如下：**

（1）进出水流量：单机 2T/h；可组合叠加扩大产能。

（2）出水水质指标浑浊度、菌落总数等指标满足《生活饮用水卫生标准》（GB 5749—2022），其中：

1）进水浊度 0～2500NTU，出水浊度＜1NTU。

2）不开启杀菌装置，设备对总大肠菌群、大肠埃希氏菌、菌落总数的有效去除率达 99％以上，对粪大肠菌群去除率达 98％以上。

3）开启杀菌装置，总大肠菌群＝0，大肠埃希氏菌＝0，粪大肠菌群＝0，菌落总数＜100CFU/mL。

（3）智能监测模块支持 TOC（总有机碳）、COD（化学需氧量）、浊度、色度、温度以及 TDS。

**3. 应用范围及前景**

该技术特别适用于我国农村生活饮用水净化处理，尤其适用于交通不便且缺乏动力电保障的山区农村分散型供水。

该技术将促进我国农村居民生活供水从安全用水保障全面提升供水水质；可以满足大部分偏远山区农村净水设备的更新换代与智慧化监管的需要；适用于城乡一体化供水保障建设的农村小型供水厂（站）规模化提标改造；可解决受客观条件影响，部分山区、牧区、偏远地区及暂时还不具备供水入户条件分散型农村用水户的安全供水问题。推广应用前景广阔。

持有单位：南京诺瑞浦环保科技有限公司、中国水利水电科学研究院

单位地址：江苏省南京市江宁区东善桥工业园金鑫东路 1 号 2 幢

联 系 人：佘治森

联系方式：025－58817677、13813883057

E－mail：Noripure@163.com

五、水土保持

## *121* 城市水土流失生态防控理论与技术体系构建技术

**1. 技术来源**

国家计划。

**2. 技术简介**

该技术主要应用于指导城市水土流失防治工作，包括城市水土保持区划、规划编制，水土流失防治技术规范、标准制定，城市生产建设项目水土保持全过程管理，政府部门水土保持监督管理等。

技术指标如下：

（1）丰富城市水土保持科学内涵。发现城市水土流失多圈层空间分布格局，辨明复杂人为扰动下水土流失驱动因子与影响因素，摸清城市水土流失动力学机制，界定城市水土流失风险点与敏感区域，可系统分析城市水土保持在多元化服务需求和高质量、高标准措施要求上与传统水土保持的区别与联系，丰富城市水土保持科学内涵。

（2）建立城市水土保持区划基层分类体系与方法。基于人居环境约束下的城市水土流失特征及生态功能社会需求，将水土保持区划评价单元拓展到最基层，解决现有统计单元只到县（区）级的关卡问题，打通水土保持规划层级衔接与属地化落实渠道；构建城市水土保持区划基层量化分类体系，提出区域化水土流失防治策略和技术模式，为探索城市水土保持分区审批、分类管理、分级防控等"先行先试"监管模式提供技术依据。

（3）确定城市水土保持措施优化设计参数及阈值。揭示水土保持措施对工程创面的水土流失阻控机制，量化水土保持措施减流减沙、降污染效益，提出城市生产建设项目水土保持措施配置模式及关键参数阈值，界定城市土壤流失控制值，为城市水土流失管控提供了新的判别标准；制定城市生产建设项目水土保持措施设计标准，解决现有标准难以满足主体工程水土保持设计需求的"卡脖子"技术难题，可进一步完善城市水土流失防治措施技术体系。

（4）构建适应城市高质量发展的水土流失生态防控技术体系。研发针对城市水土流失风险点和敏感区的新型土壤固化剂、功能性植物筛选配置及生态无砂混凝土固坡复绿关键技术，构建基于多源异构数据监测网络和可视化技术的城市水土保持立体监测系统，可集成"问题识别与防治目标设置-顶层规划设计与策略布局-措施优化配置与标准制定-生态调控技术研发与效益评价-立体监测体系构建与应用示范"为一体的城市水土流失生态防控技术体系。

**3. 应用范围及前景**

该技术主要应用于指导城市水土流失防治工作，包括城市水土保持区划、规划编制，水土流失防治技术规范、标准制定，城市生产建设项目水土保持全过程管理，政府部门水土保持监督管理等。目前已应用于北京、福建、深圳、武汉等省（市）水土保持监督管理工作，并在深圳、武汉、岳阳、遵义等10余个地市开展工程应用，具有广阔的应用前景。

持有单位：长江水利委员会长江科学院
单位地址：湖北省武汉市黄浦大街23号
联 系 人：许文盛
联系方式：18007138601
E-mail：51648344@qq.com

## 122 土壤侵蚀遥感影像检索技术

**1. 技术来源**

国家计划。

**2. 技术简介**

该技术采用 B/S 系统架构，包括高性能计算平台和 B/S 客户端两部分。其中，高性能计算平台以小影像集大文件为原始数据，采用并行计算方式进行底层视觉特征提取，然后通过对海量底层视觉特征进行聚类分析，生成有限数量的视觉词项，再基于 Bag of Visual Words 模型将所有小影像表示为视觉词项的序列，获得海量影像的视觉词项——小影像共现矩阵，最后进行 Latent Dirichlet Allocation（LDA）模型训练生成检索模型。B/S 客户端由 Web 服务器发布，前台通过 Internet 为用户提供高分辨率遥感影像的主题浏览、影像检索和详细定位等操作。

技术指标如下：

（1）该技术所使用的高性能计算平台为 HADOOP 集群。

（2）海量高分辨率遥感影像存储于 HDFS 分布式数据库。

（3）该技术将小影像存储于 HBase 数据库。

（4）Web 服务器使用单独一台 Linux 服务器，服务发布容器为 TOMCAT 7.0.27，客户端开发基于 GWT - Ext，开发平台使用 Eclipse Java EE 3.7.2。

（5）高性能计算平台的后台处理程序开发使用基于 HADOOP 插件的 Eclipse Java EE 3.7.2。

**3. 应用范围及前景**

该技术可广泛应用范围于基于遥感影像的土壤侵蚀调查、水土流失动态监测、水土流失动态监测等各项工作。

该技术依托中央级公益性科研院所基本科研业务费项目"基于主题模型的土壤侵蚀遥感影像检索研究（CKSF2014024/TB）"和国家自然科学基金项目"基于超高分辨率 DSM 和 DOM 的半监督自动崩岗识别（No.41601298）"，基于遥感影像本身的语义信息提高土壤侵蚀影像的检索精度和效率，能有效降低人工成本，从而在经济可行上具有巨大优势。

持有单位：长江水利委员会长江科学院
单位地址：湖北省武汉市黄浦大街 23 号长江科学院
联 系 人：沈盛彧
联系方式：027 - 82927816、13476183812
E - mail：shenshengyu@mail.crsri.cn

# *123* 水土保持移动数据平台技术

**1. 技术来源**

省部计划。

**2. 技术简介**

该技术目的是使水利部、流域和省级水行政主管部门可通过移动 App 了解并掌握全国生产建设项目水土保持监督、生态治理、水土保持监测、遥感监管的主要业务数据指标及各项工作进度和状态。

软件在移动端技术选型上使用浏览器的 HTML5、CSS、Javascrip 开发，充分利用浏览器在 WebGis 和 Canvas 绘图上丰富的表现和高性能特点，解决移动端 gis 和图表的复杂表达功能。软件通过 WebView 技术可同时在 PC 浏览器、移动端浏览器、安卓应用 App 上使用，可根据需要在不同移动端平台上进行低成本跨系统移植，利用技术的跨平台优势，减少开发时间和资金成本。

软件应用主要分为三类用户：国家用户、流域用户、省级用户。国家用户能够浏览全国汇总数据，各省、市、县数据。流域和省级用户能够浏览辖区内的汇总数据及各辖区的详情数据。

**技术指标如下：**

（1）功能上软件主要包括综合、监督、治理、遥感监管、监测等功能模块。依据第三方测评机构测评和运行使用期间软件各项功能运行正常、稳定。

（2）易用性上软件各种操作及提示信息易理解、易浏览，易操作。

（3）性能上软件充分利用 HTML5 优秀的移动端支持特性，使移动端应用回归到浏览器应用，降低了移动端原生应用的存储成本和性能损耗。满足千人以上用户在线使用。

（4）用户体验上软件通过使用 WebGis 和 Canvas 绘图技术来丰富软件的地理信息展示及图表展示功能，提高了用户体验，加强了视觉感受。

（5）安全上遵循《信息安全技术网络安全等级保护基本要求》（二级）的相关要求。

**3. 应用范围及前景**

该技术主要面向国家、7 个流域、31 个省级、3000 多个市县级水行政主管单位的水土保持相关从业人员。

随着移动互联网深入发展，5G 的大规模商用，移动互联网与移动数据在推进智慧水保、数字化场景建立、智能分析、现场辅助决策中将发挥更加重要和积极的作用。

该技术未来研究将结合水土保持监测感知、监督监管、图斑精细化管理、规划评估考核，面向各级水行政主管部门、社会单位、生产建设项目，提供便捷、有力的技术支撑，推进水土保持治理水平和治理能力的现代化进程。未来，该技术在用户和应用场景等方面前景向好。

---

持有单位：水利部水土保持监测中心、北京地拓科技发展有限公司
单位地址：北京市西城区南滨河路 27 号贵都国际 A 座
联 系 人：张红丽
联系方式：010 - 63207112、13811834791
E - mail：sbzxxxc@mwr.gov.cn

# 124 南方沿河环湖风沙区沙地风力侵蚀监测与防治技术

**1. 技术来源**

省部计划。

**2. 技术简介**

该技术通过鄱阳湖沙山地区试验，利用风蚀气象站、集沙仪等仪器设备，监测鄱阳湖沙山地区起沙风、风沙强度与频度、优势风沙、风蚀流强度等指标；采用标桩法、插钎法等定点长期观测，研究风沙侵蚀量、风蚀深的监测关键技术；监测沙地土壤性状指标，如土壤容重、土壤水分、土壤养分等的测定技术；建立监测技术体系。

**技术指标如下：**

（1）构建气象因子、风蚀因子、植被因子和土壤因子南方沿河环湖风沙区风力侵蚀监测体系，利用集沙仪监测蠕移、跃移、悬移风蚀量和输沙率。

（2）根据风力侵蚀监测结果、风力侵蚀防治技术试验得出以狗牙根、假俭草、狼尾草、棕叶狗尾草等草本植物为先锋植物的沙地治理模式，在鄱阳湖沙化典型地区江西省都昌县和庐山市进行了应用示范。

（3）在都昌县多宝沙山建立试验区1个，面积达 $10hm^2$，水土流失综合治理程度达91％，植被覆盖率达到76％，生态环境明显改观。

**3. 应用范围及前景**

该技术适用于南方沿河环湖风沙区沙地监测和荒漠化治理。

该技术可以弥补南方湿润区湖滨河滨沙地风蚀监测研究的不足；通过采用线路踏查法和空间代替时间的方法，调查鄱阳湖滨湖沙地植物，为侵蚀防治和生态修复中植物群落的正向演替提供基础；总结和完善适用于鄱阳湖沙山水土流失防治、生态与经济相结合的综合治理和利用模式，并进行效益分析，为南方沿河环湖风沙区、水土流失区的综合治理提供技术支持，具有广阔的推广应用前景。

持有单位：水利部海河水利委员会水文局
单位地址：江西省南昌市北京东路 1038 号
联 系 人：周瑾
联系方式：0791－87606675、13767004712
E - mail：jxskyzy@163.com

## 125 径流泥沙自动监测仪技术

**1. 技术来源**

其他来源。

**2. 技术简介**

该技术主要是基于定体积的体积-质量转换原理测量含沙量，对于特定的径流泥沙样品，当所采集的样品体积一定时，其水、沙所占的体积比和质量比是一定的，即一定体积的径流泥沙样品其总质量等于该样品中泥沙的质量与水的质量之和，总体积等于泥沙的体积与水的体积之和。

**技术指标如下：**

(1) 采样间隔：0～255min。

(2) 采样频率：2～18 次/h，根据径流大小自动调节。

(3) 泥沙含量测量范围：0～500kg/m³。

(4) 径流量测量范围：大于 0.2L/min；0～360。

(5) 相对误差：≤5%。

(6) 雷达水位测量范围：0～20m。

(7) 雷达水位测量精度：±2mm。

(8) 数据传输与存储：GPRS＋RS485＋USB。

(9) 数据管理：云平台。

(10) 供电：AC220V/DC24V。

**3. 应用范围及前景**

该技术应用于水利工程、水库、湖泊、城市河道、内河内湖、渠道、近海水域等水上漂浮污物智能化清理和处置。

水面污物机器视觉识别监测技术、水面污物传感器融合识别技术、水域机器人自动避障和运动控制技术、漂浮物拦截上岸系统技术、智能化启闭机技术、水上漂浮污物资源化利用技术等六项核心技术研发，填补我国水域漂浮污物应用机器人智能化治理的空白。

该技术通过不断的研发与完善，形成批量化的生产，可以在全国乃至全球范围进行推广应用。同时，可以形成以机器人为主体的智能清污、保洁，智能水文监测、巡逻和智能应急救援服务等新业态，从而实现智能装备从智能制造走向智能服务的产业转型升级。

---

持有单位：西北农林科技大学、西安三智科技有限公司

单位地址：陕西省杨凌示范区邰城路 3 号

联 系 人：郭明航

联系方式：029－87012387、13572801895

E－mail：mhguo@ms.iswc.ac.cn

## 126 基于超声、光敏测量技术的水土保持在线监测技术

**1. 技术来源**

其他来源。

**2. 技术简介**

（1）首次提出基于超声和光敏测钎传感器的自动化监测技术及方法：基于机电耦合理论建模及实地实验，通过匹配频率、振幅、阻抗等，选择、确定超声发射最优幅值与频率，设计满足实地应用的超声收发探头，降低环境因素对声速影响所带来的测量误差。

根据太阳光波长分布，选择、确定探测效率最优光敏元件，设计低噪探测电路，布设探测阵列，研究阵列开关时分复用技术，同时监测多路光敏信号，通过多排差分算法及自校运算提升光敏位置探测精度。

（2）建立水土保持在线监测平台：开发在线监测数据分析算法，同时集成环境因子监测传感器和土壤侵蚀量监测传感器，通过卡尔曼滤波融合算法研究，完成多源数据的精度调试与融合，综合视频监测，拓展分析植被覆盖度、侵蚀沟发育及生物多样性，建立"现场监测—远程传输—入库比对—分析处理—平台管控"的一体化水土保持在线监测平台，为水保管控提供数据支撑。

**技术指标如下：**

（1）测量方式：超声、光敏。

（2）量程：温度 $\pm 1$℃、湿度 $\pm 1$% RH、风速 $\pm 1$m/s、风向 $\pm 1$°、雨量 $\pm 0.1$mm、噪声 $\pm 0.1$dB（A）、PM2.5 $\pm 1\mu g/m^3$、土壤侵蚀量 $0\sim300$mm。

（3）土壤侵蚀量误差：$\pm 2$mm。

（4）分辨率：2mm。

（5）采样频率：温度、湿度、风速、风向等因子及土壤侵蚀量数据每30分钟采集一次，雨量、噪声、PM2.5等数值每分钟采集一次。

（6）数据传输：直连、输入、输出、1个RS232通信接口。

（7）供电方式：220V AC结合太阳能供电系统。

（8）通信方式：4G无线通信。

**3. 应用范围及前景**

该技术可应用于工程建设过程、工程运行中水土流失因子、水土流失状况和水土保持效果的实时在线监测与风险预警。

该技术实现了多地域、复杂环境下的水土保持在线监测，初步实现了水土保持监测数字化、信息化，符合水利部要求。该技术将继续为特高压工程建设提供数字化水土保持监测技术支撑，助力创建国家水土保持示范工程。同时，也可以推广应用到铁路、公路、水利、石油等大型工程建设的水土保持监测工作中，大幅提升监测技术水平和数据质量，节省人力物力成本和确保人身安全，产生良好的生态、社会和经济效益，应用前景十分广阔。

持有单位：国网（西安）环保技术中心有限公司、国网陕西省电力有限公司
单位地址：陕西省西安市国家民用航天产业基地航天中路669号科研综合楼
联 系 人：雷磊
联系方式：029-89698945、13630248446
E-mail：shuibaozu@163.com

## 127 半干旱山丘区低扰动整地集雨植被恢复技术

### 1. 技术来源

国家计划。

### 2. 技术简介

该技术通过设计一种材料环保、布设简便的分体式低扰动整地构件，基于土壤-植物-大气连续体的水量平衡原理，提出不同实施地形与目标植被下构件布设位置、数量的量化算法，并给定应用工序和配套工艺，形成半干旱山丘区低扰动整地集雨植被恢复技术。

**技术指标如下：**

（1）防治效果：应用该技术完成植被恢复 3 年后，坡面水土流失较治理前减少 60％～80％，并较传统集雨整地方法的明显提高人工植被恢复速度和坡面植物物种多样性。

（2）扰动占地：技术实施过程的表土开挖扰动少，较传统鱼鳞坑和水平阶等整地方式的开挖动土减少 60％，实施成本降低 35％以上。

（3）持续保存：技术实施 3 年后，经现场调查，所布设的构件措施完好率和植被措施保存率均达 95％以上，可长期稳定发挥防治效果。

### 3. 应用范围及前景

该技术适用于我国北方和西部半干旱山丘区禁垦坡度以上或侵蚀坡耕地、荒坡地及侵蚀沟汇水坡面的水土保持型乔灌植被整地集雨营造恢复。

该技术设计一种材料环保、布设简便的分体式低扰动整地构件与应用工序，基于土壤-植物-大气连续体水量平衡原理，提出不同实施地形与目标植被的构件位置与数量定量方法，形成半干旱山丘区低扰动整地集雨植被恢复技术体系，可促进以水定林、精准配置和植被存活保存效果，加快水土流失区生态修复。甘肃、宁夏、陕西、内蒙古、辽宁多地应用实践表明，该技术在水土保持、生态修复、国土绿化等国家生态工程中应用前景广阔。

持有单位：中国水利水电科学研究院
单位地址：北京市海淀区车公庄西路 20 号
联 系 人：秦伟
联系方式：010－68786380、18600756998
E－mail：qinwei@iwhr.com

## 128 黄河下游泥砂固结技术研究与应用技术

### 1. 技术来源

其他来源。

### 2. 技术简介

该技术基于黄河下游淤积泥砂潜在的活性，通过强碱激发泥砂中 $SiO_2$ 的活性，与其他火山灰材料通过微集料效应、二次水化反应和无机胶凝反应等形成水硬性胶凝材料。固结材料为全无机材料，绿色、环保、无公害。与含泥量在 80% 以下泥砂形成的固结体强度可达 15～35MPa，耐老化、水稳定强、耐久性好。利用固结材料与黄河下游淤积泥砂通过挤压成型的方式可以生产人工防汛备防石、免烧砖和护坡砖等产品，拓宽了黄河泥砂资源的综合利用能力。

技术指标如下：

（1）黄河泥砂固结材料技术指标。该材料细度（80$\mu$m 筛）为 5.7%，标准稠度用水量为 28.8%，28d 抗折强度为 9.7MPa，28d 抗压强度为 43.0MPa。其无毒、无污染，浸出毒性（毒理分析）符合生活饮用水安全评价。

（2）泥砂固结材料掺量 20%～40% 时固结体 28d 抗压强度在 19.8～29.6MPa，抗渗 W6、抗冻等级 F35，抗硫酸盐侵蚀性能达到 KS30，具有良好的耐久性能。

（3）黄河泥砂固结体预制砌块技术指标。利用黄河下游泥砂和固结材料，制成人工备防石、免烧砖、路缘石、生态护坡砖等预制块，其抗压强度为 15～30MPa，吸水率为 5%～15%，碳化系数为 0.8～0.9，软化系数可达 0.75～0.85，抗冻等级为 F25～F35。

### 3. 应用范围及前景

该技术应用范围为市政和水利工程等领域：①路基基材、截渗墙；②人工备防石、预制六棱块、免烧砖、路面砖和护坡砖等预制产品。

目前黄河下游泥砂资源利用水平相对较低，科技成果转化为高附加值的产品较少，转型利用成套技术与装备也较少，黄河泥砂资源利用的产业化链条还没形成。与此同时，黄河高质量发展、黄河下游滩区治理，对下游淤积泥砂的综合利用技术需求越来越紧迫。因此，该技术在黄河下游滩区治理和水利工程中具有广泛的应用前景。

持有单位：黄河水利委员会
单位地址：河南省郑州市金水路 109 号
联 系 人：吴向东
联系方式：0371－66023688、18638020900
E－mail：Wxd95@163.com

## *129* 黄河流域淤地坝工程拦沙作用评价技术

**1. 技术来源**

省部计划。

**2. 技术简介**

该技术通过数据梳理和野外调查，可以理清淤地坝数量、类型、建成时间和空间分布；基于淤满淤地坝的已淤积库容/总库容将保持相对稳定原理，提出不同区域淤地坝"失去拦沙能力"的判别方法；基于淤地坝设计文件，可分区构建在已知总库容；在坝高已知前提下，基于已淤积高程快速演算已淤积库容的方法；分析淤地坝实测淤积数据，提出基于"有效坝控面积占流域面积的比例"和"流域实测输沙量"评价淤地坝拦沙量的方法。

**技术指标如下：**

（1）淤地坝基础信息精度。至 2016 年，潼关以上淤地坝 55124 座，其中骨干坝 5546 座、中型坝 8596 座。2017 年实地调查淤地坝 414 座，基本信息正确的 393 座，准确率 94.93%。

（2）"失去拦沙能力"判断标准。榆林中、大型淤地坝已淤积库容/总库容分别为 81%、88%；延安中、大型淤地坝已淤积库容/总库容分别为 80%、84%。不同时期统计数据均有相似规律，因区域地形不同而略有差别。

（3）已淤积库容快速演算方法。据"一种中型以上淤地坝已淤积库容快速演算方法"国家发明专利说明书，在淤地坝集中分布区选择 20 座淤地坝。计算已淤库容与实际误差平均值 4.08%，标准差 15.19%。

**3. 应用范围及前景**

该技术适用于黄河流域重大治黄工程论证，水土保持规划、监督管理及生态建设工程布局等工作中涉及淤地坝拦沙调查与评价。

黄河流域淤地坝工程拦沙作用评价技术先进、实用、成熟，未来基于不断更新完善的淤地坝数据库，将为黄土高原淤地坝规划、布局和监管提供可靠的本底数据，为淤地坝淤积情况调查、拦沙作用评价提供整套技术支持，为揭示黄河减沙原因提供关键证据，为流域规划和重大工程沙量设计提供关键支撑，具有广阔的推广应用前景。

持有单位：黄河流域水土保持生态环境监测中心

单位地址：陕西省西安市未央区凤城三路 200 号

联 系 人：高云飞

联系方式：029-82118279、15319976357

E-mail：284549851@qq.com

# 130 黑土地发育侵蚀沟头导流消能防治技术

**1. 技术来源**

国家计划。

**2. 技术简介**

该技术提出的一种针对东北黑土区的发育侵蚀沟沟头防护结构，主要适用于东北黑土区农田、道路内外侧，遭受上坡汇流冲刷的大中型发育侵蚀沟沟头溯源侵蚀、崩塌防治及植被恢复，可解决现有传统治理技术防护措施单一，治理成本较高，对土地扰动强、占地多，雨洪抗御能力较弱等问题。通过对沟头上游径流实施拦蓄、滞沉、排导、消力后散排至沟底，有效切断沟头溯源外营力，实现稳固沟头土体，减少侵蚀滑塌，快速控制切沟沟头发育扩展，增加植被覆盖。

技术指标如下：

（1）减蚀效果：该技术应用后，侵蚀沟水土流失较治理前减少60％以上，较传统侵蚀沟治理方法明显提高减蚀效果。

（2）扰动占地：该技术实施占地少、扰动小，较传统侵蚀沟治理措施占地面积减少60％，实施成本降低30％以上。

（3）稳定性强：该技术实施1年后，经现场调查，所布设的构件保存率和完好率达90％以上，可长期稳定发挥侵蚀沟沟头防治效果。

**3. 应用范围及前景**

该技术适用于东北黑土区农田、道路内外侧，遭受上坡汇流冲刷的大中型发育侵蚀沟沟头溯源侵蚀与崩塌防治。

该技术针对东北黑土区大中型发育侵蚀沟的沟头侵蚀防治，能大幅减少传统治沟措施对土壤的扰动，大幅减少水土流失，提高后期植被恢复效果，在东北黑土区坡面侵蚀沟治理工程中具有良好应用前景。通过对沟头上游汇流实施拦蓄、滞沉、排导、消力后散排至平缓沟底，有效切断沟头溯源外营力，实现稳固沟头土体，减少侵蚀滑塌，快速控制切沟沟头发育扩展、保护上部农田、道路，促进黑土地侵蚀退化防治和生态治理。

持有单位：吉林省水土保持科学研究院、中国水利水电科学研究院
单位地址：吉林省长春市经济开发区昆山路1195号
联 系 人：芦贵君
联系方式：0431－84608956、13634302462
E－mail：764036914@qq.com

## *131* 流域水土流失阻控及面源污染防治关键技术

**1. 技术来源**

省部计划。

**2. 技术简介**

该项目以鲁中南山地典型流域为主要代表，在揭示面源污染产生原因、输出机制、综合风险空间分布的迁移转化特征的基础上，针对降雨—径流—侵蚀—水污染负荷输出全过程，通过实验示范、模拟观测、监测评估等方法，阐明面源污染与水土流失之间的相互规律及联动效应；以面源污染控制等为多目标，提出流域尺度上土地利用优化策略；对比不同施肥处理下径流泥沙氮磷淋溶流失特征，筛选控制面源污染物源头输入的施肥方式；营建河岸植物保护带，通过对比面源污染物截留能力及生长状况，筛选出营建河岸植物保护带的最优植物种类及组合方式；提出"装配式"模块化人工湿地优化设计，试验养分回收再利用技术途径；并选择两处示范区水体生态修复等关键技术推广。

技术指标如下：

（1）不同现场情况筛选出控制面源污染物源头输入的施肥方式。

（2）通过开展过程污染物阻断拦截技术，根据不同现场情况，筛选出最优植物组合，提出保护带营造推荐材料及方式。

（3）研发"装配式"模块化人工湿地优化方案，监测去除面源污染物的效率，并进行中试实验，探寻在缩短建造调试周期、保证施工质量、解决基质堵塞问题、减少维护成本等方面的优势。

（4）提出了水生态修复技术，选择两处示范区分别代表鲁中山丘区、胶东半岛区河流的修复试点，进行植物配置方法、配置模式的观测试验，并进行生态修复工程效果监测评价。

**3. 应用范围及前景**

该技术适用于雨洪资源利用、生态清洁型流域建设、水生态保护与修复、中小河流综合整治等工程面源污染防治、水安全保障等。

该技术为流域面源污染与水土流失的相互规律及联动效应提供理论依据，提出了流域尺度上基于面源污染控制的土地利用优化策略，为加快雨洪资源利用工程、生态清洁型流域建设、水生态保护与修复工程、中小河流综合整治工程的建设实施提供科技支撑。该研究成果经实践采用或产业化后，可加快流域面源污染治理进度，有效提升水土流失治理和生态修复水平。

持有单位：山东省水利科学研究院

单位地址：山东省济南市历下区历山路 125 号

联 系 人：樊冰

联系方式：0531 - 55767561、13330238860

E - mail：skyfanbing@shandong.cn

# 132 广适优质高产沙棘杂交新品种选育与应用技术

**1. 技术来源**

省部计划。

**2. 技术简介**

该技术提出并实施不同尺度试验地区随试验时间延伸而相应变化的杂交沙棘动态种植试验示范体系，采取蒙×中、俄×中杂交育种组合，经过果实产量、果形参数、棘刺、适应性和抗性评价及加工利用等指标综合衡量，筛选出工业原料型、鲜食型、保健饲料两用型三大类 6 个杂交沙棘新品种，即蒙中雄、蒙中黄、蒙中红、达拉特、俄中黄、俄中鲜，实现了广适优质高产沙棘良种的创新。在良种选育基础上，研究并提出了沙棘大田微枝扦插技术，为沙棘良种的推广应用提供了技术支撑。提出并将三北地区杂交沙棘种植区域划分为 3 个一级区、7 个二级区，创建了杂交沙棘新品种在不同区域的良种繁育技术和大田种植技术体系，服务于良种沙棘的推广应用工作。

技术指标如下：

（1）蒙中雄：雄株，亩产干叶 447kg，风干叶黄酮含量 1.9%，粗蛋白含量 16.8%，保健饲料两用型。

（2）蒙中黄：雌株，果实微酸，盛果期亩产 767kg，干全果含油率 22.96%，总黄酮含量 173.78g/100mg，工业原料型。

（3）蒙中红：雌株，果实橘红色，微酸，盛果期亩产 602kg，干全果含油率 16.27%，总黄酮含量 167.01g/100mg，工业原料型。

（4）达拉特：雌株，枝条基本无刺，果实微酸，盛果期亩产 459kg，干全果含油率 18.94%，总黄酮含量 245.68g/100mg，工业原料型。

（5）俄中黄：雌株，果实酸，盛果期亩产 500kg，工业原料型。

（6）俄中鲜：雌株，枝条基本无刺，果实酸甜可口，盛果期亩产 410kg，干全果含油率 16.26%，总黄酮含量 235.955g/100mg，鲜食型。

**3. 应用范围及前景**

该技术推广应用范围为我国三北地区和黄土高原地区。

持有单位：水利部海河水利委员会水文局

单位地址：天津市河东区龙潭路 15 号

联 系 人：周波

联系方式：022－24103057、13821571315

E - mail：haiw _ sq@mwr.gov.cn

## *133* 北方山丘区植被适宜覆盖度确定关键技术

**1. 技术来源**

省部计划。

**2. 技术简介**

该技术以生态最优性理论为基础，即在自然条件下，水分和光热条件是限制植被生长的主要因素，适宜植被覆盖度是由依靠水量平衡的供水和依靠冠层蒸腾的需水之间的权衡决定。基于在北方山区多年试验累积数据，自主研发适用北方山区的植被适宜覆盖度确定方法及模拟软件。本项技术可根据研究区的水分、光热以及土壤性质条件，自动模拟出适宜支撑的植被覆盖度，优化植被修复措施，实现有限水资源的合理配置以及最大的生态效益产出。

技术指标如下：

（1）软件系统模拟精度：本技术分别在海河流域太行山区和黄土高原开展应用，通过实际采样，模拟植被覆盖度与实际植被覆盖对比，在太行山区模拟误差为 10%，在黄土高原模拟误差 8%；对山区径流量模拟精度，在太行山区纳什效率系数为 0.82，在黄土高原地区纳什效率系数为 0.79。对于流域尺度的植被覆盖度来说，本软件模拟精度完全符合要求。

（2）软件系统的模拟效率：以海河山区为例，海河山区总面积为 18.94 万 $km^2$，划分为 1km×1km 的矩形网格，总计算网格数量为 257000 个，数据读取量为 13.2Gbit，模型整个计算加迭代求解时间为 4.5h，即可得出各个计算单元适宜的植被覆盖度，优于类似模型计算效率。

**3. 应用范围及前景**

该技术在黄土高原、太行山区开展应用，可拓展至绿洲区、草原区等，在我国北方大部分林草区均可应用。

另外，在水利部水土保持司编制的《水土保持"十四五"实施方案》中也采纳应用，预期未来在我国三北防护林建设区域将开展深入研究，该技术也有更广阔的推广应用前景。

---

持有单位：河北省水土保持工作总站、中国水利水电科学研究院
单位地址：河北省石家庄市富强大街 3 号
联 系 人：王庆明
联系方式：010 - 68781360、13810024452
E - mail：wangqm@iwhr.com

# 六、水利工程建设与运行

## *134* 长江上游巨型电站群水电调度运行决策支持关键技术

**1. 技术来源**

其他来源。

**2. 技术简介**

该技术围绕长江上游巨型电站群水电调度运行面临的科学技术难题，以"多源信息监测感知—水电一体化调控—多目标适应性调度—决策支持应用"为主线，研发了一体化智能优化协同调度决策支持应用系统，在长江上游电站群安全经济运行中发挥了关键作用。

**技术指标如下：**

（1）构建的自动监测网络系统的畅通率和可用度达 99％以上，三峡水库的 3 日、7 日、月和年径流预报精度分别为 91.36％、87.81％、85.70％和 85.00％。

（2）梯级电站发电计划准确率提高至 99.54％，典型日峰谷差削减达 70.1％。

（3）决策支持系统的 3D 地图渲染速度提升至秒级，较常规方法提升 50 倍以上。

**3. 应用范围及前景**

该技术适用于梯级电站水库群的监测感知系统构建、水电一体化调控、多目标适应性调度及决策支持应用。

该技术解决了巨型电站群水电调度运行决策支持方面的一系列问题，具有独立自主知识产权，已在金沙江下游-三峡梯级运行管理中得到成功应用，2016—2020 年累计增发电量约 620 亿 kW·h，并产生了巨大的防洪、生态、航运、补水等综合效益。技术的推广应用可提升梯级电站在流域防洪减灾、水资源优化配置、生态环境改善、清洁能源利用方面的综合效益，具有很强的推广应用价值。

持有单位：中国长江电力股份有限公司

单位地址：湖北省宜昌市西坝建设路 1 号

联 系 人：朱韶楠

联系方式：0717－6763282、13477192589

E－mail：zhu＿shaonan@ctg.com.cn

## 135 水库消落带生态修复技术及其资源化利用

**1. 技术来源**

省部计划。

**2. 技术简介**

针对库区消落带存在的突出生态环境问题和民生问题以及传统生物治理研究与实践中水库蓄水后导致植物腐烂所带来的水体二次污染等突出问题，本技术采用"治用结合"思路，筛选抗逆性强且具有较高经济价值的乔灌木（生态桑）与本土优良耐淹草本植物相结合的修复植物搭配模式，采取不同环境/条件下的布设方法、生态种植与管理方式，在实现植被恢复、水土保持、固岸护坡、景观提升等生态环境保护的同时，通过对地上修复植物资源科学收获与经济化开发利用，破解修复植物水淹腐烂带来的水体二次污染等问题，而且还可因势利导、因地制宜发展特色产品和特色产业，推动地方形成特色发展模式。

**技术指标如下：**

（1）技术组成：消落带生态种植与抚育技术（生态桑低成本快速繁育、耐淹品种筛选与适宜性评价、生态种植与抚育）、消落带植被修复与抗冲刷水土保持技术（消落带植被恢复方法、抗冲刷消落带修复系统与修复方法、消落带水土保持系统与方法）和修复植物资源多元化综合利用技术（桑叶超微粉制备、桑树高值化利用工艺、桑草动物饲料开发）等部分。

（2）桑-草结合生态修复模式：所筛选生态桑品种抗逆性强且经济性状好，根据岸坡和水动力条件与本土耐淹物种优化配置与合理布设，采取生态种植与管理措施，不同程度淹没成活率平均达95%以上，抗冲刷性强、岸坡稳定。

（3）淹水前修复植物地上叶片全部收获，进行以功能性食品（桑茶、桑面等）开发为重点的生态桑利用。

**3. 应用范围及前景**

该技术适用于库岸山地、河湖滨带、生态脆弱区等的生态环境保护与修复、水土保持、河湖治理、库区发展或乡村振兴等。

以生态桑为核心的"桑-草"结合消落带生态修复模式及以功能性食品开发为重点的资源化利用，不仅改善了消落带生态环境，还能在库区形成特色产业，帮助库区移民实现安稳致富，实现了生态、经济和社会效益的有效结合。该技术与当地实际相结合具有较强适应性和推广价值，可在全国推广应用，让更多水库消落带、库岸山地、滩涂荒地"变废为宝"。然而仍需在生态桑没顶淹没耐淹机制、资源化利用产品功效等机理机制方面开展大量研究工作。

持有单位：中国水利水电科学研究院、山东农业大学
联 系 人：李海英
单位地址：北京市海淀区复兴路甲1号
联系方式：010-68781664、15810159867
E-mail：lihaiy@iwhr.com

## *136* 新型景观装配式溢流堰技术

**1. 技术来源**

其他来源。

**2. 技术简介**

该技术基本原理同传统溢流堰，通过堰板均匀溢水，并维持上游液位；还可通过启闭机产生指令，带动油泵电动组对箱体两端的油管进行液压驱动，使门叶直升直降，实现堰顶上下自由调节。

技术指标如下：

（1）箱体尺寸：$12m \times 3m \times 2.5m$，可根据实际需求定制。

（2）额定工作电压/功率：$380V/15kW$。

（3）垂直调节范围：$1.5 \sim 1.8m$。

（4）预制加工周期：$30 \sim 60d$。

（5）施工安装周期：$1 \sim 2d$。

（6）设计使用寿命：$10 \sim 15$ 年。

**3. 应用范围及前景**

该技术适用于平原河网城乡地区中小河道：①优选非行洪通道及非航道；②护坡结构工整，河道底部平整。

该新型溢流堰技术在传统溢流堰基础上开拓创新，兼具了水资源调度与水生态景观的双重功能，适用于平原河网城乡地区活水畅流与水环境提升。在"十四五"时期水利发展趋势下，可与智慧水利相结合，不断积累经验，提高技术成熟度，进一步发展成为水环境调控的重要手段。

目前平原河网地区普遍存在河网密布、水动力弱的特性。对此，该技术可有效优化水系格局，显著提升水动力，且成本低、工期短、见效快、景观美，易于复制推广，应用前景广阔；可实现装备从智能制造走向智能服务的产业转型升级。

持有单位：水利部交通运输部国家能源局南京水利科学研究院

单位地址：江苏省南京市鼓楼区广州路 225 号

联 系 人：范子武

联系方式：025－85828233、13951800961

E－mail：zwfan@nhri.cn

## 137 寒区土石坝护坡防冻胀技术

### 1. 技术来源

国家计划。

### 2. 技术简介

寒区土石坝护坡易在冻融、冰推、冰拔作用下产生破坏，经试验研究，研发了寒区土石坝护坡防冻胀方法，提出了护坡防冻胀结构，防止土石坝护坡冻胀破坏。

土石坝护坡结构包括土工袋、细砂垫层、砂砾石、土工布、干砌石（混凝土护坡）、坝体。该技术采用不同材料功能分级防渗抑制冻胀达到防冻胀效果。因此，在国家自然科学基金项目"冻融与冰推共同作用下土石坝护坡破坏机理及数值模拟方法研究"等项目的支持下，经多年研究形成"寒区土石坝护坡防冻胀技术"。

技术指标如下：

（1）试验使用的编织袋为聚丙烯材料，黑色，尺寸长 0.3～1.0m，宽 0.2～1.0m，克重为 110g/m²，力学特性如下。

经向：宽 200mm、长 100mm，张力 3.01kN，最大伸长量 44.66mm，抗拉强度 15.05kN/m，延伸率 44.66％。

纬向：宽 200mm、长 100mm，张力 4.01kN，最大伸长量 27.77mm，抗拉强度 20.0kN/m，延伸率 27.77％。

（2）试验验证了土工袋有效抑制毛细水上升和约束袋内土体冻胀的效果，通过土工布、砂砾石、细砂垫层、土工袋联合作用解决了土石坝护坡冻胀问题。

### 3. 应用范围及前景

该技术适用于寒区水利工程中土石坝、堤防、水闸、渠道及边坡工程的护坡。

该技术已应用于土石坝护坡防冻胀工程，目前该技术已在行业部分工程和局部地区进行了小范围推广，有必要面向全国范围进行推广，进一步提升土石坝工程安全保障能力，未来也可应用于寒区堤防、水闸、渠道及边坡工程护坡的防冻胀。

持有单位：水利部交通运输部国家能源局南京水利科学研究院
单位地址：江苏省南京市鼓楼区广州路 223 号
联 系 人：李卓
联系方式：025 - 85828291、13770653769
E - mail：Zhuoli@nhri.cn

## *138* 引调水工程深埋长隧洞无时限地应力定向测试技术

**1. 技术来源**

省部计划。

**2. 技术简介**

长距离大埋深隧洞是国家水网重大工程建设的重要内容，基于工程建设对地应力资料的需求，研发了无时限地应力定向测试技术。该技术利用水压致裂法测试过程的压力变化，基于地磁的方向指示作用和机械锁紧装置对印模器的破裂缝进行定向，并用来指示岩体地应力场的方位。

深埋长距离引调水隧洞工程地应力场复杂多变，方位信息是其特征描述不可或缺的组成部分，对隧洞的轴线布置及洞室安全具有决定性作用，方位不准确可导致工程建设过程乃至运行期产生灾难性后果。该技术具有创新性和实用性，已进行超过 100 台（套）的生产制造，作为定型产品成功应用于水利水电、交通和核电等多个行业 100 余个工程，累计合同金额超过 4000 万元。该技术设备在滇中引水深埋隧洞工程的最大使用深度为 930m，在引江补汉工程中的应用深度超过 1000m，为深埋水工长隧洞的安全设计提供了关键参数。

**技术指标如下：**

引调水工程深埋长隧洞无时限地应力定向测试技术系统组成包括地面设备、压力通道、印模器和定向装置，其中定向装置组成有压力室、活塞、锁定装置、无磁套筒和密封部件等。经测定，定向装置的主要技术指标有：

（1）密封承压大于 50MPa。

（2）印模待时为无限时。

（3）适用孔深为 5000m。

（4）测量精度基于罗盘精度。

（5）对钻机操作要求是一般敲击、震动和上下钻操作无影响。

**3. 应用范围及前景**

该技术适用于水利水电、交通、矿山等行业地下工程的地应力测试，可为工程设计与安全评价提供关键参数。

该技术突破了传统岩体破裂缝定向技术的局限，不受钻孔孔深和测试时间的限制，具有高效实用、技术可靠、结构紧凑、测试精度高和成本低的特点。该技术可推广应用于水利水电、交通、矿山和核电等行业地下建筑物的地应力试验中。

持有单位：长江水利委员会长江科学院
单位地址：武汉市江岸区黄浦大街 23 号
联 系 人：刘元坤
联系方式：027 - 82829885、13971621254
E - mail：191571768@qq.com

## *139* 复杂条件隧洞不良地质体弹性波超前探测关键技术与装备

**1. 技术来源**

国家计划、省部计划。

**2. 技术简介**

该项目以弹性波超前地质预报为研究对象，以隧洞不良地质体高精度探测为目标，从仪器设备研制、观测系统布置、数据采集方式、数据处理技术和解释方法等方面进行研究，自主研发一套隧洞弹性波超前地质预报系统 TEP。本预报系统包含 TEP 主机、三分量接收传感器、孔中推拉杆、同步触发转换装置等硬件及隧洞弹性地震波探测数据处理软件系统，可实现隧洞、地下洞室等地下工程建设施工期的超前地质预报，获取开挖工作面前方的工程地质灾害信息。

技术指标如下：

（1）提出了复杂隧洞非均匀黏弹性介质的地震波波场数值模拟方法，揭示了隧洞空间不良地质体地震波场响应特征和规律。

（2）研发了隧洞弹性波超前地质预报系统 TEP，研制了新型一体式传感器孔中推送装置、压电式三分量加速度传感器和同步触发转换装置等模块，增强了远距离信号采集能力，实现现场实时查看采集数据质量。

（3）提出隧洞超前探测地震数据处理关键技术与流程、隧洞地震数据的最小二乘线性反演成像和非线性贝叶斯反演技术，研发了 TEP 系统配套隧洞超前探测地震数据处理软件系统，实现采集地震数据的高效高精度处理成图解译。

（4）编制了水电水利行业首部超前地质预报规程，开发了隧洞岩土工程勘察管理信息系统，实现超前地质预报的标准化、信息化、规范化。

**3. 应用范围及前景**

TEP 弹性波超前地质预报系统及其关键技术应用于地下工程建设施工中，该设备与技术对于确保地下工程安全科学施工、提高施工效率、减少工程建设损失、消除工程安全隐患具有重要的社会价值。同时，隧洞超前地质预报新技术的提出，新设备的研发，较好改进了现有超前探测设备的性能，提高了预报精度，更好地为超前地质预报提供技术服务，对推动隧洞超前地质预报技术的发展具有重要意义。

持有单位：长江水利委员会长江科学院
单位地址：湖北省武汉市江岸区黄浦大街 289 号
联 系 人：周华敏
联系方式：15827168617
E-mail：545194683@qq.com

## 140 淤泥质土应用筑堤技术

**1. 技术来源**

其他来源。

**2. 技术简介**

淤泥质土应用筑堤技术原理包括淤泥质土的固化处置方法、堤防的结构分区设计、淤泥质土筑堤施工工艺三个方面。首先采用淤泥质土固化处置技术，包括翻晒、排水固结、添加固化剂等措施提高淤泥质土的强度，将软塑或流塑状态的淤泥质土改良为满足堤防填筑要求的固态或硬塑状态的堤防填筑土料。然后对堤防结构分区设计，根据堤防的受力特点及功能要求，将堤防结构分为主堤身和内外平台两个分区。其中主堤身为堤防的挡水断面，要求采用强度高、渗透性小的黏性土料进行填筑。内外平台为辅助功能断面，采用淤泥质土填筑。最后采用分层堆筑间歇成壳施工工法对含水率大、承载力低的淤泥质土分层集料堆筑，自然排水固结，分期碾压平整，完成堤防施工。

技术指标如下：

（1）研发了淤泥质土筑堤的堤身结构分区设计方法。根据堤防的功能和应力分布特点将传统均质堤防分为主堤身与内外平台两个分区，两个分区分别采用不同土料填筑，明确了淤泥质土的填筑部位为堤防内外平台。

（2）探索了翻晒、排水固结、掺加固化剂（水泥、粉煤灰、生石灰等）等固化处理措施对淤泥质土料的强化作用，明确处理标准，形成了固化处理淤泥质土筑堤的相关标准。

（3）提出了淤泥质土筑堤施工工法。针对淤泥质土含水量高、承载力低、施工困难等特点，通过采用淤泥质土分层集料堆筑、自然排水固结，形成硬壳层后分期碾压平整的措施，解决了软弱淤泥质土筑堤施工困难的技术难题。

**3. 应用范围及前景**

淤泥质土应用筑堤技术适用于土料缺乏，需要实现淤泥质土资源化利用的各种新建、加固、改建河堤及海堤工程。

淤泥质土应用筑堤技术通过淤泥质土改良、堤防分区设计、软土筑堤施工工法三个方面研究实现了淤泥质土在堤防工程中的资源化利用，具有以下优势：第一，可以实现淤泥质土的资源化利用；第二，可以明显减少筑堤黏性土料的开采量；第三，该技术实用性强，安全环保。该技术可推广应用到我国条件合适的各类堤防工程建设中，并能为水环境、市政类工程中的淤泥质土处置提供参考。

---

持有单位：长江勘测规划设计研究有限责任公司、中国电建市政建设集团有限公司

单位地址：湖北省武汉市解放大道 1863 号

联 系 人：杨洁

联系方式：027-82829416、15997413096

E-mail：yangjie3@cjwsjy.com.cn

## 141 水利水电工程特高陡环境边坡高效防治技术

**1. 技术来源**

其他来源。

**2. 技术简介**

该技术包括"高防预固、稳挖适护"系统防治方法、高质效锚索加固技术、环境边坡风险"定量评价、分级防控"方法和技术集成可视化管理平台。

**技术指标如下：**

（1）该技术"高防预固、稳挖适护"系统防治方法，对环境边坡危险源进行"点锚、线拦、面护"，对工程边坡开挖扰动区进行预锚，实现环境边坡和工程边坡高效系统防治。

（2）该技术多层嵌套分序组装方法使锚索单次搬运与安装重量减少 50％以上，对中支架滚动减阻结构和孔底反向牵拉技术使锚索一次安装到位率达到 95％以上，施工效率提高约 40％。

（3）该技术风险定量评价模型将高陡边坡风险划分为"高、中、低"3 个级别，并根据边坡风险级别进行分级防控。

（4）该技术环境边坡高效防治技术集成可视化管理平台采用三维实景仿真技术，实现边坡防治全链条数据管理与技术集成。

**3. 应用范围及前景**

该技术适用于水利水电工程特高陡环境边坡防治，也可推广应用至公路、铁路、矿山等其他工程领域的边坡防治。

随着社会经济的快速发展以及西部水利水电工程开发进程的加快，我国西南地区已建或在建一批巨型水利水电工程，面临的特高陡环境边坡问题非常突出。本项目研究成果在西南水利水电工程建设中有广阔的应用前景。

持有单位：长江勘测规划设计研究有限责任公司
单位地址：湖北省武汉市江岸区解放大道 1863 号
联 系 人：丁刚
联系方式：027－82829207、18502778892
E－mail：dinggang2@cjwsjy.com.cn

## *142* 复杂结构岩体变形破坏模式与灾变分析系统

**1. 技术来源**

其他来源。

**2. 技术简介**

该系统是以地质勘察、三维裂隙网络构建、岩体等效力学参数获取、模型分析为基础，集图像自动化采集及处理技术、计算机模拟技术、软件工程技术等为一体的集成系统。该系统可高效、客观、准确地进行结构面信息采集与处理、岩体结构特征分析和复杂结构岩体的破坏机理分析。

技术指标如下：

（1）首创了岩体等效参数模拟解析求算体系，修正了断续裂隙 Jennings 强度准则，推导出等压和非等压情况下岩体的等效弹性模量的解析表达式，研发了基于 Dijkstra 智能算法的连通率计算系统，使岩体等效参数的计算理论得到完善和发展，填补了计算方法的空白，提高了成果精度，推动了行业技术的长足进步。

（2）创造性地提出了双重等效结构地质力学模型概念，开创性地建立起不连续岩体介质同连续介质分析理论的桥梁，发明革新了物理力学模型中的关键技术。首次揭示了坝基岩体的压性类溃曲破坏模式和机理，填补了国内外该领域的空白，完善了坝基岩体的破坏理论，推进了岩体等效结构模型与力学分析的技术水平。

（3）创造性地将无人机贴近摄影和激光扫描技术应用至岩体结构面信息采集处理中，针对性地研发了基于大窗口结构面的三维裂隙网络模拟技术。对传统勘察方式进行了补充和革新，提高了三维裂隙网络模拟的效率和精准度。

**3. 应用范围及前景**

该系统已成功应用至广西大藤峡水利枢纽工程、吉林丰满水电站全面治理（重建）工程、西藏金河瓦托水电站工程及黑龙江奋斗水库工程的岩质坝基稳定性评价，还应用至川藏铁路雅安至林芝段工程、吉林蛟河抽水蓄能电站工程、山西垣曲抽水蓄能电站工程及甘肃 G310 线陇西至渭源至临洮公路工程的地质灾害调查评估，在保障工程安全运行、发挥工程效益等方面起到巨大作用，获得了业主单位的一致肯定。

---

持有单位：中水东北勘测设计研究有限责任公司
单位地址：吉林省长春市朝阳区工农大路 800 号
联 系 人：陈立秋
联系方式：0431 - 85092083
E - mail：184241873@qq.com

## 143 边坡探针（裂缝、倾角多功能传感器）

**1. 技术来源**

其他来源。

**2. 技术简介**

边坡探针（裂缝、倾角多功能传感器）是基于低功耗物联网通信技术、采用低功耗传输 LoRa/NB-IoT 技术研制的小型化智能监测设备，内置高性能电池供电（无源供电三年），可用于监测地表形变相关因子的物联网多功能传感器，具有一体化、高集成、低功耗的特点。

**技术指标如下：**

边坡探针主要对倾角、加速度、裂缝三要素进行监测。

(1) 倾角：$X$ 为 $\pm30.0°$，$Y$ 为 $\pm30.0°$，$Z$ 为 $\pm30.0°$。

(2) 合倾角：$\pm30.0°$。

(3) 方位角：$0°\sim360°$。

(4) 加速度：$g_X$ 为 $\pm2000mg$，$g_Y$ 为 $\pm2000mg$，$g_Z$ 为 $\pm2000mg$。

(5) 裂缝分辨率：$0.01mm$。

(6) 量程：2m。

(7) 定位信息：支持 GPS、BDS 双系统定位，定位偏差 $<10m$。

(8) 供电：内置电池工作 5 年以上。

(9) 工作温度：$-25\sim85℃$。

(10) 通信方式：支持 4G 全网通，支持 LoRaMesh 本地组网。

(11) 通信卡：内置 ESIM，支持插入 SIM 卡试用。

**3. 应用范围及前景**

边坡探针应用于堤防稳定性监测、大坝稳定性监测、库区安全稳定性监测、输水涵洞稳定性监测，可对工程设施进行健康评估。

边坡探针已经在地质灾害滑坡及崩塌场景中有成熟的应用案例，设备性能稳定可靠，支持多参数监测，数据精准，集成化高，易于安装维护。目前在水利行业已经创新应用于指定科研课题——黄河下游防洪工程监测预警新方法研究（根石与坦石的稳定性监测），后期可拓展应用于山洪灾害、大坝安全监测等领域。

持有单位：北京国信华源科技有限公司

单位地址：北京市西城区广安门内大街甲 306 号 825

联 系 人：解磊

联系方式：010-63205221、13951800961

E-mail：xielei@bjgxhy.com

## *144* "强紊动隔离" 透水式水垫塘

**1. 技术来源**

国家计划。

**2. 技术简介**

（1）首创"底部不衬护、边墙上部封闭自排下部透水"新型水垫塘，底部深水垫采用不护底型式，上部强紊动波动区采用封闭自排式边墙结构，下部相对静水区采用透水式边墙结构。

（2）提出了透水式水垫塘边墙结构设计新方法。通过研发透水边墙板块模拟微摩擦受力测试装置，准确掌握整体受力规律，系统分析脉动压力特性；提出了基于模型试验的透水边墙板块直接测力法和脉动压力瞬时过程线叠加法，丰富了边墙动水荷载分析方法，揭示了边墙不同分缝、开孔型式和分布对边墙动水荷载的影响规律。

（3）提出了"无防渗幕、运行期少抽排"新型二道坝结构型式。基于透水式水垫塘在运行期无需抽排的特点，结合工程运行条件及检修要求，在保证结构稳定的前提下，优化了坝体上下游坝面坡比。

**技术指标如下：**

（1）水垫塘封闭区板块压力值不超过 $5 \times 9.81$ kPa。

（2）相对静水区板块压力值不超过 $10 \times 9.81$ kPa。

（3）水面波动剧烈、水体紊动强烈板块压力值不超过 $15 \times 9.81$ kPa。

**3. 应用范围及前景**

该技术适用于特高拱坝、大流量的水垫塘设计。

我国西南地区已建或在建一批巨型水利水电工程，面临的高水头、大流量泄流消能问题十分突出，本项目研究成果在西南水利水电工程建设中有广阔的应用前景。

---

持有单位：长江勘测规划设计研究有限责任公司

单位地址：湖北省武汉市解放大道 1863 号

联 系 人：刘小飞

联系方式：027 - 82927902、18502777669

E - mail：liuxiaofei@cjwsjy.com.cn

## 145 长距离工程测量复杂北斗/GNSS 控制网建立关键技术

**1. 技术来源**

其他来源。

**2. 技术简介**

（1）为进一步提高长距离工程测量水平控制网建设精度与可靠性，提出了基于法方程叠加的多模北斗/GNSS 双差算法。

（2）为提高多模北斗/GNSS 数据处理中高维模糊度固定的效率和可靠性，提出了改进的 LAMBDA 算法，总结出一套适合多模 GNSS 数据处理的高维模糊度固定策略。

（3）针对大型引调水等工程中形成的长短边混合线状复杂网型数据处理问题，从算法模型出发，提出一套完整的区域高精度长短边混合复杂 GNSS 网基线解算与网平差方法。

（4）针对目前工程控制网建设中传统起算基准稳定性分析方法的问题，提出了基于数理统计原理的新基准稳定性分析方法。

**技术指标如下：**

（1）采用本技术提出的基于法方程叠加的多模 GNSS 数据处理算法，北斗/GPS 双模短基线可以达到平面 1mm、高程 2mm 的监测精度。

（2）采用本技术所提出的改进的 LAMBDA 方法，北斗/GPS 双模数据处理模糊度固定 RATIO 值提高 50%～70%，RATIO 均值由 2.81 提高至 5.75。

（3）本技术的长短边混合复杂 GNSS 网数据处理方法和基准稳定性分析方法效果显著，解决了生产中的实际问题。

**3. 应用范围及前景**

该技术适用于水利水电工程勘察设计、施工、运维管理等，并能推广至交通、电力、国土、市政等领域的长距离工程中。

空间定位和高精度控制网建立技术在部分细分领域仍然存在一些问题需要解决。未来研究预计将会围绕以下方面展开：北斗/惯导/影像/里程计等多传感器融合实时精密定位技术、室内精密导航与定位技术、室内外全空间一体化精密定位技术、基于 Lidar/影像的即时定位与地图构建（SLAM）技术与应用。

上述技术可在工程勘察设计、人员车辆定位、自动驾驶等领域推广，应用前景广阔。

持有单位：长江空间信息技术工程有限公司（武汉）
单位地址：湖北省武汉市解放大道 1863 号
联 系 人：肖玉钢
联系方式：027－82887066、18627905180
E－mail：xiaoyugang@cjwsjy.com.cn

## 146 软弱地基河道大跨桥梁无斜腿钢桁拱技术

**1. 技术来源**

其他来源。

**2. 技术简介**

常年行洪的河道修建跨河建筑物必须充分考虑防洪。在地质条件差的河道采用常规大跨桥梁的经济性和景观效果均不理想，与河道高质量发展理念相违背。本技术在常规带斜腿连续钢桁拱结构的基础上加以优化，采用无斜腿结构和系杆-桥面组合受拉结构，减小了桥墩尺寸，形成大跨连续梁 UHPC 柱施工、防撞护栏、缓冲装置等发明及实用新型专利，阻水率减少 20％以上，工程造价降低 10％，形成了适合以黄河流域为代表的软弱地基河道中建设具有美学特性的大跨连续钢桁拱桥的创新技术。

**技术指标如下：**

该技术成功解决了软弱地基中大跨钢桁拱下弦杆高度大、桥面刚度小、整体性能差的问题，提出的钢桁拱合龙工艺、正交异性钢桥面铺装方案、杆件的整体拼装连接等技术，有效地缩短了施工周期，减少了工程投资。其中采用无斜腿式钢桁拱结构，在支座处主墩不分叉，下弦杆不加高，可增大桥下净空 20％以上，减小了行洪阻碍，降低了桥面高程，节约工程投资；此外采用系梁-桥面组合结构将正交异性钢桥面板与拱下弦杆相结合共同抵抗水平拉力，减小下弦杆高度的同时利用拉应力提高弯曲刚度，解决了大跨连续钢桁拱桥面刚度小、整体性差等关键难题。

**3. 应用范围及前景**

该技术适用于黄河流域及其他软弱地基条件下的连续钢桁拱桥结构。

该技术针对以黄河流域为代表的地质条件较差、两岸地势平缓的工程环境，对现有钢桁拱结构进行研发改进，通过设置系梁-桥面组合受拉体系优化了结构受力，取消了支座处的斜腿和下弦杆的加高，从而增大了桥下净空，降低了桥面标高，减少了两岸接线道路的工程量，节约了项目总投资。

该技术可广泛应用于黄河流域中建设的具有美学特性的大跨钢桁拱桥，应用前景广阔，社会效益和经济效益可观。

持有单位：黄河勘测规划设计研究院有限公司

单位地址：河南省郑州市金水区金水路 109 号

联 系 人：杨纪

联系方式：0371－66025472、13298317866

E－mail：2525025@qq.com

# 147 二氧化碳静态引爆施工技术

### 1. 技术来源

其他来源。

### 2. 技术简介

二氧化碳气体在一定的高压下可转变为液态，通过高压泵将液态的二氧化碳压缩至圆柱体容器（致裂器）内，装入定压片、导热棒和密封圈，拧紧合金帽即完成了爆破前的准备工作。将致裂器和起爆器及电源线携至致裂现场，把致裂器插入钻孔中固定好，连接起爆器电源。当微电流通过高导热棒时，引起发热药剂产生高温，瞬间将液态二氧化碳气化，急剧膨胀产生高压冲击波致泄能器打开，产生300MPa以上的膨胀压力，瞬间释放高压气体致岩石断裂和松动，被致裂物品或堆积物受几何级当量冲击波向外迅猛推进，从起爆至结束整个过程只需0.4ms。

技术指标如下：

（1）生产破碎能力。二氧化碳爆破钻孔间距为1.5～2m，孔深2～4m，每天的爆破能力为1500m³左右。

（2）致裂器充装机的技术指标如下。

灌充介质：液态二氧化碳；充填速度：1～5kg/min；本机供电为：380V/220V、AL50Hz；功率：3kW；额定压力：12MPa；液态二氧化碳罐（空罐）重量：490kg；充装机重量：180kg；二氧化碳罐体积（长×宽×高）：2100mm×750mm×1000mm；充装机体积（长×宽×高）：1000mm×700mm×1150mm；计量充装台体积（长×宽×高）：1300mm×800mm×900mm；旋紧机（长×宽×高）：1500mm×600mm×1500mm。

（3）致裂器旋紧机主要技术指标如下。

设备电压：380V；频率：50Hz；总功率：4.4kW；输出扭矩：600N·m；泵额定压力：10MPa；外形尺寸：1500mm×600mm×1500mm。

### 3. 应用范围及前景

该技术可应用于采矿、应急救援抢险、地铁与隧道爆破掘进，地质勘探、野外钻探，高寒区域破冰、雪峰爆破，海底钻井爆破等。

该技术在低温下运行，无污染，不受高温、高热、高湿、高寒影响。致裂过程是气体膨胀过程，具有安全性高、技术简单、环境及噪声污染小、引爆时间短、无哑炮、可连续使用等特点。能有效缩短报批审核等手续周期，在爆破行业极具前景，凡属利用传统炸药的行业均可应用，在不适于炸药爆破条件下和非民爆领域特殊区域更能体现其卓越特性，具有较高的使用价值。

持有单位：山东黄河工程集团有限公司
联系人：张东方
单位地址：山东省济南市历下区青后小区4区1号
联系方式：0531-86987510、18653134816
E-mail：726705091@qq.com

## *148* 数字化混凝土控制技术

**1. 技术来源**

其他来源。

**2. 技术简介**

首先利用物联网技术采集基于流变学表征的混凝土生产出机口和现场出料口的工作性流变参数，结合拌和物生产管控专家系统智能化评价馈控混凝土拌和物工作性整体效果，实现混凝土制备运输环节的性能精细量化控制；其次，混凝土浇捣环节采用智能化振捣工艺，采集发送振捣作业参数至远程 BIM 质量信息平台，结合数字孪生技术，以图形可视化方式实时分析评价振捣质量状态，并同步直观反馈至现场终端，指引实时质量缺陷修复，提高混凝土成型质量。

**技术指标如下：**

（1）振捣评价智能系统模型的可靠性和准确性不低于 90％。

（2）采用混凝土智能振捣质量馈控技术，现场混凝土成型密实达标率应达到 95％以上。

（3）智能化馈控开发软件系统功能性能满足软件产品规范要求。

（4）GNSS－RTK 动态跟踪定位精度误差＜＋5cm。

（5）插拔判定时间采集精度误差＜1s。

（6）振捣深度采集误差＜3cm。

**3. 应用范围及前景**

该技术适用于工程混凝土浇筑质量实时动态管控需求的场景，工地现场应具备可采用 GNSS 定位技术的实施。

未来研究应用发展方向：针对面广量大的混凝土现场施工，可以实现"精益施工"，有效提升工艺受控水平，扭转管控粗放模式，创新管理技术水平，同时能节约生产资源、促进可持续发展，引领施工智慧化发展方向。

随着智能化要求不断提高，受严格培训的施工一线人员却逐渐减少，因而提高混凝土施工质量以及加强管控任务将越发艰难。该技术是目前国内外唯一先进可靠的集成化、智能化成熟技术，推广应用前景广阔。

---

持有单位：水利部水利水电规划设计总院、河海大学、南京康斯智信工程科技有限公司

联 系 人：边策

单位地址：北京市西城区六铺炕北小街 2－1 号

联系方式：021－63206511、13520096115

E－mail：591136883@qq.com

## 149　富水强透水性地层钢管模袋混凝土防渗支护体系关键技术

### 1. 技术来源

其他来源。

### 2. 技术简介

该项目属于土木建筑科学技术、水利建筑工程施工技术学科领域，主要研究富水强透水性地层基坑支护处理技术。

**技术指标如下：**

（1）发明了钢管模袋混凝土防渗支护体系，实现了防渗、支护、锚固三位一体的复合功能，确保富水透水性地层基坑支护结构安全稳固。

（2）提出了控制性水泥灌浆工艺，创造性地使水泥浆液的流动扩散变为凝胶体的挤压滑移扩散，突破了在有压水的条件下水泥浆液到处逸散的技术难题。

（3）研发了一种创新的"乙基纤维素-聚羧酸减水剂"微胶囊水泥浆外加剂，实现灌浆材料具有较高强度和良好流变性的同时，解决了深层水泥土的强度发展缓慢的技术难题。

（4）发明了滤排水式压入水泥浆液的施工方法，在模袋中灌注水泥浆胶凝体并对外推挤扩张，胶结成高强水泥浆石体形成锚固结构，突破了单一桩基水平稳定性差的技术难题。

### 3. 应用范围及前景

该技术难度大，成果原始创新突出，形成多项自主知识产权，对促进我国水利行业科技进步具有显著作用。

持有单位：厦门安能建设有限公司、广东省水利水电第三工程局有限公司、广东大禹水利建设有限公司、福建省恒鼎建筑工程有限公司、中达（福建）建设服务有限公司、华侨大学、中国葛洲坝集团第一工程有限公司

单位地址：福建省厦门市思明区湖明路武警水电大楼

联 系 人：陈新泉

联系方式：13606096773

E - mail：13606096773@139.com

## *150* 集束可控高喷防渗墙施工技术

**1. 技术来源**

其他来源。

**2. 技术简介**

集束可控高喷防渗墙施工技术在传统的高喷防渗墙施工技术基础上,采用大功率钻孔机械进行大直径钻孔,并将传统的双向对开喷嘴改为同侧双或多喷嘴(或加大内径的单喷嘴),朝前序钻孔方向单向喷射(即将高压流体集中成一束单向射流,集中能量攻击薄弱地层),水泥浆液与原始地层物料混合后所形成的防渗墙,墙体厚度可控,连续完整性可控。

**技术指标如下:**

(1)墙体厚度:0.15~1m 的等厚墙。

(2)渗透系数:$K \leqslant i \times 10^{-6}$ cm/s($1 \leqslant i \leqslant 9$)。

(3)墙体抗压强度:(土层)$R90 \geqslant 0.3$MPa,(砂卵石层)$R90 \geqslant 5$MPa。

(4)成墙深度:$\leqslant 50$m。

(5)连续完整性:连续完整性可控,不漏喷、不开叉,厚度可控。

(6)设备参数:钻孔直径 300mm 以上,同侧多喷嘴。

**3. 应用范围及前景**

该技术适用于各种天然地层,尤其在狭窄作业面、存在漂砾、块石等粗颗粒影响和槽孔坍塌问题复杂地层优势更为明显。

我国水库大坝数量众多,且大多兴建于 20 世纪 50—70 年代。特殊的历史时期和经济技术条件导致这些水库工程存在先天不足。而本技术可适用于各类大坝和堤防的除险加固,尤其是狭窄作业面、存在漂砾、块石等粗颗粒影响和槽孔坍塌问题复杂地层。因此,本技术应用前景十分广阔。

持有单位:江西省水利科学院、江西穿山甲岩土工程技术有限公司、吉安顺意建设工程有限公司
单位地址:江西省南昌市北京东路 1038 号
联 系 人:周瑾
联系方式:0791-87606675、13767004712
E-mail:jxskyzy@163.com

## 151 考虑材料性能时变效应的混凝土坝精细温控技术

**1. 技术来源**

国家计划。

**2. 技术简介**

温控防裂是混凝土大坝施工过程中的关键技术问题，通过温控仿真可有效地对实施的温控措施效果进行评价与优化，避免温度裂缝的产生，同时节约施工成本。该技术能动态模拟混凝土大坝施工全过程，得到精度较高的温控标准，并能对温控措施进行快速评价、优化、决策。该技术采用非线性本构模型，精确模拟混凝土的热、力学演化过程，如水化热、温升、徐变、自生体积变形等；通过有限元计算，可实现对大坝施工期和运行期全过程混凝土温度及温度应力的动态仿真分析，能较为全面地涵盖施工过程中的温控措施，如通水冷却、表面保温、表面流水等，全面地考虑复杂施工工序，如不同浇筑层厚度、不同间歇天数、不同冷却水管布置形式、通水冷却过程等。

技术指标如下：

（1）该系统界面友好易用，具备数据输入、还原、保存等功能，全面兼容不同版本 Windows 系统，便于工程技术人员使用。

（2）对混凝土材料性能考虑水化放热、徐变、自生体积变形、MgO 等外掺料等的时变效应。

（3）对温控措施，可以实现多期通水、表面保温、表面流水模拟，对不同工程采用的水管材料、通水水温与流量、保温材料等可进行个性化模拟。

（4）系统能够精确模拟真实的施工过程，如混凝土分仓浇筑，精确到天；也可模拟施工运行中度汛与蓄水的影响。

（5）使用参数化建模，荷载的施加、有限元求解、计算结果的导出（包括施工过程任一时刻、任一单元节点的温度及温度历时、三维温度场以及应力场结果等）均实现自动化。

**3. 应用范围及前景**

该技术适用于重力坝、拱坝等水工混凝土工程的设计、施工、运行期温控仿真模拟与温控措施优化。

该技术的未来发展方向：一方面将结合混凝土坝工程温控的"小温差、连续温控、小速率降温"需求，实现通水冷却措施的智能仿真与优化调整；另一方面将结合混凝土化学-热-力多场耦合模型，精确模拟水化反应差异引起的温度与材料性能的空间分布，减少对坝体抗裂能力的过高估计，对温控防裂提供更加科学可靠的决策支持。该技术可推广应用于各类大体积混凝土结构温控项目中，支撑温控措施的拟定与优化，使温控措施合理且经济。

持有单位：武汉大学

单位地址：湖北省武汉市武昌区八一路 299 号

联 系 人：吴琳

联系方式：027 - 68774370、15972042847

E - mail：slkyl@whu.edu.cn

## 152 人工湿地互联单元池内滤料分区铺填施工技术

**1. 技术来源**

其他来源。

**2. 技术简介**

在人工湿地单元池花墙两侧的单元隔墙上预留施工口作为填料运输通道,施工时采用装载机对上升流池、水平流池内滤料分区域交叉铺填施工。填料时先铺填预留通道以外的滤料,再铺填单元隔墙至预留口处 2m 位置的滤料,接着进行预留口墙体封堵,最后铺填剩余滤料。

**技术指标如下:**

(1)墙体施工时在单元池花墙两侧利用单元池隔墙伸缩缝预留长 10m 的施工口作为填料运输通道,使车辆运行更加便捷。

(2)采用自制模具进行辅助填料,模具由三道钢筋支架和两块挡板组成,支架间布置间距≥800mm,挡板间布置间距≤1000mm,拼装后形成长方体框架。

(3)单元池内滤料分区域交叉填筑施工,每个单元池分为 3 个填料区,先填筑预留通道两侧的滤料,再从未设置施工口的单元隔墙填料至距离预留口 2m 位置处,接着进行预留口墙体封堵,墙体封口后再填筑单元池内剩余滤料,待上一个单元池填料完成后再进行下一个单元池第二填料区填料施工,依次循环上述步骤直至完成所有单元池填料施工。

**3. 应用范围及前景**

该技术适用于大面积互联人工湿地单元池内填料精细化、规范化铺填。

该技术已成功应用于宋庄蓄滞洪区二期建设工程施工第 3 标段工程和延庆新城北部水生态治理工程,采用该技术施工降低施工成本、提高施工效率的同时可以有效解决滤料填筑时分层填筑厚度不均匀、分段填筑分界线不规则、滤料混淆及单元池外侧道路狭窄不便施工机械设备通行等施工问题,具有良好的推广前景。

---

持有单位:北京清河水利建设集团有限公司

单位地址:北京市海淀区清河路 191 号

联 系 人:张令肖

联系方式:010-52713201、18003825970

E-mail:xkkjzlxxb@126.com

## 153 海绵化碧道溢流系统及生态缓冲带施工技术

**1. 技术来源**

其他来源。

**2. 技术简介**

该技术由生态缓冲带强排渗技术和碧道溢流系统施工技术结合，形成高效海绵化透水性路面铺装的溢流排水系统。通过试验生态缓冲带填料级配，改进缓冲带的填充基质，降低运行过程中的堵塞现象，避免缓冲带失效引发集水倒灌的现象，提高排水净化能力；上部碧道排水结构通过收水口、溢流井体、渗水管道与各支管连接成道路雨水溢流系统，将雨水汇集、渗透功能最大化，杜绝路面积水，改善雨水排放能力，减轻市政雨水管网压力。

对生态缓冲带级配构造优选的研究，改进生态缓冲带的填充基质，优化填料模具配合分区填充的施工方式，加速填料速度、精度，避免填筑时分层厚度不均匀、分段填筑分界线不规则以及填料混淆的问题。该技术取消了透水土工布为过渡反滤层的施工工艺，避免杂物堵塞排水通道。预制装配式排水路缘石铺设连接雨水管，形成强效排水碧道施工结构，构建生态缓冲带景观设计，提高下渗、滞蓄、净化能力，有效控制城市面源污染，提升城市景观效果。

**技术指标如下：**

通过对技术的研究应用，第三方检测机构对工程应用部位进行检测检验，缓冲带基层填料的筛分试验复合质量要求，溢流井垫层 C15 强度不低于 17MPa，圈梁压顶不低于 28MPa，缓冲带绿化基层不低于 23.6MPa，混合料配合比设计试验，不同级配集料及混凝土细度均符合标准。

该技术对缓冲带级配优选，选定渗蓄效果好的填料，避免采用多层滤料，保证净化效果的同时，避免生态缓冲带在运行过程出现堵塞现象，提高生态缓冲带的排水净化能力。对碧道排水结构的优化，通过收水口、溢流井、渗水管道支管构成道路雨水溢流系统，减少雨水滞留路面的时间，杜绝路面积水，提高海绵城市运营效率，改善雨水排放效力。

**3. 应用范围及前景**

该技术可应用于市政道路下沉式绿化带、小区室外下沉式绿地、生态公园建设、河岸碧道工程及环境整治工程。

该技术适用于市政道路下沉式绿化带、小区室外下沉式绿地、碧道建设等雨水收集渗透系统，能缓解市政雨水管线的水压，合理截排减压。碧道溢流系统因其优异的透水排水性能以及其简便的运营管理模式，可被广泛应用在各种城市雨水溢流处理、河岸碧道、公园绿化等建设过程中，技术的应用积极响应国家政策，大力推进海绵城市建设发展，具环保效益，同时也带动建设环保水利工程的发展，提升社会效益和经济效益。

持有单位：广东大禹水利建设有限公司、广州粤水建设有限公司
单位地址：广东省汕头市龙湖区黄山路荣兴大厦 1602 室
联系人：陈泽标
联系方式：0754 - 88698268、13929062339
E - mail：gddygcb@qq.com

## 154 台阶式预制生态框格施工技术

**1. 技术来源**

其他来源。

**2. 技术简介**

技术由生态框格、块石连接件、土工布、植物等共同组成生态挡墙护岸系统。预制框添加水泥基增强复合聚料，保证了框体强度。施工按边坡坡比从下往上呈台阶式分层施工安装，确保护岸稳定，达到河道护岸的防洪效果。框体内部填铺碎石土砂，利用框格的优势灵活连接砌筑护坡，墙面透水性好，使护岸结构能快速适应水位变化，起到防洪抗冲作用；框格上方充填密实土方植草绿化，植物根系增加了填土的固着力，同时起到良好的生态景观作用。

**技术指标如下：**

技术结合生态框格的设计原理，添加水泥基增强复合聚料预制生态框格，加强埋石混凝土的质量，增大抗压强度。采用细石混凝土填实，解决框格与底板间隙大、框格底板坐浆不均、填土流失严重、反滤层合格率低的技术问题，研究提高台阶式生态框格的施工质量，使用强度螺栓紧固，确保精确度。通过优化设计双层土工布铺设方案，增强受力，保证护坡混凝土的结构强度和耐久性。通过种植绿植，有效减少坡土流失，提高坡体稳定性，协调生态平衡改善环境。

通过对生态框锁口混凝土的抗压强度检测，技术指标为 30d 抗压强度不小于 30.2MPa，对边坡挡墙检测抗压强度不低于 29.3MPa，框格骨料及混凝土等主要材料性能指标符合标准要求，框体回填土检测压实不低 91%。

**3. 应用范围及前景**

该技术具有优越的结构性能，可广泛用于水利工程建设、中小河道生态修复工程以及综合治理改造项目。

该技术多适用于河岸生态修复工程以及景观改造项目，具有生态环保，环境恢复快的特点。目前在城市河道整治中，台阶式预制生态框格护坡技术在工程中有着广泛的应用前景，结合河道景观设计，在满足河道防洪排涝、减少水土流失前提下，强调生态环境效益与景观改善功能的提升，为河道生态护坡以及河道生态稳定治理奠定基础，是生态护坡形式的一项新突破。

持有单位：广州粤水建设有限公司、广东大禹水利建设有限公司
单位地址：广东省广州市黄埔区开创大道 1936 号 2201 房
联 系 人：黄松耿
联系方式：020－31709824、18026440630
E－mail：806047375@qq.com

## 155 路通连续缠绕玻璃钢夹砂输水管技术

**1. 技术来源**

其他来源。

**2. 技术简介**

该技术是由第三代连续缠绕工艺制成的玻璃钢夹砂管道（简称 CWFP 管）和整体橡胶圈套筒接头组成的输水管。连续缠绕工艺是在循环钢带组成的连续输出模具上，把热固性树脂、连续纤维、短切纤维和石英砂按逐层叠加以"3D 打印"的方式连续铺层，形成致密一体管壁的管材生产方法。整体橡胶圈套筒接头是以全宽橡胶倒顺牙式唇形密封结构作为密封体，外部玻璃钢结构增强，是橡胶压缩密封和水力密封双密封体。

技术指标如下：

（1）直径 DN250～DN4000mm，压力等级 PN0.1～3.2MPa，刚度等级 SN1250～100000N/m$^2$。

（2）直埋管性能符合《玻璃纤维增强塑料连续缠绕夹砂管》（JC/T 2538—2019）和《玻璃纤维增强塑料夹砂管》（GB/T 21238—2016）要求。

（3）顶管符合《玻璃纤维增强塑料顶管》（GB/T 21492—2019）要求。

（4）巴氏硬度≥40。

**3. 应用范围及前景**

该技术适用于水利引调水、城市给排水、海水取排水等领域，包括直埋、非开挖顶管和混凝土管或盾构管片或输水隧洞的现场内衬管。

发挥本技术产品使用寿命长的优点是直埋大直径、长距离输水管研究方向，特别是 2021 版的 ISO 23856 标准已将本技术产品的设计寿命预期从 50 年以上提高到 100 年，将有助于在大型水利、市政工程建设中推广选用。

该技术的非开挖顶管在城市超大直径调蓄水管施工、长距离压力管道顶进的应用有更突出的性能和生产优势。

该技术在现有已腐蚀或者出现结构裂缝的大型混凝土管或盾构管片或输水隧洞的现场结构修复、恢复输水能力并延长结构寿命方向上，应用前景广阔。

持有单位：福建路通管业科技股份有限公司
单位地址：福建省泉州市泉港区驿峰路东北侧海滨村委会 170 号
联 系 人：王磊
联系方式：0595－87967006、15359616600
E－mail：pipe2004@126.com

## 156 现场快速测定水文地质参数的微水试验方法

### 1. 技术来源

其他来源。

### 2. 技术简介

微水试验即通过一定激发手段（如瞬时抽注水、气压泵、振荡棒等）使得井孔内水位发生瞬时微量变化，根据测量到的水位随时间变化数据推导岩土体渗透性参数。微水试验包括 3 个主要过程：首先，使井孔或钻孔的水位发生瞬时改变，常用方法是从钻孔中快速抽出或注入一定体积的水或柱体；然后测量水位随时间的变化，即获得相应数据；最后，依据相关理论模型，利用相应数据估算含水层的渗透系数或储水系数。根据试验过程，又可分为降水头微水试验和升水头微水试验，配合数据自动采集装置，可以自动、高效地记录水位变化的全程数据。

**技术指标如下：**

对于渗透性强—极强的砂卵石含水层，一次微水试验的水位恢复过程往往仅需数秒钟至数十秒钟；在渗透性中等—弱的粉土或黏土中，单次微水试验过程需要数十分钟；在透水性微弱的岩体中（$q \leqslant 3Lu$），地下水位恢复需要 2h 左右。在岩体相对破碎、不易进行压水的试段（如栓塞在高压压水作用下，易被冲开），或者在水源匮乏、引水困难的高山区，也可以选择采用微水试验。接近理想状态下，微水试验的成果相对于抽水试验、压水试验的成果是普遍偏小的。物理模型抽水试验获取的渗透系数是微水试验的 1～2 倍，钻孔中压水试验获取的参数是微水试验 2～7 倍，这和试验的尺度效应有关，利用计算的尺度效应系数 $\varphi$，即可得到与实际相接近的渗透性参数。

### 3. 应用范围及前景

该方法适用于水利水电工程或环境、水文地质勘察中含水层水文地质参数获取，在中—低渗透性介质中优势明显。

微水试验由于影响半径小，渗透系数代表只能代表近井孔处某一个岩土层的渗透特性，而未能考虑远处不同岩相对渗透系数的影响。但微水试验优势也很明显，试验周期短和成本低的优点可以利用加密试验点的方法来弥补缺陷。特别是在含水层渗透性较低且不具备大型抽水试验条件的工程中，微水试验具有广阔的推广应用前景。

未来微水试验的主要研究和应用方向为求解方法、试验方法和设备的改进以及相关规程规范制定等方面。

持有单位：黄河勘测规划设计研究院有限公司
单位地址：河南省郑州市金水区金水路 109 号
联 系 人：万伟锋
联系方式：0371－66020051、15890603790
E－mail：wwfmt@163.com

## 157 高寒地区混凝土防护与修复成套技术

**1. 技术来源**

其他来源。

**2. 技术简介**

以环氧砂浆为基体，综合运用微观分子结构设计及调控、纳米复配等技术手段，通过调控环氧树脂分子结构形成海岛结构，提高韧性与强度；选用纳米级 $MoO_2$ 及 $SiO_2$ 作为无机紫外屏蔽剂，并掺入复配有机紫外吸收剂，提升材料抗紫外线，复合纳米粒子均匀分散于体系中也可起到增韧、提高热稳定性效果；选用改性固化剂和级配填料，采用共混法制备有机-无机复合改性环氧砂浆，并针对现场需求，结合冻融循环、紫外线照射、湿热等加速老化因素的影响趋势，优化配合比，提升耐久性。针对高寒地区水工建筑物运行环境的特殊性，探讨高寒地区不同工况不用应用部位的配合比、工艺参数、工序流程等，制定适应于高寒、大温差等严苛环境的施工工艺，形成了高寒地区混凝土防护与修复成套技术。

**技术指标如下：**

改性环氧砂浆性能综合力学性能优异，抗压强度＞70MPa，抗拉强度＞16MPa，黏结强度＞3.5MPa。通过有机-无机复合改性，材料的耐久性能与传统材料相比大大提升，抗冻等级≥F250，人工紫外线老化2000h不粉化、不变色、不开裂，抗渗等级＞W12。通过质损率劣化模型，推测改性环氧砂浆服役寿命与未改性前的相比可提高20％以上。

**3. 应用范围及前景**

该技术适用于混凝土结构修饰、裂缝、缺陷修补和表面封闭，尤其针对高寒地区复杂环境下混凝土修补防护效果良好。

我国西部高原地区水资源丰富，水利水电工程不断涌现，处于这些高寒地区的水工建筑物长期在严苛环境条件下运行，混凝土易出现冻融破坏、渗漏溶蚀、老化脱落等问题，高寒地区混凝土防护修补需求较大。

该技术针对高寒地区混凝土的开裂、剥蚀、老化、光热冲击等有较好的修补防护，解决西部高海拔地区混凝土缺陷处理难题，为高寒地区水利水电工程长期安全稳定运行提供技术支撑，具有广阔的应用前景。

持有单位：长江水利委员会长江科学院、武汉长江科创科技发展有限公司

单位地址：湖北省武汉市江岸区黄浦大街289号

联 系 人：邵晓妹

联系方式：027-82926843、15994288599

E-mail：409500448@qq.com

# 158 水利工程输水隧洞伸缩缝处理组合材料与工艺

### 1. 技术来源

其他来源。

### 2. 技术简介

为适应伸缩缝结构变形，保证其在内外水压力作用下不被破坏，开发了以聚氨酯灌浆修补—新型聚硫密封胶封缝—高弹性环氧胶泥表面封闭的多层高效防渗体系。首先，利用 CW531 水溶性聚氨酯灌浆材料对结构缝渗水处打孔灌浆。该材料对水质适应性强，可在 pH 值为 4.0～12.0 的水环境中凝固形成弹性固结体，生成固结体时释放的二氧化碳压力将浆液进一步压入缝隙中填充密实，快速高效止水。该弹性固结体延伸性好，耐低温。然后，采用 CW741 新型聚硫密封胶封缝。该材料是以液态聚硫橡胶为主要材料、添加多种助剂合成的密封性能好、黏结强度高、弹性好的新型无毒防水密封材料，可抵挡内外水压对伸缩缝的破坏作用。最后，采用 CW716 高弹性环氧胶泥进行表面封闭。弹性环氧胶泥高断裂伸长率可防止伸缩缝的反复张拉收紧造成的混凝土结构性老化破坏。

**技术指标如下：**

（1）CW531 水溶性聚氨酯灌浆材料凝胶时间＜30s，可快速高效止水，遇水膨胀率＞100％，发泡率 400％～500％，有效将浆液二次渗透缝隙填充密实。

（2）CW741 新型聚硫密封胶定伸黏结性、浸水后定伸黏结性、冷拉-热压后黏结性好，拉伸模量（23℃）达 0.3MPa，弹性恢复率可达 85％。

（3）CW716 高弹性环氧胶泥力学性能优异，抗压强度＞70MPa，抗拉强度＞12MPa，剪切强度＞10MPa，黏结强度高（干黏结强度＞3MPa，湿黏结强度＞2.5MPa），弹性好，断裂伸长率大于 100％。

### 3. 应用范围及前景

该技术适用于引水工程混凝土输水隧洞、混凝土箱涵、渠道的结构缝防渗处理。

在水利工程输水隧洞中，结构伸缩缝是混凝土管道防渗的薄弱环节，伸缩缝渗水不仅会造成有效水量损失，还容易形成集中渗流通道引起结构物失稳变形，严重影响工程运行。因此，急需一种黏结性强、防渗效果好、适应变形能力强、经久耐用的防渗体系解决隧洞伸缩缝渗漏问题。该技术综合多材料、多工艺的优势性能，为伸缩缝处理难题提供了一种新型有效的解决方案，具有较大的市场需求，将其推广应用可产生良好的社会和经济效益。

持有单位：长江水利委员会长江科学院、武汉长江科创科技发展有限公司
单位地址：湖北省武汉市江岸区黄浦大街 289 号
联 系 人：邵晓妹
联系方式：027－82926843、15994288599
E－mail：409500448@qq.com

## 159 湖库泥沙蒸压胶凝材料制备技术

**1. 技术来源**

国家计划。

**2. 技术简介**

基于材料学、热力学、生态学等原理，在清淤泥沙中加入电石渣、石灰、粉煤灰、炉灰、矿渣等掺和料，与水混合搅拌均匀充分消化反应，在机械成型压力下将散粒压成块材；利用蒸压釜高温高压条件，电石渣、石灰水化产物除自身凝结、硬化，同时进行盐基交换和团粒化作用，泥沙表面及周围形成各种水化物结晶和胶凝产物，促使坯体结构致密，提升蒸压产品强度。

技术指标如下：

(1) 湖库淤积泥沙：60%～70%。

(2) 激发剂：生石灰、石膏、电石渣。

(3) 掺和料：粉煤灰、炉灰、矿渣。

(4) 成型方式：机械压制成型。

(5) 成型压力：不小于 22MPa。

(6) 消化时间：不小于 3h。

(7) 蒸养温度：170～200℃。

(8) 蒸养压力：1.1～1.2MPa。

(9) 抗压强度：5～15MPa。

(10) 吸水率：不大于 15%。

(11) 干燥收缩值：不大于 0.75mm/m。

**3. 应用范围及前景**

该技术适宜利用湖库清淤泥沙制备蒸压产品，可广泛应用于建筑、道路、防洪抢险等工程领域。

随着社会经济高速发展，泥沙"资源"属性凸显、砂石资源紧缺成为国际共同关注的话题。泥沙资源利用是最直接有效的湖库减淤措施，能从根本上协调水沙关系，实现防洪减淤和流域生态保护、区域高质量发展有机协同。"探索泥沙资源利用新模式"已列入《黄河流域生态保护和高质量发展规划纲要》，为湖库泥沙资源规模化、科学化利用提供了重大历史机遇。湖库泥沙蒸压胶凝材料制备技术在建筑、道路、防洪等工程领域推广应用前景广阔。

持有单位：黄河水利委员会黄河水利科学研究院

单位地址：河南省郑州市顺河路 45 号

联 系 人：李昆鹏

联系方式：0371－66026831、18037195756

E－mail：641223059@qq.com

## 160 高寒、高流速、大推移质条件下水工混凝土磨蚀破坏与加固修复技术

**1. 技术来源**

国家计划。

**2. 技术简介**

针对高寒、高流速、大推移质极端条件下水工隧洞混凝土的磨蚀和加固修复关键技术难题，通过研究水工隧洞混凝土磨损-空蚀破坏机理，研发了适应于高寒条件下施工的高强高韧混凝土及表面防护材料，建立了修复材料与既有混凝土界面的黏聚本构关系，提出了水工隧洞除险加固和全寿命周期运行维护技术。

**技术指标如下：**

（1）超高性能混凝土（UHPC）性能指标：劈裂抗拉强度≥11MPa，抗折强度≥18MPa，抗压强度≥125MPa，抗拉强度≥7.8MPa，与混凝土正拉黏结强度≥4MPa。

（2）改性环氧砂浆和聚氨酯复合树脂砂浆性能指标。

1）改性环氧砂浆：抗压强度≥80MPa，抗拉强度≥15MPa，抗折强度≥8MPa，黏接强度≥4MPa（混凝土），抗冲击强度≥12MPa，抗冲磨强度≥10h/（g/cm$^2$）。

2）聚氨酯复合树脂砂浆：抗压强度≥100MPa，抗拉强度≥24MPa，抗折强度≥10MPa，黏接强度≥4MPa（混凝土），抗冲击强度≥23MPa，抗冲磨强度≥100h/（g/cm$^2$）。

**3. 应用范围及前景**

该技术适用于黄河上中游及新疆地区水电站的水工隧洞、溢流坝面、消力池等水工泄水建筑物混凝土的磨蚀破坏修复问题。

修复材料与既有混凝土黏接性能修复材料与既有混凝土界面的质量和行为直接关系到结构补强加固的质量和效果，决定着混凝土结构再服役的安全性和耐久性，研究修复材料与老混凝土的界面性能对混凝土结构的修复和结构正常服役性能的提升具有重要的指导意义。

该技术广泛应用于黄河上中游及新疆地区水电站的水工隧洞、溢流坝面、消力池等水工泄水建筑物，用以解决混凝土的磨蚀、破坏后的修复问题。

持有单位：黄河水利委员会黄河水利科学研究院
单位地址：江苏省南京市鼓楼区广州路 225 号
联 系 人：许龙飞
联系方式：0371－66020437、13937182188
E－mail：301097659@qq.com

## 161 微米级混凝土微细渗漏裂缝处理用多孔并联化灌技术

**1. 技术来源**

其他来源。

**2. 技术简介**

针对水利水电工程混凝土微细裂隙难以有效防渗加固处理的技术难题，传统处理技术对微细裂缝浸润渗透效果差、水下固化时间不可控、材料与设备不匹配、处理功效低等方面存在的问题，通过材料、设备和多孔并联化灌工艺的链式研发，利用材料黏度、胶凝时间、多孔并联灌浆工艺等多参数联合调节，成功开发混凝土裂缝（微米级）处理用多孔并联化灌技术，实现了有压水和动水条件下混凝土裂缝（微米级）的有效处理。

**技术指标如下：**

利用接枝反应原理，在环氧树脂主链上引入表面活性基团，并设计更为环保的活性稀释剂及固化剂体系取代有毒的糠醛-丙酮体系，研发了高强度、高浸润渗透性、高黏结性、可操作时间精确可调和环保性能优良的高性能环氧树脂裂缝灌浆材料。该材料初始黏度低，在 $6\sim25\mathrm{MPa\cdot s}$ 范围内可调，可灌性良好；可操作时间长，在 $2\sim100\mathrm{h}$ 范围内精确可控；表面张力为 $35\mathrm{mN/m}$ （1h），与混凝土接触角低至 $0°$，渗透性强，可用于潮湿、高水头等灌浆工况；抗压强度为 $60\sim80\mathrm{MPa}$，湿黏结强度大于 $3.0\mathrm{MPa}$，与被灌体牢固结合且固化强度高。材料配套多孔并联灌浆工艺，攻克了宽度为微米级的混凝土微细渗漏裂缝难以有效浸润渗透和有水环境下难以有效固结的技术难题。

**3. 应用范围及前景**

该技术适用于混凝土裂缝，甚至宽度为微米级的混凝土微细渗漏裂缝在干燥或有水环境下的处理。

水工建筑物在服役过程中混凝土难免出现微细裂缝，裂缝渗漏严重影响工程安全运行和服役寿命，必须进行有效修复。目前传统混凝土修复技术难以满足水工混凝土缺陷的处理需求，主要存在以下技术瓶颈：处理材料在潮湿、动水等复杂环境下难以有效灌注；施工工艺以经验为主，工效低，材料与工艺匹配性不佳。推广应用高效适用的微细裂缝处理新材料和新工艺，可为水利水电工程长期安全稳定运行提供技术支撑，具有广阔的应用前景。

持有单位：武汉长江科创科技发展有限公司

单位地址：湖北省武汉市江岸区黄浦大街 289 号

联 系 人：周璐

联系方式：18062396627

E - mail：2216256464@qq.com

## 162 千米级钻孔压水试验装备和技术

**1. 技术来源**

其他来源。

**2. 技术简介**

由变径接头、活塞组件、单向阀组件以及连接栓塞胶囊体组成千米级钻孔压水试验装置,该装置设计两条独立且可适时打开或封闭、适时转换的水流通道,实现千米级钻孔压水试验测试。

**技术指标如下:**

该装置由变径接头、活塞组件、单向阀组件及耐高压栓塞胶囊组成。

(1)变径接头:为金属材质,外观呈阶梯圆柱状,中间设置水流通道。

(2)活塞组件:为金属材质,由活塞体、活塞座套组成,活塞体沿轴线方向上平行设置活塞中心孔和偏心孔。活塞中心孔内设置芯管,上端密封,下端穿过单向阀组件与栓塞试验器芯管连通。

(3)单向阀组件:为金属材质,由单向阀及阀座、单向阀弹簧及阀弹簧座体组成。单向阀弹簧座体中部设有阀座偏心孔。单向阀阀盖与单向阀座分离。单向阀出水口通过高压短管与胶囊连通。

(4)耐高压栓塞胶囊:定型成品,为橡胶与金属材质,外观圆柱状。装备长 700mm,松弛状态下直径 63mm 或 69mm,充水后膨胀,可承受 10～30MPa 压力。

**3. 应用范围及前景**

该技术属于岩土工程勘察领域,具体为千米级钻孔压水试验装置,适用于各行业钻孔岩体压水试验测试。

根据方便实施、有利推广的目的,试验装置应小型化、智能化,系统应能自动采集数据、判断试验状态并选择测试流程走向,测试结果的准确性、精度得到进一步提高,试验数据可直接输出。

钻孔压水试验是进行岩体原位渗透试验获取水文地质资料的一项重要工作,本技术成功地解决了超深孔钻孔压水试验止水胶囊快速排水泄压的生产难题,经多次实践应用,效果良好,非常具有推广应用价值。

持有单位:长江三峡勘测研究院有限公司(武汉)、长江勘测规划设计研究有限责任公司
单位地址:湖北省武汉市东湖高新区光谷创业街 99 号
联 系 人:袁宜勋
联系方式:027-87571826、13986759036
E-mail:yuanyixun@cjwsjy.com.cn

## 163 深水条件下袋装砂护岸应急施工技术

**1. 技术来源**

其他来源。

**2. 技术简介**

深水条件下袋装砂护岸应急施工技术首先在陡坎、深漕区域（－6m）通过事前对区域水文条件的研究，结合所抛物件的重量、外形尺寸等参数，通过精密计算并应用翻板抛袋施工工艺把充填好的小型袋装砂抛入水中，袋装砂在水流作用下作抛物线运动至陡坎、深漕底部，进行封堵找平；再利用抛填大型袋装砂进行压顶，对滩地进行恢复。由于在崩岸区往往是顶冲和水文条件较复杂区域，为避免二次崩岸的发生进行消能抗冲是必不可少的，所以在完成滩地恢复的区域，采用抛石下压软体排的形式进行防护，隔绝冲刷与流速。

技术指标如下：

设砂袋与翻板摩擦系数为 $\mu$，根据动能定理有

$$\frac{1}{2}mV_0^2 = G\,\frac{h}{2} - \mu G \cos\theta\,\frac{L}{2}$$

可以得到

$$V_0 = \sqrt{gL(\sin\theta - \mu\cos\theta)}$$

从砂袋落入水中开始，承受的力主要有浮力 $F$ 和水流力 $P$。一般来说，袋装砂抛填方向与水流方向相同。不妨设水流流速为 $V_水$，砂袋从脱离翻板到落在泥面上所经历的时间为 $t$，当浮力 $F$ 恒定时，有

$$S = (V_0\cos\theta + V_水)t$$

$$H = V_0\sin\theta t + \frac{1}{2}\left(1 - \frac{\rho_水}{\rho_砂}\right)gt^2$$

当翻板角度 $\theta$、砂袋与翻板摩擦系数 $\mu$、翻板宽度 $L$ 和水流流速 $V_水$ 确定时，可以通过公式初步测算袋装砂沉陆位置 $S$。

**3. 应用范围及前景**

该技术具有施工效率高、可靠性高、施工质量效果突出、适用性强、成本低的特点，适用于工程量大、成型断面大、水流流速大、风浪条件差、施工强度高的深水区域的滩地恢复和后期守护工程。

该技术已成功应用于长江澄通河段：铁黄沙整治工程 Ⅵ 标、通洲沙西水道长沙河—福山塘段边滩综合整治工程、长江口北支新村水域综合整治工程 H－4 标工程，应用前景广阔。

持有单位：长江河湖建设有限公司

单位地址：湖北省武汉市江岸区解放大道 1863 号

联 系 人：范志强

联系方式：027－82820688、13807176220

E－mail：491053950@qq.com

## 164 多孔连通法处理坝基深部风化囊新技术

**1. 技术来源**

其他来源。

**2. 技术简介**

多孔连通法处理坝基深部风化囊的依据是牛顿第二定律及流体力学的基本原理，该技术是通过进气孔给风化囊内的物质一定的风力和风压，使风化囊内的物质通过排砂孔排出，同时通过注水孔给风化囊注水，使排砂孔周围的物质在水的作用下运移到排砂孔底部，进而通过排砂孔排出；待风化囊内的风化砂完全清除以后再进行混凝土灌注及固结灌浆。

**技术指标如下：**

根据水利部黄河水利委员会水利部检索查新，科技查新结论为："本次国内外检索表明，该委托课题的主要技术成果指标达到同期国际领先水平"。

"多孔连通新方法在吉布洛水电站坝基风化囊处理中的应用研究"在 2011 年被黄河水利委员会认定为新技术、新方法、新材料及其推广应用成果，2013 年作为"赤道几内亚吉布洛水电站工程地质勘察报告"的主要创新点获该年度河南省优秀工程勘察设计二等奖，并于 2020 年获得发明专利。

**3. 应用范围及前景**

该技术不仅适用于水利水电工程，还可广泛推广应用于其他各类工程，适宜地基风化囊埋深不小于 5m 的深部风化囊的处理。

多孔连通法处理深部风化囊与其他处理方法相比，具有处理技术简单、施工难度小、成本低、处理效果好的特点，经济效益显著。该技术已在水利水电工程建设中得到成功应用，未来可广泛应用于其他各类工程建设中的深部风化囊处理，具有广阔的推广应用前景。

持有单位：黄河勘测规划设计研究院有限公司
单位地址：河南省郑州市金水区金水路 109 号
联 系 人：黄伟
联系方式：0371 - 66023707、13703826376
E - mail：58622936@qq.com

## 165 超高压水力耦合破岩 TBM 关键技术及成套装备

### 1. 技术来源

国家计划。

### 2. 技术简介

岩石隧道掘进机（TBM）自引进中国以来，长期沿用滚刀压入式破岩理念，在应对超硬岩时，存在"滚刀掘不动、刀具磨损高、主轴承寿命短"等突出问题。超高压水力耦合破岩 TBM 关键技术创造性地采用了"水刀＋滚刀"的"双刀破岩"模式，实现了 TBM 传统破岩理念的革命性创新。主要技术成果如下：

（1）创建了超高压水射流与滚刀耦合破岩技术体系，提出了超高压水射流与滚刀同轨、非同轨耦合破岩方法，破解了超硬岩地层 TBM 滚刀破岩困难、刀具磨损严重的国际难题。

（2）研发了国内首台超高压水力耦合破岩 TBM 成套装备，发明了超高压大流量旋转接头和管路安全防护技术，提出了水射流系统与 TBM 系统协同控制方法，攻克了超高压水射流系统搭载协同难度大、刀盘强振动条件下稳定性差等技术难题。

（3）构建了超高压水射流耦合破岩 TBM 掘进模式动态调控体系，建立了 TBM 耦合破岩综合经济效益评价体系，解决了水射流系统与 TBM 掘进系统联合控制复杂、模式选择困难、能耗损失大等工程难题。

**技术指标如下：**

成果获授权国家专利 10 余项，形成从耦合破岩机理、协同控制装备到高效掘进模式的核心专利体系。提出水刀-滚刀同轨、非同轨两种耦合破岩模式，发明水刀-滚刀耦合布置刀盘；发明超高压大流量旋转接头和并联调压自适应泵组系统，最大工作压力 300MPa，最大流量 150L/min；发明低频强振动工况下防磨、防堵、防松的超高压水刀喷射装置；发明基于"岩-机-渣"复合映射的耦合破岩 TBM 掘进环境快速识别与耦合破岩模式智能控制系统，实现水刀-滚刀掘进参数联合调控；发明超高压水力耦合破岩 TBM 成套装备，实现超硬岩正常掘进，效率提高 30%，刀具消耗量降低 20%，主轴承推力降低 25%～40%。

### 3. 应用范围及前景

研究成果可广泛应用于水利水电、交通、市政、矿山和能源等各行业隧道工程建设领域，市场应用前景广阔。

未来将考虑如何进一步提高掘进效率，如何与隧洞独头通风、快速衬砌、卡机脱困等一系列技术相融合，进而实现隧洞快速建设。

超高压水力耦合破岩技术拓展了 TBM 技术在地下工程建设全产业链的应用，可为水利水电、交通、市政、矿山和能源等各行业隧道设计施工提供技术支撑。主要用户包括地下工程勘察设计单位、地下工程建设施工单位、地下工程装备制造单位和科研机构等，市场应用前景广阔。

持有单位：黄河勘测规划设计研究院有限公司
单位地址：河南省郑州市金水区金水路 109 号
联 系 人：杨凤威
联系方式：0371－66026131、15238359399
E－mail：yangfw@yrec.cn

## 166 中贴式橡胶止水带技术

### 1. 技术来源

其他来源。

### 2. 技术简介

中贴式橡胶止水带总体为 U 形结构，属于变形型止水带的一种。在中贴式橡胶止水带 U 形面板侧面设有与面板相垂直的多条止水线，通过多条止水线嵌入混凝土达到止水的目的。通过选择合适的面板厚度与止水线高度，使止水线高度与面板的厚度之和小于混凝土保护层厚度，可以避免止水与钢筋"打架"问题，达到保证钢筋混凝土结构强度的目的。中贴式止水带完全嵌入混凝土结构分缝内部，在运行过程中不会遭受物体撞击、阳光照射等不利影响，充分保证了止水带的耐久性。

技术指标如下：

经西北橡胶塑料研究设计院有限公司检测表明，中贴式橡胶止水带产品物理性能符合《高分子防水材料 第 2 部分：止水带》（GB 18173.2—2014）中的指标要求。

经中国水利水电科学研究院模型试验表明，中贴式橡胶止水带可在同时承受 105m 水压力、20mm 接缝张开和垂直于止水带 U 形断面方向 15mm 错动位移的工况下不出现渗水现象。

### 3. 应用范围及前景

中贴式橡胶止水带适用于水闸、泵站、水电站厂房、市政基础、地铁车站等工程。

与目前已知结构型式的止水带相比，中贴式橡胶止水带具有技术上的优势，可广泛应用于水闸、泵站、水电站厂房、市政基础、地铁车站等工程。

持有单位：黄河勘测规划设计研究院有限公司、中国水利水电科学研究院、武汉建工集团股份有限公司

单位地址：河南省郑州市金水区金水路 109 号

联 系 人：吴昊

联系方式：0371 - 66025827、13526807970

E - mail：250320158@qq.com

## 167 无基坑环保筑坝技术

### 1. 技术来源

其他来源。

### 2. 技术简介

无基坑环保筑坝技术，即直接在深厚覆盖层河床上下游抛填块石形成戗堤，戗堤间抛填一定级配的砂砾或石渣料至枯期施工洪水高程；对抛填料及河床覆盖层进行振冲加密，形成水上施工平台，随后对该平台以下坝体和坝基进行防渗处理；然后修筑上部坝体，将坝体、坝基防渗结合形成完整的防渗体系。

**技术指标如下：**

(1) 适用 100m 以下土石坝、40m 以下混凝土闸坝。水下抛填平台高程以枯水时段洪水标准为依据。

(2) 抛填料可利用开挖料，具一定级配，$D_{max}<200$mm，有机质含量$<5\%$，饱和抗压强度$>30$MPa，软化系数$>0.75$。

(3) 覆盖层以中、细颗粒成分为主时，采用有填料振冲桩；含卵砾$>50\%$时，根据坝基要求可采用无填料或有填料振冲桩。桩间排距 1.5~3m，桩径 0.8~1.2m，桩底穿透抛填体及河床松散覆盖层。

(4) 坝基加密后土石坝相对密度$>0.75$，混凝土闸坝提高至坝基所需承载力 1.2 倍以上。

(5) 在加密后的坝身平台上布置防渗墙或多排脉动灌浆截渗（$k<1\times10^{-6}$cm/s），与大坝防渗体衔接。

### 3. 应用范围及前景

该技术适用于深厚砂砾覆盖层河床上修筑 100m 以下土石坝或 40m 以下混凝土闸坝的水利枢纽。

未来随着振冲、注浆等加密技术以及防渗墙、灌浆等防渗技术的进一步提升，研究应用到更高的土石坝、混凝土闸坝和其他水工建筑物，尤其是施工条件较差的国际工程。使用该技术可减少基坑开挖量和弃渣量，简化施工工序，节省工期、坝料、征地，有利于节能减排，社会经济和生态环境效益显著，推广应用前景广阔。

持有单位：中水珠江规划勘测设计有限公司

单位地址：广东省广州市天河区沾益直街 19 号中水珠江设计大厦

联系人：刘元勋、王海建

联系方式：020 - 87117148、13480213694

E - mail：286940167@qq.com

# *168* JF 系列自落式混凝土搅拌机

**1. 技术来源**

其他来源。

**2. 技术简介**

JF 系列自落式搅拌机的拌筒内壁上有径向布置的搅拌叶片，工作时，拌筒上扬一定角度并绕轴线回转，加入拌筒内的物料，被叶片提升至一定高度后借自重下落，这样周而复始的运动达到均匀搅拌的效果。这种搅拌方式能耗低，衬板、叶片磨损小，尤其适合四级配塑性混凝土的生产。本单位开发并应用成熟的机型有 JF1500、JF2000、JF3000、JF5000 等一系列规格型号，其中 JF5000 大型高支点自落式搅拌机为国内首台套，填补了国内技术空白。

**技术指标如下：**

(1) 形式：高支点、双锥、气动倾翻自落式。

(2) 允许骨料最大粒径：180mm。

(3) 叶片和衬板工作寿命：100000 罐次。

(4) 超载能力：10%。

(5) 满载"低头"距离：符合《水利水电建设用混凝土搅拌机》（SL 541—2011）。

(6) 搅拌机空载/重载温升：符合《水利水电建设用混凝土搅拌机》（SL 541—2011）。

(7) 设备噪声：符合《周期式混凝土搅拌楼（站）》（SL 242—2009）。

**3. 应用范围及前景**

该技术适用于水利水电工程、城市建设、交通建设工程等混凝土生产系统。

随着水电"西电东送"战略的不断深入推进和"一带一路"沿线国家丰富的水利资源以及开发需求，在今后相当长的一段时间内，水力资源仍将是我国乃至全球开发的重点领域。由于四级配混凝土有着显著的技术经济优势，在水利水电工程尤其是混凝土重力坝、拱坝等项目中正在被广泛使用。作为适应大骨料粒径生产四级配混凝土的 JF 系列自落式混凝土搅拌机，随着水利工程的不断开工建设，有着广泛的应用前景。

持有单位：水利部产品质量标准研究所、杭州江河机电装备工程有限公司
单位地址：浙江省杭州市西湖区转塘科技经济园 19 号
联 系 人：何新初
联系方式：0571-88052365、13819493526
E-mail：33903352@qq.com

## 169 食品级高分子弹性体抗磨蚀抗空蚀材料及工艺

**1. 技术来源**

省部计划。

**2. 技术简介**

针对水利工程装备和输水管道在服役过程中的磨蚀问题和潜在的饮水安全隐患，研究探明了磨蚀内在机制为泥沙冲蚀、汽蚀、磨损、腐蚀、疲劳等复杂的交互作用。该材料能够耗散水体中沙粒的动能和空泡溃灭时对工件表面的冲击能量，从而减缓水利装备磨蚀破坏，起到"以柔克刚"的效果；同时食品级的高分子材料环保无毒，符合中国及美国食品安全认证标准，避免了涂层带来的水体污染和饮水安全隐患。本技术基于一种双组分的高分子材料，A组分为某种二异氰酸酯，B组分是由某种聚醚多元醇和催化剂、溶剂、交联剂与扩链剂组成，两组分混合后发生交联反应，快速固化成型后生成以氨基甲酸酯基团为主链的高分子聚合物。

通过喷涂或浇注成型的材料为100%固态化合物，具有强度高、耐磨、不吸水等特点，同时具有良好的弹性和韧性，可以吸收泥沙的冲击，抗磨蚀效果优良。在此基础上，该项目综合了高分子合成技术、复杂曲面喷涂成型技术、智能化喷涂等的关键技术，开发制备出成套的食品级高分子弹性体抗磨蚀抗空蚀材料及现场喷涂成型工艺。该技术可大幅延长水利装备的使用寿命，同时食品级材料避免了涂层本身破损造成的水体污染，保障了水利工程的饮水安全，可进行大范围推广应用。

技术指标如下：

(1) 硬度：ASTM D2240 为 80～90 (Shore A)。

(2) 抗撕破强度：DIN 53 515≥55N/mm。

(3) 结合强度：GB/T 5210≥12MPa。

(4) 抗磨性能：ASTM D1044 (H-22，1000r/1000g) ≤10mg。

**3. 应用范围及前景**

该技术成果可以应用于水利行业的水利机械上，特别是水泵、水轮机等水力机械。通过该技术的应用可使水力机械的平均使用周期延长到5年以上，减少设备故障机大修次数，保障了工作效率。每年可减少经济损失平均110多万元/台，为水利水电行业节约成本4亿～8亿元。在水利水电大型工程上，该项目成果已应用于珠江三角洲水资源配置工程等水利工程，取得良好的应用效果。此外，该成果还成功应用在江苏航天水力设备有限公司、杭州大路发电设备有限公司、高邮环流泵业有限公司等企业的水力装备产品上，成功进行了产业化，大大提高了产品的竞争力，获得了良好的经济效益、社会效益和环境效益。

利用本项目技术成果，可延长设备使用寿命，节约制备新品耗费的大量能源和资源，大幅度实现节能减排，生态效益明显。同时，还可以广泛应用于航空航天、交通运输、矿业冶炼、石油、能源、化工等领域。

持有单位：水利部产品质量标准研究所、江苏航天水力设备有限公司

单位地址：浙江省杭州市西湖区转塘科技经济园区19号

联 系 人：陈小明

联系方式：0571-88087115、15967150165

E-mail：xiaoming840@163.com

## 170 SK 双组分慢反应聚脲涂层在水工混凝土建筑物中的防护及应用

**1. 技术来源**

其他来源。

**2. 技术简介**

该技术通过选用新型复合改性仲胺基天冬树脂体系为主剂，以脂肪族异氰酸酯为固化剂，同时添加改性助剂和颜填料研制出一种适用于水工领域的新型双组分聚脲基弹性防护材料——SK 双组分慢反应聚脲。该材料的反应机理为脂肪族异氰酸酯与聚天门冬氨酸酯发生加成缩聚反应成膜，材料成膜过程既不同于传统喷涂聚脲高温碰撞反应，也不同于单组分聚脲湿气固化的原理，而是利用加成反应将伯胺转变为仲胺，使反应速度大大降低。该材料克服了以伯胺为原料的传统喷涂类聚脲反应速度过快、表观状态不佳、耐候及附着力不足、需要专门设备进行施工等弊端，不仅反应速度适中、施工窗口期长，同时具有优异的力学性能、黏结性能、耐候性能和低温柔性，可显著提高混凝土耐久性和输水效率，具有良好的推广应用前景和社会效益。

**技术指标如下：**

（1）固含量（％）≥80～97。

（2）表干时间（h）≤2～1.5。

（3）拉伸强度（MPa）≥15～16.8。

（4）断裂伸长率（％）≥280～325。

（5）撕裂强度（N/mm）≥40～53。

（6）干燥基面黏结强度（MPa）≥2.5～3.0 或基层混凝土破坏。

（7）潮湿基面黏结强度（MPa）≥2.0～2.6 或基层混凝土破坏。

（8）硬度（邵 A）≥60～62。

（9）吸水率（％）＜5～1.6。

（10）抗冲磨强度 [h/(kg·m²)] ＞20。

**3. 应用范围及前景**

该技术适用于泄水建筑物过流面抗冲磨防护，混凝土表面缺陷、破坏的修补与防碳化，混凝土面板的防渗、抗冻融、防冰拔防护等。

未来该技术将重点针对西北灌区输水建筑物修补加固及扩容增流工程，北方严寒地区大坝坝面混凝土冬季防冻融、冰拔破坏，山区水电站大坝溢流面防高推移质、高速水流冲磨破坏，高海拔、低纬度地区水工建筑物表面防紫外线老化，抽水蓄能电站混凝土面板辅助防渗等应用方向进行技术改进研究和进一步应用推广。

持有单位：北京中水科海利工程技术有限公司、中国水利水电科学研究院
单位地址：北京市海淀区玉渊潭南路 3 号
联 系 人：杨伟才
联系方式：010－68781393、13693619821
E－mail：36472323@qq.com

## 171 水工混凝土高耐久薄层防护与修复技术

**1. 技术来源**

其他来源。

**2. 技术简介**

该技术基于梯度粒径堆积、聚合物乳液成膜以及超细纤维、功能型外加剂和特种骨料增强增韧机理，通过对多种有机、无机材料开展科学配伍研究，并辅以精细化生产、施工工艺，形成一种适合于水流冲刷面、侵蚀性环境等耐久性要求高的混凝土部位防护与薄层修补用材料与技术。

技术指标如下：

（1）外观：均匀、无结块。

（2）骨料最大粒径：4.75mm。

（3）28d 抗压强度：≥80.0MPa。

（4）28d 抗折强度：≥15.0MPa。

（5）28d 轴拉强度：≥5.0MPa。

（6）28d 黏结抗拉强度：≥2.5MPa。

（7）吸水率：≤3%。

（8）抗冲磨强度（钢球法）：≥10h·$m^2$/kg。

（9）抗渗压力：≥1.5MPa。

（10）氯离子扩散系数：≤2.5×$10^{-12}$ $m^2$/s。

**3. 应用范围及前景**

该技术适用于溢洪道、输水箱涵（洞）、排沙洞、闸墩（墙）等水工建筑物表面修复与防护以及交通、市政等相关领域。

该技术绿色环保、施工简便、耐久性好、经济性优，在工程推广中得到广泛认可；但目前施工一般采用人工抹涂方式，施工效率较低，人为因素影响大，施工质量难以保证，已难以满足工程大面积施工需求；未来研发配套喷涂、刮涂设备可大大提高该技术的施工质量与效率，节约劳动力与经济成本。目前，许多大型水利工程进入维护期及新建工程高质量需要，该技术应用对推动水利事业高质量、绿色循环发展具有重大经济和社会意义。

持有单位：南京瑞迪高新技术有限公司、安徽瑞和新材料有限公司、水利部交通运输部国家能源局南京水利科学研究院

单位地址：江苏省南京市鼓楼区虎踞关 34 号

联系人：王冬

联系方式：025 - 85829723、13815885543

E - mail：dwang@nhri.cn

## 172 墩墙底部延性超缓凝混凝土过渡层预防温度裂缝技术

**1. 技术来源**

省部计划。

**2. 技术简介**

墩、墙混凝土早期收缩变形受到底板约束，当温度应力大于混凝土抗拉强度时产生裂缝。在墩墙底部设置过渡层，其凝结时间迟于墩墙上部混凝土，韧性好于上部混凝土，能够推迟并降低底板对墩墙早期约束，降低开裂风险。

**技术指标如下：**

延性超缓凝混凝土初凝时间 48～72h，28d 强度 25～50MPa（与结构强度相同），应变为基准混凝土的 2～3 倍，变形能力好于普通混凝土，抗碳化、抗氯离子渗透、新老混凝土黏结强度、与钢筋握裹力等指标与同强度等级混凝土相同，抗冻性能大于 F200，抗渗性能大于 W6。

原型监测结果表明：沉井井壁、闸墩（长 38m、厚 2m）、清污机桥墩（长 20m、厚 1.2m）的根部浇筑厚度为 20～40cm 过渡层混凝土，应变减少 83～135$\mu\varepsilon$；挡土墙（长 30m、厚 0.45m）应变减少 20～45$\mu\varepsilon$。长度和厚度相对较小的墩墙未产生温度裂缝，长度和厚度较大的墩墙温度裂缝面积降低 47%～78%，有害裂缝转变为无害裂缝。

**3. 应用范围及前景**

该技术适用于水工、水运、市政、建设、交通等墩墙结构，作为温度裂缝预防组合措施之一。

墩墙温度裂缝具有普遍性，预防温度裂缝需要从降低底板约束、降低温升、提高抗裂能力、延缓降温速率、控制结构尺寸等方面采取综合技术措施。本技术形成了墩墙底部设置延性超缓凝混凝土过渡层预防裂缝技术解决方案，为墩墙预防温度裂缝提供一种组合方法，推广应用前景广阔。

持有单位：江苏省水利科学研究院、江苏省水利建设工程有限公司
单位地址：江苏省南京市南湖路 97 号
联 系 人：陈凤
联系方式：025 - 86338560、18936006581
E - mail：470966083@qq.com

# 173 WPC 高强度高分子聚合板桩

**1. 技术来源**

其他来源。

**2. 技术简介**

该产品是由聚氯乙烯树脂（PVC）原材料加植物纤维及多种添加剂经配料、上料、挤出（共挤）、冷却定型、切割而成的 WPC 高强度高分子聚合板桩，在产品的一侧通过共挤技术，将高耐候性 ASA/PMMA/PVC 合金共挤面层料与 PVC 芯层料黏结于产品表面，提高了产品的耐候性、韧性及耐磨性。产品每片两侧设置 T 字形等凹凸套接头，通过产品两端的凹槽和 T 形接头匹配连接，形成整体连续的挡水板桩。

该产品具有如下特性：

（1）坚固耐久、不腐蚀、不开裂，具有极高的抗压强度和抗冲击能力、良好的耐久性。

（2）材料不含铅、镉、六价铬、汞等重金属物质和塑化剂等有害物质，对水和土壤无污染。

（3）重量轻，可采用小型机械快速施工，且不受天气条件的制约，建设费用低、工期短。

（4）产品互换性良好，以植物纤维为主要添加物，产品可重复使用和回收再利用，符合国家倡导的新材料应用和节能环保政策。

**技术指标如下：**

（1）拉伸强度：45MPa。

（2）拉伸强度保持率（－40℃、1h）：95％。

（3）拉伸强度保持率（40℃、1h）：93％。

（4）弯曲强度：69MPa。

（5）硬度（邵氏 D）：89 度。

（6）密度：$1.5g/cm^3$。

（7）压缩强度：55MPa。

（8）简支梁缺口冲击强度：$13.3kJ/m^2$。

**3. 应用范围及前景**

该产品可用于江、河、湖等沿岸的整治，基坑支护，水库、垃圾填埋场、灌溉渠等的防渗，抢险工程的加固等。

该产品优势突出，市场前景广阔，经济和社会效益明显。

持有单位：南京海沃泰新材料有限公司
单位地址：江苏省南京市浦口区星甸街道工业园纬三路 9 号
联 系 人：倪文华
联系方式：025－52702357、13851513393
E－mail：1925488831@qq.com

## 174 水工聚氨酯密封止水材料

**1. 技术来源**

省部计划。

**2. 技术简介**

水工用聚氨酯密封止水材料包括 A 和 B 两组分，A 组分由聚醚多元醇经升温脱水形成无水聚醚多元醇，然后加入 MDI，再经过恒温保持状态下加入增韧剂经聚合而成；B 组分由液体填料、粉状填料和增韧剂混合加入扩链剂加热搅拌脱水的混合物，再加入抗老剂及其他助剂，经高速分散和研磨制成。A、B 两组分在施工时充分混合，A 组分中未反应完全的异氰酸酯与 B 组分中的聚醚多元醇和多元胺反应，形成具有优异的黏结力、与混凝土黏结性好、高塑性、优良回弹性、低温柔性、高温稳定性、力学性能和耐久性能、适用面板坝伸缩缝或其他水工建筑物的密封止水材料。该止水材料以 MDI 取代传统 TDI，易购且价格低廉的石油中间产品减四线油为增韧剂，经过表面细化、活性激发、干燥处理的硅粉和超细粉煤灰混合物为填料。

**技术指标如下：**

(1) 密度：$(1.40+0.1)$ g/cm³。

(2) 下垂度：$\leqslant 2$mm。

(3) 表干时间：$<10$h。

(4) 质量损失率：53%。

(5) 拉伸模量（23℃）：$<0.4$MPa。

(6) 定伸黏结性：无破坏。

(7) 浸水后定伸黏结性：无破坏。

(8) 弹性恢复率：$\geqslant 80$%。

(9) 低温柔性：$-30$℃，无破坏。

(10) 最大拉伸强度：$\geqslant 0.6$MPa。

(11) 断裂伸长率：$\geqslant 400$%。

**3. 应用范围及前景**

该产品适用于水工建筑物接缝的密封止水，还可应用于桥梁、机场跑道、广场、隧洞等接缝的密封。

水工聚氨酯密封止水材料具有良好的弹性、位移补偿性、低温柔韧性、与基底黏结牢固等特性，不仅可以用于大坝面板坝伸缩缝和其他水工建筑物的密封止水，还可应用于桥梁、机场跑道、广场、隧洞等接缝的密封止水、防护、位移补偿等。在专用机具施工操作下，施工速度明显高于同类产品。施工完毕后的伸缩缝，缝面平整光滑，冬季本产品朝阳面明显与冰不黏结，降低了冰拔的危害。水工聚氨酯密封止水材料可有效提高水堤大坝的防渗止水效果，调高其使用寿命和安全性，具有广泛的应用前景。

---

持有单位：新疆科能新材料技术股份有限公司

单位地址：乌鲁木齐经济技术开发区头屯河区银星街 69 号

联 系 人：曹登云

联系方式：0991-3966572、15199457371

E-mail：673654752@qq.com

**175** 国产渗透结晶型混凝土自愈合抗裂放水新技术

**1. 技术来源**

其他来源。

**2. 技术简介**

国产渗透结晶型混凝土自愈合抗裂防水新技术包含两大核心技术——混凝土抑温自修复技术（内掺）和深层渗透结晶密封密实技术（外喷）。针对新建水工构筑物，可以通过内掺技术解决混凝土的开裂和抗渗问题，同时能够修复宽度小于 0.6mm 的裂缝，提高混凝土耐久性；针对老旧水工构筑物，可以通过外喷技术解决现有运维中的水工建筑物混凝土增强、修复、防渗、防碳化等病害治理需求。

**技术指标如下：**

（1）内掺技术——SJ 自愈型无机增殖防水剂。

1）产品物理力学性能。

外观：均匀、无结块

含水率/％：≤1.5

细度，0.63mm 筛余/％：≤5

氯离子含量/％：≤0.1

减水率/％：<8

含气量/％：≤3.0

2）产品应用性能。

凝结时间差/min＞-90；

抗压强度比/％：7d≥100；28d≥100

收缩率比（28d）/％：≤120

抗渗压力比（28d）/％：≥250

3）混凝土抗渗性能。

第二次抗渗压力比（56d）/％：≥200

（2）外喷技术-SK 纳米硅离子浸透性改质剂。

1）产品物理力学性能。

外观：透明、无气味

密度/（g/cm）：≥1.10

pH 值：11±1

黏度/s：11.0±1.0

表面张力/（mN/m）：≤20.0

凝胶化时间（终凝）/min：≤100

储存稳定性：100 次循环外观无变化

混凝土表面亲水性不得呈珠状滚落

2）产品应用性能。

抗压强度比/％：≥110

48h 吸水量比/％：≤50

抗透水压力比/％：≥300

抗酸性（pH＝5 盐酸溶液 30d）

无起泡、开裂、脱落和明显侵蚀痕迹

抗渗性（混凝土渗入高度）/mm：≤15

吸水率/（mm/minz）：≤0.01

氯离子吸收量降低效果/％：≥90％

抗碳化值：7d≥30；28d≥20。

### 3. 应用范围及前景

该技术适用于大坝、水闸、水库、水电站、泵站、渠道、隧洞、地下建筑物等水工混凝土以及民用建筑、市政工程等领域混凝土的养护抗裂、抗渗、防碳化、抗冻融、裂缝自愈等，提升和修复混凝土耐久性及整体功能。

随着自主技术研发能力的提升，国内研发了 SJ 自愈型无机增殖防水剂、SK 纳米硅离子浸透性改质剂等，材料性能显著提升，打破了国外技术垄断，降低了材料成本。

针对新建水工构筑物，可以通过内掺技术解决混凝土的开裂和抗渗问题，提高混凝土耐久性；针对老旧水工构筑物，可以通过外喷技术解决现有运维中的水工建筑物混凝土增强、修复、防渗、防碳化等病害治理需求。

持有单位：苏州佳固士新材料科技有限公司、重庆交通大学、北京市水科学技术研究院、河海大学

单位地址：江苏省苏州市相城区澄阳路 116 号阳澄湖国际科技创业园 1 号楼 A 座 12F

联 系 人：姚国友

联系方式：0512－69593200、18210191663

E－mail：379139004@qq.com

# 176 抗硫酸盐侵蚀矿物外加剂及抗侵蚀混凝土配制技术

**1. 技术来源**

其他来源。

**2. 技术简介**

（1）微集料填充作用：YK-Ⅲ的颗粒可充填在水泥颗粒间的空隙中，YK-Ⅲ的二次水化作用生成新的物质堵塞毛细管通道，使大孔减少，水泥胶体更加密实。

（2）火山灰效应：YK-Ⅲ颗粒消耗 $Ca(OH)_2$ 生成硅酸钙水化物，同时加速水泥水化过程，混凝土强度得到加速发展和提高，大大提高结构密实度。

（3）界面效应：掺 YK-Ⅲ后，胶体-集料界面黏结力增强、稳定性提高，减少大晶格 $Ca(OH)_2$ 晶体和钙矾石的数量，混凝土不泌水，胶体-集料间不存在水膜，提高了混凝土强度。

**技术指标如下：**

（1）28d 抗压强度比/％≥105。

（2）28d 抗蚀系数（K 法）＞0.95。

（3）28d 氯离子扩散系数比≤0.85。

（4）56d 氯离子渗透性（电通量）≤1000。

（5）28d 干湿循环次数（KS 法）≥120。

（6）抵御水中硫酸盐侵蚀的极限浓度为 40000mg/L。

**3. 应用范围及前景**

项目产品和技术适用于存在硫酸盐类侵蚀的水利工程混凝土结构，项目产品及技术抗硫酸盐侵蚀上限可达到 40000mg/L。

使用掺加了高耐久性矿物外加剂的混凝土不仅可以做到有效抵抗硫酸盐侵蚀，确保工程的质量和使用寿命，还能较大地节省成本，可以说是一种价廉物美的新型混凝土，合理地施工和运用这种混凝土能够使工程在设计使用年限内安全稳定地运行。

未来，将持续提升项目产品及技术，在确保技术性能的基础上，满足国家"双碳"要求，做到在确保技术性能优异的同时，还能节能降碳，推广前景十分可观。

持有单位：新疆研科节能科技有限公司

单位地址：新疆乌鲁木齐高新区（新市区）青藤街 1688 号

联 系 人：芦向晶

联系方式：0991-3690130、15699220205

E-mail：1546515623@qq.com

## *177* 抱箍式快速连接管桩

**1. 技术来源**

其他来源。

**2. 技术简介**

抱箍式快速连接管桩是基于特制端板、机械连接卡及高强螺栓所形成的一种新型的快速机械连接方式，主要应用于预制桩间的接桩作业，可有效控制接桩质量并缩短工期。具体是在管桩端板四周设置卡台及螺栓孔，将 U 形机械连接卡与端板卡台咬合并对准螺栓孔后，用高强螺栓进行连接，即完成管桩的连接。其中机械连接卡一般由 3 片以上拼装组成，降低单件自重，减小工作强度。

**技术指标如下：**

抱箍式快速连接管桩用于受拉桩基础及对接头连接质量要求较高的工程时，可保证桩身接头的接头强度。机械连接卡为近似 U 形，每套机械连接卡一般由三个相同的、弧度约为 120°的 U 形连接卡组成。机械连接卡上设置有一定数量、直径相同的螺栓孔，每片机械连接卡上的螺栓孔均匀分布，两螺栓栓孔之间的夹角相等。U 形卡材料采用 Q235B 钢，每个 U 形连接卡之间的间隙约为 1°，接头的抗拉强度高于桩身 15％以上，采用焊接加抱箍可确保接头抗弯性能与桩身等强。机械连接卡的设计除了满足桩身承载力的要求，还需要满足防腐蚀的要求，按照每年 0.2mm 的腐蚀量计算，以 50 年为设计年限，要求在 50 年后其抗拉强度仍能满足要求。

**3. 应用范围及前景**

抱箍式快速连接管桩适用于对接头可靠性要求较高或有抗拔要求的水工建筑物及其他工程领域的基础工程。

抱箍式快速连接管桩具有生产制作方便，施工简单易操作，接头质量稳定可靠及接桩时受环境影响较小等特点。未来将进一步针对接头的材料性能提升、连接方式等进行优化，降低连接件自重、简化施工，提升施工效率和综合经济性。

大量的物理试验、数值分析及现场工程应用表明抱箍式快速连接管桩安装便捷、连接可靠、经济性好，对于重要工程、有水平受力或抗拉要求的水利工程可推广应用，市场前景广阔。

持有单位：建华建材（中国）有限公司
单位地址：江苏省镇江市润州区冠城路 8 号工人大厦
联 系 人：邬希侁
联系方式：0511－85098575、15211321123
E－mail：164893137@qq.com

## 178 装配式混合配筋管桩护岸

**1. 技术来源**

其他来源。

**2. 技术简介**

混合配筋管桩是一种新型的采用预应力钢筋和非预应力配筋混合配置方法制造的预应力混凝土管桩，发挥两种不同力学性能钢筋的优势，改善了预应力混凝土管桩的受力性能，是一种性能优异、适应性强、环保耐久的预制混凝土产品，并通过抗震性能试验以及大量支档工程应用实践得以验证。

从制造工艺来说，其离心和蒸压养护工艺使混凝土更加密实，混凝土强度提高，成桩质量可靠，具有良好的抗施打能力；从钢筋配置方式来说，预应力钢筋可保证管桩的抗裂性能，保证工程的耐久性，且配筋率的增加对抗裂性能有一定的提升，同时增加的非预应力钢筋，使桩身配筋率增加，并利用非预应力钢筋的塑性和韧性，提高了预应力管桩的桩身水平承载力、抗剪性能和工作延性。

**技术指标如下：**

高延性、高韧性、高抗变形能力的混合配筋预制混凝土管桩，可应用在各类复杂高烈度地区的边坡支档工程中。创造性提出的采用混合配筋方法设计制造预应力混凝土预制桩，显著提高了离心预应力管桩的桩身水平承载力、抗剪性能及位移延性。与同型号管桩相比，混合配筋预应力混凝土管桩（PRC）抗裂弯矩提高 5％～10％，工作条件下裂缝宽度降低 50％；截面抗弯承载力平均提高 28％；位移延性提高 30％～50％，抗震性能更优。与同直径、同配筋率、同性能的灌注桩相比，预制桩所用混凝土体积及用钢量减少 30％～55％，节约工程建设周期约 30％，无泥浆排放，高效环保。

**3. 应用范围及前景**

该技术适用于水利、市政、工业与民用建筑、港口、铁路、公路等工程领域的边坡、护岸的支护结构。

目前对混合配筋管桩护岸支护桩的抗弯、抗剪承载力及位移延性已有较为深入的研究，未来将针对其在复杂地质及环境下的沉桩工法、支护型式等问题展开进一步的研究，不断拓展应用范围。

混合配筋管桩护岸已经在边坡加固、河道整治和引调水等大中型水利工程中广泛使用，并取得了良好的经济和社会效益。

持有单位：建华建材（中国）有限公司
单位地址：江苏省镇江市润州区冠城路 8 号工人大厦
联 系 人：邬希俊
联系方式：0511－85098575、15211321123
E－mail：164893137@qq.com

## 179 复杂岩溶精细勘查与智能识别关键技术

**1. 技术来源**

其他来源。

**2. 技术简介**

该技术针对长线路复杂岩溶高效精细勘察，提出了复杂岩溶类型定量评判指标及智能识别技术，形成了一套岩溶等不良地质体精细勘察的关键技术体系。先后应用于 14 项武汉市轨道交通岩溶专项勘察工作中，实现了复杂岩溶勘察与检测从粗略、低效到精细、高效的跨越。

**技术指标如下：**

（1）检测系统：梅花状布孔，一孔发射、多孔接收，可将长线路工程岩溶勘察数据采集效率提升至 48 倍。

（2）检测装备：CT 多发多收探测装备，可实现单一剖面上 8 个换能器间序发射、8 个换能器同时接收的并行采集，将数据采集效率提升 8 倍。

（3）反演理论：采用二维复杂结构三角网射线追踪全局方法，解决了非规则网射线追踪中波前面刻画困难的难题，射线追踪误差不超过 0.028%。

（4）岩溶定量评判：岩溶"绝对值指标"（电磁波视吸收系数＞0.4Np/m）。

（5）岩溶"相对值指标"（电磁波视吸收系数比背景值大 03～0.4Np/m）。

（6）异常识别与提取：影像与实体空间的关联特征点的映射矩阵多剖面异常融合规则及算法。

**3. 应用范围及前景**

岩溶地区的水利水电工程勘察、城市地铁岩溶勘察，可推广用于公路、铁路、引调水工程等岩溶不良地质体勘察。

该技术可融合 BIM 信息化技术，实现与工程设计、施工更加紧密的结合，更好地指导施工，规避风险，防止出现盾构机卡机等问题；通过施工过程的开挖验证大数据分析，总结出适用于不同岩溶地区岩溶发育的普遍性规律。可推广应用于城建、交通、航空、码头、国防等工程的岩溶勘察。

持有单位：长江地球物理探测（武汉）有限公司

单位地址：湖北省武汉市解放大道 1863 号 24－1 栋

联 系 人：苏婷

联系方式：027－82926243、13657261592

E－mail：suting@cjwsjy.com.cn

# 180 超高海拔复杂地质环境水利枢纽及灌区工程地质勘察关键技术

**1. 技术来源**

国家计划。

**2. 技术简介**

超高海拔地区工作条件恶劣，地形地质环境复杂，工程勘察面临更大更多困难。为增加工效、避免安全风险、提高成果质量，创新了成套工程地质勘探、测试、分析技术和方法。

（1）发明了变角度倾斜钻孔新技术，避免了常规水上钻探中存在的安全与工期风险，节省人物力和经费投入，解决了在峡谷急流河道通过钻探探查覆盖层的难题。

（2）发现了结构面发育规律性、渗透能力各向异性及压力传递作用的关联特征，研发了多用途压水连通试验方法，可实现测定岩体渗透性和查明岩体承压水赋存状态、水力联系等多用途，提高了工效。

（3）提出了盐渍土和软岩等特殊岩土试验两种新方法，土壤毛管水上升高度现场试验新方法克服了现有相关方法的不足，真三轴原位试验方法对复杂应力状态和应力路径下的软岩力学试验具有良好适应性。

（4）提出了富水软岩长隧洞围岩分类综合优选法，解决了现行标准中围岩工程地质分类不适用于软岩的问题，建立精细化围岩分类原则，提高了软岩围岩分类的准确度。

**技术指标如下：**

本成套关键技术源于西藏拉洛水利枢纽及配套灌区工程（国家 172 项节水供水重大水利工程），取得的全阶段地质勘察成果被业主和设计单位采纳，经施工开挖检验表明前期勘察成果准确。

变角度倾斜钻孔新技术可达到常规水上钻探的 100％精度，且可完全避免水上作业及工期风险。通过多用途压水连通试验方法，准确评价了相对隔水岩层中裂隙承压水特征。分类综合优选法提高了富水软岩长隧洞围岩分类的准确度 20％以上。土壤毛管水上升高度现场试验新方法提高了试验结果的准确度，据此圈定受盐渍化危害的土地面积可减少约 1/3。

**3. 应用范围及前景**

该技术应用于水利工程勘察、水力发电工程勘察、岩土工程勘察等。

该成套关键技术对超高海拔复杂地质环境工程地质勘察工作具有良好适应性，推动了行业技术进步。从地域和行业而言，关键技术已在西藏东部、中部到西部的广大范围内均得到应用，也从水利行业推广到水电能源行业。其中，部分关键技术已应用于其他超高海拔地区的水利工程（如西藏西部阿青灌区），部分关键技术还推广到水电能源行业（如西藏东部扎拉水电站装机容量1050MW、西藏中部索朗嘎咕水电站装机容量 280MW），呈现出广阔的应用前景。

---

持有单位：长江岩土工程有限公司、长江勘测规划设计研究有限责任公司

单位地址：湖北省武汉市江岸区解放大道 1863 号

联 系 人：黄振伟

联系方式：027 - 82829512、18502772107

E - mail：434305107 @qq. com

## 181 引水隧洞智能地质素描与不良地质识别技术

**1. 技术来源**

省部计划。

**2. 技术简介**

该技术基于隧洞不良地质及其影响区内存在图像、元素和矿物异常，且与不良地质类型、性质等存在内在联系这一基本原理，结合大数据和智能学习等新一代信息技术，最终形成了一套系统的隧洞智能地质素描与不良地质识别技术。具体包括：隧洞围岩全景成像技术、围岩裂隙识别技术、岩性与不良地质智能识别技术，实现了隧道内地质分析由定性分析到定量化智能识别的跨越。

**技术指标如下：**

（1）可同时识别多种不良地质类型，包括断层、岩溶、蚀变带、富水地层等，不良地质体规模 $2m^3$ 及以上，识别准确率＞60％。

（2）每个隧洞断面的图像采集数量不低于 8 张，每个隧洞断面的全部图像采集时间不超过 1min，每个断面的图像拼接不超过 2min。

（3）裂隙智能识别速度不低于 10FPS，基于图像的岩性识别速度不低于 20FPS，基于图像和元素信息融合的岩性识别速度不低于 10FPS。

（4）可满足隧洞 270°全覆盖探测，地化成分数据获取时限不超过 3min/条，持续待机上千小时。

**3. 应用范围及前景**

该技术适用于隧洞及地下工程施工中的围岩地质素描和不良地质识别，以及工程勘察、资源勘查等领域的地质分析。

通过隧洞地质素描和不良地质识别对灾害做出预警，是隧洞建设灾害防治的有效手段。

未来十年，与隧（洞）道有关的基建是国家重点投资的领域。本项目技术实际应用效果良好，市场推广应用前景广阔。

持有单位：新疆额尔齐斯河投资开发（集团）有限公司、山东大学、水利部南水北调规划设计管理局

单位地址：乌鲁木齐市水磨沟区安居南路 197 号

联 系 人：赵向波

联系方式：0991－5989965、15276853181

E－mail：191498558@qq.com

# 182 水利水电工程三维地质勘察系统

## 1. 技术来源

其他来源。

## 2. 技术简介

水利水电工程三维地质勘察系统，集成3S、无人机倾斜摄影、移动通信、工程数据库、三维地质建模、人工智能等现代信息技术，形成了"1＋3＋5＋N"的技术体系，即"1个系统"（水利水电工程三维地质勘察系统），"3大模块"（三维数字化采集模块、数据中心模块、三维地质建模及出图模块），"5个软件"（三维数字化采集、数字化地质测绘、三维地质信息数据库、三维地质建模、三维地质出图），"N个应用"（水利水电工程、灌区、引调水工程、市政交通等）。

技术指标如下：

（1）基于三维实景场景的"数字化地质测绘技术"，推动了工程地质测绘技术发展。

（2）构建了多源异构的地质数据管理体系，为建立工程地质领域三维数字化工作的标准化体系参考。

（3）基于数据驱动的三维地质建模方法，采用优化的网格曲面生成算法、二三维联动等技术，实现了地质信息模型（GIM）的快速构建。

## 3. 应用范围及前景

该系统以服务水利水电工程为主，并可拓展到市政、交通、水运、新能源等行业的工程地质勘察工作中。

系统将增加物探、试验等模块，进一步完善属性建模及出图功能，便于地质工作者及设计人员更好了解工程地质条件，同时为实现"地质一张图"打下基础。

系统已在公司内部全面推广应用，同时有10余家设计、施工等单位在30余项工程中使用了本系统，应用效果和推广前景好。随着系统的逐步开发完善，未来的推广将面向水利行业及设计专业人员，力求推动整个行业与信息化技术深度融合、促进工程勘察设计行业数字化转型。

持有单位：中水北方勘测设计研究有限责任公司
单位地址：天津市河西区洞庭路60号
联 系 人：汤慧卿
联系方式：022－28702802、18622416283
E－mail：tanghq@bidr.ac.cn

# *183* 区域中小型水库大坝安全监测与智能预警系统

**1. 技术来源**

国家计划。

**2. 技术简介**

采用分布式测量通信系统，融合 RS485/GPRS/Wi‐Fi/蓝牙/Lora/NB‐IOT/北斗等多种通信模式搭建信息传输模式；基于 NET MVC 及 Swagger 技术，构建安全数据库仓储、单元模型及 Web API 接口；利用对象映射、代码生成等模块建立业务可复用组件，形成一站式开发框架；采用网络模型训练与跟踪自编码器实现监测数据缺失值动态填补，利用数值计算和模拟构建分级预警指标。

技术指标如下：

（1）基于物联网与传感器技术，构建了集视频图像、传感器、巡检终端为一体的信息感知方式，融合 RS485/GPRS/Wi‐Fi/蓝牙/Lora/NB‐IOT/北斗等多种通信模式，研发了可智能识别、抗干扰和适宜性强的信息传输模式。

（2）基于 NET MVC 技术，融合 EF 和 Dapper 模式，搭建数据仓储及单元模型，研发面向不同业务需求、高度可扩展的 Web API 接口，建立了可快速搭建数据汇聚、信息交互及发布等业务功能的灵活可变的一站式开发框架。

（3）采用网络模型训练与跟踪自编码器，建立了监测数据缺失值动态填补的处理方式，构建了集规范法、粗差法、小概率法及置信区间法于一体的分级预警指标。

**3. 应用范围及前景**

该系统适用于"十四五"规划要求内中央补助、省市县级财政及其他投资方式的区域中的小型水库安全监测建设项目。

我国 99% 以上的水库为中小型，存在建设标准低、质量差、隐患险情多等问题，具有位置偏僻、数量多、分散等特点，观测采用人工采集，频次低且人员专业性不高，管理不便。"十四五"期间总体推进实现小型水库安全监测系统建设，汇集应用省级监测平台和部级监测平台。因此，在部级监测平台框架下，本成果可推广应用到其他省市县的区域中的小型水库监测平台建设中，推广应用前景广阔，社会、经济、生态和环境效益巨大。

持有单位：水利部交通运输部国家能源局南京水利科学研究院、南京瑞迪水利信息科技有限公司、温岭市农业农村和水利局

单位地址：江苏省南京市广州路 223 号

联 系 人：马福恒

联系方式：025‐85828186、13809037363

E‐mail：fhma@nhri.cn

## 184 西南水电基地"梯级调度—干支调配—灌排调剂"协同保障技术

**1. 技术来源**

国家计划。

**2. 技术简介**

通过西南水电基地的流域水资源、能源、粮食以及社会经济、地理环境等基础资料和数据的整理与分析，系统分析拆解和划分水资源流过程、能源流过程、粮食流过程，解析西南水电基地流域三种资源约束性、关联性、矛盾性和协调性的互动关系。在资源纽带作用的基础上，依据数据同化、多目标优化、评估与调度等方法，发展了面向水电可持续利用的水资源梯级调度—干支调配—灌排调剂的水—能源—粮食协同保障技术，保障西南水电基地的水电可持续利用水平得到提升。

**技术指标如下：**

（1）河流生态流量确定。该技术提出了一种改进的生态流量计算方法，具有一定的合理性。基于月平均流量（MMF）的特定百分比将河道栖息地定性描述为 6 个级别，分别为差、适宜、好、非常好、极好和最佳，对应平均生态流量分别为 14.58%、43.75%、53.75%、63.75%、73.75% 和 83.75%MMF。

（2）梯级水电站联合发电。该技术运用多目标优化方法，从发电与生态矛盾关系出发，考虑雅砻江干流生态流量保障现实需求，构建梯级电站发电—生态流量协同优化调度模型。发电方面主要考虑梯级发电量和发电保证率目标，生态方面主要考虑生态流量保证率目标。

**3. 应用范围及前景**

该技术适用于西南水电基地流域水资源协调配置保障和梯级电站中长期调度运行管理工作。未来研究或应用的发展方向：

（1）大尺度下水电可持续发展与水—能源—粮食协同安全的关系。

（2）变化环境下水—能源—粮食纽带关系研究。

（3）新时代背景下水电开发绿色发展模式。

水电作为清洁、绿色能源，在节能减排、碳中和中扮演着重要角色。本技术以流域、系统为视角，基于水—能源—粮食纽带关系理念，实现典型水电能源基地水—能源—粮食协调配置及保障，未来可推广至我国其他水电基地。

持有单位：水利部交通运输部国家能源局南京水利科学研究院

单位地址：江苏省南京市广州路 223 号

联 系 人：贾本有

联系方式：025－85828296、15950574091

E－mail：byjia@nhri.cn

## *185* 水力拦导集收漂浮物与水面安防技术

**1. 技术来源**

其他来源。

**2. 技术简介**

依据河势、枢纽布置、漂浮物特性，设置设施（装备）利用自然或工程水力，以点控线控面拦截、引导、收集（或排收）、清运一体化，过程中水漂分离。系列技术设施适应规律、治漂及安防要求，安全高效可控。

技术指标如下：

（1）浮排单肢约 500m 直线串联，单节长宽吃水（24～48）m×（2～3.5）m×（0.6～1.1）m，走道宽 1～2.5m，单位重量 300～650kg/m，约 50％浮重，导漂角 40°～70°，系缆锚 5～40t，水深 150m 内流速 3m/s、水位变幅 2m/h，来漂量超 50m³/d。

（2）浮闸室长宽吃水（12～24）m×（3～6）m×（2～3）m，单网量 10～30m³，收漂周期 0.5～1h，单闸清量 1500m³/d，多闸增量。

（3）网栅分层收漂物潜物，过栅流速 1m/s，水头损失 0.5m 以内，单网量 5～10m³，周期 0.5～1h，一进口清量 300m³/d。

（4）收漂闸前后闸控制排漂水深约 3m，流速 3m/s，单网量 5～10m³，清量 500m³/d，耗水 1：（2～5）。

**3. 应用范围及前景**

该技术适用于来漂量超 50m³/d、3m/s、流向较稳、水位变幅 2m/h、失控船、大树至藻类、配吊车船、斧锯耙等器具。

漂浮物治理是水利工程普遍存在的难题、痛点，改善方式具有多方面实用价值。

水力一体拦导集收运排漂符合规律和工程运行操作需要。采取的主要方式经多种极端条件检验，与具体工程条件相结合进一步完善后，可安全高效可控地改善各类工程各类漂浮物难题，节省设施投资、适应水面环境、减少操作环节、降低运行维护成本、提升工程多方面综合效益显著。为枢纽水面防恐等安防需要提供条件，保障工程安全运行。

持有单位：长江水利委员会长江科学院

单位地址：湖北省武汉市黄浦大街 289 号

联 系 人：蔡莹

联系方式：027－82828073、18164038396

E－mail：583547969@qq.com

# 186 复杂结构岩体变形破坏模式与灾变分析系统

**1. 技术来源**

其他来源。

**2. 技术简介**

针对多尺度结构面交错组合控制下的复杂岩体结构系统在结构面信息采集与处理、岩体三维特征分析和复杂结构岩体灾变模式分析处理等方面存在的技术难题,构建了复杂结构岩体变形破坏模式与灾变分析系统。

**技术指标如下:**

该项技术能够高效、客观、准确地进行结构面信息采集与处理、岩体结构特征分析和复杂结构岩体的破坏机理分析,主要技术指标如下:

(1) 结构面信息采集与处理技术使得结构面采集不受地形影响,采集时间缩短90%,结构面识别覆盖率达70%,处理速度提升70%,误差小于10%。

(2) 岩体三维特征分析技术提高了三维裂隙网络模拟的效率和精准度,完善和发展了岩体等效参数的计算理论,模拟时间节省70%,成果精度提高了30%。

(3) 复杂结构岩体灾变模式与分析技术填补了国内外该领域的空白,完善了坝基岩体的破坏理论,推进了岩体等效结构模型与力学分析的技术水平。

**3. 应用范围及前景**

该项技术或其中的单项技术适用于岩土工程、地质工程的勘察、设计、施工及管理工作。

该项技术已成功应用于多个中大型工程,在岩质坝基/坝肩、岩质边坡、地质灾害等方面取得了良好的应用效果,对保证工程安全运行、发挥工程效益起到巨大作用,获得了业主单位的一致肯定。目前正值我国基础建设的高速发展时期,随着国内外各类大型工程的不断建设,技术可推广应用至岩土工程、地质工程的勘察、设计、施工及管理等工作,有着重要的推广应用价值和行业指导作用,具有广阔的应用前景。

持有单位:中水东北勘测设计研究有限责任公司
单位地址:吉林省长春市工农大路888号
联 系 人:陈立秋
联系方式:0431-85092083、15526898695
E-mail:10503275@qq.com

## 187 土石坝白蚁绿色综合防控技术

**1. 技术来源**

其他来源。

**2. 技术简介**

土石坝白蚁绿色综合防控技术坚持"生态优先、绿色发展"的理念，以打造工程安全的全生命周期白蚁防控长效机制为目标，确立了"以大坝安全为中心、绿色环保、分区管理、分级控制、综合治理、持续控制"的全新防控策略。结合工程结构特点和白蚁生物生态特性，将工程白蚁防控区划分为禁止区、严控区和控制区三个区域，并科学制定差异化的防控质量控制标准；因地制宜运用监测控制、灯光诱杀、物理屏障、生物防治等多种绿色防控技术进行综合治理；利用灯光诱杀控制种群空中分飞，利用监测装置控制白蚁地表蔓延，对大坝核心区实施 24 小时全天候的白蚁自动化监测，建立"对内防扩散、对外防入侵"的立体防控网络；科学使用高效低毒低残留药物，最大限度减少化学药物的使用，以获得最佳的社会、生态和经济效益。

技术指标如下：

（1）禁止区包含土石坝坝顶和上下游坝面，该区域不允许白蚁存活，蚁患率控制目标定为 0。

（2）严控区以大坝禁止区边界为起点，左右岸、上下游各向外延伸 50～500m，白蚁低密度地区的蚁患率控制目标为 1％以内；中密度地区的蚁患率控制目标为 2％以内；高密度地区的蚁患率控制目标为 3％以内。

（3）控制区以大坝严控区边界为起点，四周向外延伸 500～800m，若周围有山体树林，可外延至 1000m，该区域允许白蚁存活，但要加强防控，白蚁低密度地区的蚁患率控制目标为 2％以内；中密度地区的蚁患率控制目标为 4％以内；高密度地区的蚁患率控制目标为 6％以内。

**3. 应用范围及前景**

该技术不仅适用于土石坝等水利工程白蚁防治，也可推广应用于房屋建筑、文物古建、园林绿化等行业白蚁防治。

我国建设的 9.8 万座大坝中，92％以上是土石坝。"千里之堤，溃于蚁穴"。随着气候变暖，白蚁活动范围及危害程度呈加剧趋势，危害范围由南向北逐步扩展，江苏、浙江、安徽、河南等18 个省市现已发现大面积水利工程白蚁危害。水库大坝作为水生态体系和美丽河湖建设的重要载体，必须坚持"生态优先、绿色发展"的理念，土石坝白蚁绿色综合防控技术具备在水利工程推广应用的价值，进而推动整个水利行业白蚁防治模式转型升级。

持有单位：黄河水利水电开发集团有限公司
单位地址：河南省济源市小浪底水利枢纽管理区
联 系 人：蔡勤学
联系方式：0379 - 63898617、13838891670
E - mail：caiqinxue@xiaolangdi.com.cn

## 188 水利工程变形安全机器视觉动态精细感测技术

### 1. 技术来源

国家计划。

### 2. 技术简介

机器视觉主要通过计算机来模拟人的视觉能力,识别视觉信息。机器视觉智能测量系统基于机器视觉测量技术,结合物联网、智能灾变识别算法等技术,利用机器视觉对水工结构物表面的位移进行监测,采用摄像设备将被监测的目标物进行图像信号采集、图像系统处理、数字信号转换,最后通过各种图像处理技术和图像算法获得目标的变形。

机器视觉智能测量系统由机器视觉智能测量仪、靶标、数据采集与传输系统、数据管理平台组成。该系统可对水工建筑物(大坝、堤坝、渡槽、边坡)的表面位移进行高精度连续监测,监测精度可达毫米级。进行监测时,在相对结构物稳定的位置安装机器视觉智能测量仪,在待测结构物上布设若干靶标,机器视觉智能测量仪识别结构物上的靶标图像,当被测结构物发生平面位移时,靶标坐标随之变化,通过内置的图像增强边缘计算软件将图像转化为二维位移数据,从而测量到被测物的水平与垂直双向位移。

技术指标如下:

(1)提出了水库大坝变形安全机器视觉动态精细感测技术方法。

(2)机器视觉装置:测点数不少于 5 个;采样率不低于 0.5Hz;分辨率:1/100000FOV(视场范围);精度:±1/50000FOV(±0.2mm@10m 视场)。

(3)机器视觉镜头:变焦镜头,可灵活调整视场大小,以适配靶标点数与精度要求;AI算法自动修正转角及距离影响,无需测距与调平。

(4)测量距离:0~400m(可定制)。

(5)通过机器视觉数据处理技术,可以达到 24 小时连续无间断的实时监测坝体和边坡变形。

### 3. 应用范围及前景

机器视觉智能测量系统适用于水利水电工程,包括大坝、水闸、进泄水建筑物、涵洞等结构的表面位移实时监测。

机器视觉测量系统是基于机器视觉测量技术,结合物联网、智能灾变识别算法等技术形成的一套智能化系统。采用非接触式测量,通过数字图像相关技术实现水利水电基础设施结构变形的亚像素级测量,具有实时性高、精度高、安装方便、监测成本低等优势。目前该系统在水工建筑项目中的应用效果良好,可为大坝等各类工程的安全运行提供变形数据指导,有效提高水利行业结构物灾变风险的防范和应急处理的能力。监控工作者可以对大坝变形情况进行实时远程查看,关注异常数据,保证大坝健康运行,使水利水电工程的安全监测工作真正实现数据管理的可视化和安全预警的智能化。

持有单位:河海大学、上海同禾工程科技股份有限公司

单位地址:江苏省南京市鼓楼区西康路 1 号

联 系 人:陈波

联系方式:025-83787909、13913939498

E-mail:chenbo@hhu.edu.cn

## *189* 地下输水隧洞渗漏高精度无损探测及快速一体化修复技术研究

**1. 技术来源**

其他来源。

**2. 技术简介**

我国城市输水主干网一般采用大埋深隧洞方式输水，具有埋深大（埋深 10～300m）、输水口径大（直径 2～30m）、输水压力大（水压 0.5～5MPa）等特点。因客观原因，现有输水管道上部土地基本没有征用，其上部有居民区、公园、工厂、湖泊、道路、学校等建筑物。荷载变化和社会活动，造成城市输水隧洞渗漏问题频发，需及时进行不定期探测，杜绝工程风险。输水隧洞属国家重要工程，一般不能停水检修，发现渗漏问题后，难以用正常修补材料和技术修补。因此，大深度无损检测以及不停水修补输水隧洞渗漏均属世界难题。

**技术指标如下：**

（1）研究分析国内外现有 70 多种主流无损探测技术，筛选出了适合大埋深的 3 种设备，升级改造后显著提高其检测能力和精准度。

（2）自主研发数据融合模型和评估软件系统，实现这 3 种数据综合分析与研判。

（3）自主研发"混凝土防渗堵漏材料"及一体化修补技术。

**3. 应用范围及前景**

该成果通过在新疆引调水输水隧洞、南水北调北京段输水隧洞的多个标段的检测，经验证准确率均达到 100%。查新表明该成果在国内外属首次在输水管道不停水、不破坏前提下，实现在上部地面探测深度 300m，精度 1m，探测速度 2.0km/h。在渗漏修补方面应用效果表明，混凝土防渗堵漏材料绿色安全有效，未造成环境污染。该技术成果完全自主可控，为我国战略工程质量和信息安全提供重要保证。

持有单位：水利部河湖保护中心、中地装（重庆）地质仪器有限公司、中北通科技信息有限公司、不二新材料有限公司、长沙盾甲新材料科技有限公司

单位地址：北京市海淀区玉渊潭南路 3 号 D 座

联 系 人：李鑫

联系方式：010－63207637

E－mail：yuesongtao@mwr.gov.cn

## *190* 管片拼装式大口径管道非开挖修复技术

### 1. 技术来源

其他来源。

### 2. 技术简介

管片拼装式大口径管道非开挖修复技术，属于管片内衬技术的一种工艺，引进日本的相关技术研发而成，是适用于大口径管道修复的内衬技术。管片拼装式大口径管道非开挖修复技术采用管内组装模块的方法，非开挖修复破损的下水管道。该技术采用的主要材料为 PVC 材质的模块和特制的灌浆料，通过使用螺栓将塑料模块在管内连接拼装，然后在既有管道和拼装而成的塑料管道之间，填充特制的灌浆料，使新旧管道连成一体，达到修复破损管道的目的。

**技术指标如下：**

对于圆形管，根据下水道钢筋混凝管外压试验，采用管片拼装式大口径管道非开挖修复技术修复后的复合管达到并超过了新钢筋混凝土管的强度。对于非圆形（矩形）管，由于有工厂预制产品和现场浇筑产品两种，因此采用对比再生管和新管的设计值来评价复合管的破坏强度。外压试验的结果确认了修复后复合管的破坏强度大于修复前的新管破坏强度。另外，修复后复合管的破坏强度大于新管的强度设计值，从而确认了复合管具有新管同等以上的强度特性。

### 3. 应用范围及前景

该技术适用于管径 800～5000mm 的圆形、1000mm×1000mm～1800mm×1800mm 的矩形或马蹄形钢筋混凝土管、玻璃钢夹砂管的非开挖修复。

持有单位：北京金河水务建设集团有限公司、杭州诺迪克科技有限公司、北京金河生态科技有限
　　　　　公司

单位地址：北京市昌平区昌平路 84 号

联 系 人：张关超

联系方式：010－60776612、18001385096

E－mail：791267351@qq.com

## 191 原位热塑成型管道非开挖修复技术

**1. 技术来源**

其他来源。

**2. 技术简介**

高分子材料的热塑成型技术自高分子材料发明之后，被广泛地应用于各个领域。本技术是在工程现场中应用热塑成型工艺将工厂生产的衬管安装于待修管道的内壁。衬管的强度高，可单独承受地下管道所有的外部荷载，包括静水压力、土压力和交通荷载。有些产品可以应用于低压压力管道的全结构修复。由于管道的密闭性能卓越，在高压管道的母管强度没有严重破坏的情况下，可以用于高压压力管道的修复。

技术指标如下：

从理论上讲，热塑成型衬管材料需要在材料刚性和柔性之间找到一个特殊的平衡点。在较高的温度下，材料要求能够体现出很好的柔韧性。一个重要的实验就是在管道生产出来后进行膨胀实验，管道需要最少可以膨胀 10%，理想为 40%～50%。而刚性方面则体现在正常工作温度下，材料的物理特性符合以下要求：

（1）弯曲弹性模量（23℃）＞2000MPa。

（2）弯曲弹性强度（23℃）＞30MPa。

（3）拉伸弹性模量（23℃）＞1100MPa。

（4）拉伸弹性强度（23℃）＞25MPa。

（5）材料曼宁系数：0.009。

同时，材料要通过在排水管道中常见的各种化学成分的抗腐蚀测验，从而可以用于排水管道的修复。应用于给水管道的材料要通过饮用水健康标准测试，从而可以用于给水管道的修复。

在管材的生产过程中，需要经过常规挤塑管材质量监控实验，如丙酮浸泡、反加热等，然后通过观察实验后的样品来确定挤塑生产质量。

在施工完成后，要检查安装的衬管内壁是否有任何裂缝或破口。

同时检验衬管和母管之间的贴合程度。衬管的样品可以送交第三方检测部门进行材料物理特性的检验。

**3. 应用范围及前景**

母管管材不限，可应用于任何材质的管道修复、部分产品可适用于饮用水修复、可应用于管道管径有变化的管道修复、管道接口错位较大的管道修复、有 45°和 90°弯转的修复、接入点难于接近的管道修复、动荷载较大，地质活动比较活跃的地区的管道修复、交通拥挤地段的管道修复。

持有单位：北京金河水务建设集团有限公司、北京金河生态科技有限公司

联 系 人：张关超

单位地址：北京市昌平区昌平路 84 号

联系方式：010－60776612、18001385096

E－mail：791267351@qq.com

# 192 水利工程标准化管理平台

**1. 技术来源**

国家计划、其他来源。

**2. 技术简介**

南瑞水利工程标准化管理平台采用 B/S 技术路线，运用数据级权限管理、可视化表单编辑器、工作流管理等关键技术开发完成，功能主要包括综合事务、设备管理、调度运行、检查观测、水政管理、安全管理、管理驾驶舱以及移动客户端。

**技术指标如下：**

江苏省软件产品检测中心于 2022 年 4 月 21 日，根据《系统与软件工程软件与软件质量要求和评价 第 51 部分：就绪可用软件产品的质量要求和测试细则》（GB/T 25000.51），对软件产品进行了检测。

作为水利工程标准化管理平台软件，能独立运行在 Windows、Linux/Unix 平台，支持 SQL Server、ORCALE、Mysql 等关系型数据库，采用 B/S 架构。主要功能包括：综合事务、设备管理、调度运行、检查观测、水政管理、安全管理、项目管理等。软件适用于水利行业。

检测结论：

在给定的测试环境下，软件运行稳定，功能可以实现，用户手册描述完整，达到软件产品检测要求。

**3. 应用范围及前景**

该平台适宜推广应用至水利枢纽、闸（泵）站、水库、灌区、引供水、区域性水资源调配等水利工程。

水利工程标准化管理平台未来将以高通用性、便捷性、操作简单的全项目工程管理为研究方向，不断提升业务与新技术的融合，可适用于各类型水利工程管理业务，且具备高度可扩展性及灵活性。此技术可广泛地为多类型的水利工程项目提供精细化工程管理的手段。

综上所述，该软件具有较高的性能价格比，能产生较高的直接经济效益、间接经济效益和社会效益，市场前景广阔。

持有单位：国电南瑞科技股份有限公司

单位地址：湖北省武汉市洪山区珞瑜路 1037 号

联 系 人：谈震

联系方式：027－81087387、15996308770

E－mail：Tanzhen@sgepri.sgcc.com.cn

# *193* HNGE 一体化泵闸

**1. 技术来源**

其他来源。

**2. 技术简介**

一体化泵闸是公司研发的创新性引排功能建筑物，泵站和闸门合二为一，安装方便，迅速高效、投资经济又能达到防洪排涝目的。

关键技术说明如下：

（1）闸门孔口净宽比传统宽度提高 1 倍以上，河道过流能力相应比传统闸站提高。泵站和闸站一体式布置的结构使泵闸应用在排水工程上实现占地面积小、节约工程土建投资的功能。

（2）采用新型机电一体化排水设备闸门泵来代替传统的潜水轴流泵。闸门泵的电机结构为湿式定子的结构，属于零泄漏风险的密封结构，其重量轻，使得水工金属结构强度要求大大降低，泵闸设计更轻便。

（3）采用垂直式液压快速起闭的闸门系统结构，使闸站应对各种河道水位问题、事故的能力大大加强。该结构可以实现变速升降，而且液压式升降的稳定性和行程控制性非常高，配合控制系统可以实现极其便捷、可靠的行程和闸门的启闭控制。

（4）配备总系统控制中心，使机械系统、液压系统、电气系统、监测系统的数据集成至云平台，使用户、厂家、代理商及现场可实现实时监控。

**技术指标如下：**

（1）总规模流量：640～144000m³/h。

（2）闸门外观表面应光滑平整、无裂纹，色泽应均匀，无皱皮、起泡、流桂、针孔裂纹、漏涂等缺欠。

（3）水泵与闸门安装定位，无渗漏，启动水泵时应无明显的震动。

（4）闸门装有高压冲洗系统，关闸时对闸底及周边进行预先冲洗。

（5）闸门泵壳体密封试验，压力 0.2MPa，5min 无渗漏。

（6）控制系统应具有高低液位报警系统，气体超标报警。

（7）泵闸在运行过程中各运动机构动作应正确平稳，无异常声音。

（8）泵闸噪声≤72dB（A）。

**3. 应用范围及前景**

一体化泵闸适用于中低扬程的闸站工程，包括防洪排涝、河道治理、内河补水、市政工程、水利工程等。

随着经济发展和人民生活水平的提高，对生态环境保护的要求越来越高。能源供给的紧张，对节能提出了更高的要求。采用一体化结构设计，一体化泵闸系统高度集成化，占地面积只有传统闸站的 2/3，泵闸开启时的噪声基本可忽略不计，加上周边绿化的精心布设，可为使用河道增色不少。一体化泵闸建设将成为河道整治中的主流和发展趋势，其占地小、投资小、操作方便、运营维护方便等特点，具有较强的推广价值。

---

持有单位：华南泵业有限公司

单位地址：广东省广州市番禺区市桥街兴泰路 264 号 A 栋 1304 号

联 系 人：陈穗敏

联系方式：020 - 84889610、15625123452

E - mail：3084597941@qq.com

# 194 大型滑坡体监测系统

**1. 技术来源**

其他来源。

**2. 技术简介**

伴随国内外关于有限元技术的不断研究，公司核心团队于 2000 年研发完成了首个并行的 CAE 软件平台，不断进行推广应用，并在底层核心技术的基础上推出了服务员基础设施的数字孪生云奚平台，主要应用于建筑结构、桥梁工程、岩土工程、隧道、地铁、风电塔、城市内涝、城市管网等领域。目前边坡监测系统主要为地质灾害预警。

**技术指标如下：**

本系统应用的底层技术为自主研发的核心技术：非线性多物理场耦合仿真技术，该项技术与国外成熟软件（ABAQUS）计算结果差别小于 1‰。

实现边坡的实时监测，建立边坡综合预警体系。

监测设备技术指标：GNSS 平面精度 ± （2.5mm＋1×10⁻⁶D）；GNSS 高程精度 ± （5.0mm＋1×10⁻⁶D）；雨量计精度为 0.1mm；采样频率 30min。

**3. 应用范围及前景**

该项技术适用于铁路、公路边坡、水库库岸边坡、大坝、房建边坡、露天采矿边坡等多种场景。

持有单位：北京云庐科技有限公司
联 系 人：王婷婷
单位地址：北京市丰台区万丰路 316 号万开基地 A 座 4 层 A4－01 单元
联系方式：13811838826
E－mail：tingting.wang@ylsas.com

## 195 复杂环境水工程水下检测成套技术装备研发与应用

### 1. 技术来源

省部计划。

### 2. 技术简介

在国家重点研发计划"重大水利工程大坝深水检测及突发事件监测预警与应急处置"、行业标准《水库大坝安全评价导则》修订项目、重大工程科研长距离地涵水下检测与性能评估关键技术研究等系列科研项目的支持下，围绕 300m 级深水环境、100m 级深孔淤堵环境、500m 级长距离隧（涵）洞长闭环境等复杂环境下水工程水下检测等关键技术与装备，开展自主创新，形成了系列具有自主知识产权的原创成果。

**技术指标如下：**

（1）研发了具有自主知识产权的"禹龙"号大坝深水检测成套技术装备，攻克了载人潜水器在高山峡谷与限制空间水域水下动态悬停、立体巡线检测定位等深水检测关键技术，实现了大坝渗漏、裂缝检查、水下清洗、精准测量等检测功能，以及渗漏示踪、坝面附着物清理等大深度水下作业工具，首次提出针对深水检测载人潜水器大开孔载人舱（开孔比例超过 0.65）及大尺度观察窗设计方法。

（2）研发了集水下自行检查、清理淤积、疏通封堵等功能的 100m 级深孔泄水建筑物水下机器人"达诺 1 号（DreRo -筑）"，是水利水电工程水下建筑物日常维护、应急抢险的新装备，在作业环境、类型、功效上实现了重大技术突破，填补了国内外技术空白；研发了深水闸门水下爆破拆除与 100m 级切割技术、金属结构表面保护涂装新材料和新工艺，实现了深水环境下金属结构表面清理与涂刷；研制了水下爆破拆除与切割新技术、新工艺，实现了深水环境下闸门任意形状高效安全切割与拆除，为失效闸门有效提取和功能恢复创造了有利条件；配套制定了应急状态下闸门提取的系统解决方案。

（3）研发了水下混凝土结构无损检测适应性设备与技术，并开发了基于涵洞缺陷检测算法的智能检测系统，可实现水下缺陷的智能识别和量化，降低作业成本与风险。基于开发的涵洞缺陷检测算法的智能检测系统、DVL＋INS 导航系统及基于粒子算法的缆线姿态实时定位等定位方法，本成果将各种定位方式进行合理组合、互相补足，形成了高精度组合定位系统方案，提高了长闭环境下 ROV 的水下定位精度和可靠性。

### 3. 应用范围及前景

"禹龙"号大坝深水检测潜水器在水库示范应用期间安全高效的下潜作业，共计完成 28 次水下检测任务，充分证明该潜水器装备的高可靠性和工程实用性。该装备解决了当下大坝深水复杂环境检测作业难题，以及水工等相关专家亲临水下共同参与大坝疑难问题诊断的难题，形成了面向大坝深水检测的潜水器成套技术解决方案，并可推广应用到水下考古、观光、打捞、救援等领域，经济和社会效益显著、推广应用前景广阔。深孔自推进疏堵成套装备"达诺 1 号"通过搭载破碎、抽取、爆破切割、金属修复等作业设备，辅以配套工艺流程，形成深孔板结淤堵物破碎与抽取技术、深水闸门提取及水下爆破拆除与切割技术、深水金属结构修复技术，集成为一套针对大坝深孔建筑物各种类型淤积情况、各种淤积组成、深孔金属结构不同故障类型的综合处理方法和全方位系统解决方案，全面提升了特殊应急状态下的结构功能恢复能力。长距离涵（隧）洞水下检测与服役性能评估成套技术解决了我国在涵（隧）洞长闭环境下水下检测与服役性能评估中的技术难题，适用于水下能见度低、水下检查难度大、工程失事后果严重的长距离涵（隧）洞水下无损检测，对保障长距离涵（隧）洞水工程长效安全运行具有重要意义。

持有单位：水利部交通运输部国家能源局南京水利科学研究院、中船重工七〇二研究所、中国长江三峡集团有限公司、杭州华能工程安全股份有限公司

单位地址：江苏省南京市广州路 223 号

联 系 人：徐银风

联系方式：025 - 85828127

E - mail：yfxu@nhri.cn

## 196 基于 DEMINL 技术的水库大坝白蚁自动化监测预警系统

**1. 技术来源**

其他来源。

**2. 技术简介**

采用白蚁监测"电磁感应非环路通断系统"（DEMINL）技术。结合白蚁的生物特性，在信息棒中注入球形颗粒物，上置永磁体，与线路板上的磁性开关接近，当白蚁咬穿或吃食信息棒内部饵料达到一定量时，信息棒内球形颗粒物受重力作用而降落，同时永磁体的位置也随之下降，磁性开关也因磁力消失发生变化，从而确定白蚁的进入，在线实时报警。

**技术指标如下：**

（1）壳体模块使用时限达 10 年以上。

（2）信号采集模块实现模块 IP68 级防水封装，电池运行使用寿命 3 年以上。

（3）信号集中与传输模块支持单基站，通信可控距离 3000m 以上。

（4）管理软件平台：支持分级管理软件系统接收监测点信号、白蚁监测结果数据等信息。支持后台卫星图定位功能，支持手机报警提醒功能。

**3. 应用范围及前景**

该系统适宜在南方地区的土石坝、堤防、水闸等水利工程运行管理中推广应用。

根据国家统计局数据显示统计，截止到 2019 年，遍布全国各地的大中小型水库共有 98905 座，其中小型水库 94180 座，中型水库 3980 座，大型水库 745 座，95％以上为土石坝工程；全国防洪工程堤防长度为 32.7 万 km。由于白蚁主要分布在淮河以南地区，按全国水库、堤防、水闸总数的 60％来计算，可以得出预计全国水库白蚁自动化监测预警系统可每年节约运行成本数亿元，项目推广的经济效益和社会效益前景非常广阔。

持有单位：水利部交通运输部国家能源局南京水利科学研究院

联 系 人：刘成栋

单位地址：江苏省南京市鼓楼区广州路 225 号

联系方式：13813891386

E - mail：124395722@qq.com

## 197 通用化梯级水库群联合调度系统

### 1. 技术来源

国家计划。

### 2. 技术简介

采用面向服务的体系结构,构建基于模型—视图—控制器(MVC)的三层模式系统,通过设计通用化的水库调度类库以及开发功能完备的组态控件,实现流域水库群的自定义、快速添加,提高系统的可扩展性。针对流域、河道、水库的径流和洪水还现业务需求,提出通用化的梯级水库群联合调度系统内置流量演算功能,可根据梯级水库调度规则,通过流域梯级水库逐级调度模拟,快速有效地实现不同调度情景下任意流域任意水库的径流还现计算。

技术指标如下:

该技术设计一种通用化的梯级水库群联合调度系统,在综合考虑各类水库运行条件和规则的基础上,运用 GIS 技术,建立可视化的水库群网络拓扑结构,通过人工交互的方式录入水库基础信息,实现水库群发电调度和防洪调度的通用化功能。

该技术的应用为水库调度和水资源管理运行提供了功能齐全、通用性强的水库群调度模拟工具,相关成果已获得"一种通用化的水库群联合调度系统"发明专利(ZL201910560842.5)、"流域梯级水库群发电多目标调度系统"软件著作权(2019SR0176712)和"流域水资源调度评价系统"软件著作权(2019SR0177621)。

### 3. 应用范围及前景

该技术适用于在流域水资源管理和调度决策支持,可在水库运行调度及水利信息化领域进行推广。

该项技术未来研究或应用的发展方向包括水库群联合优化调度、水资源管理、水资源优化配置与调度、智慧水利中水资源管理与调配"四预"等方面。本技术提出的通用化的梯级水库群联合调度系统内置流量演算功能,能够快速实现梯级水库群通用化调度演算功能,具有较强的通用性和可扩展性,未来在水库调度方向可进一步推广应用于国内外其他河流流域,前景广阔。

持有单位:长江水利委员会长江科学院

单位地址:湖北省武汉市江岸区黄浦大街 23 号

联系人:吴江

联系方式:027 - 82926390、13477023901

E - mail:cky_wujiang@163.com

## 198 梯级电站短期发电智能优化调度技术

**1. 技术来源**

国家计划、省部计划。

**2. 技术简介**

该技术为一种基于可变结构深度学习框架的梯级电站短期调度优化方法，立足电站实际历史运行数据，构建基于长短期记忆网络的深度学习网络模型，挖掘实际运行过程中蕴含的内在规律，建立电站短期调度规则，将电站调度期初末水位、期间来水过程以及电站受电网负荷过程作为输入因子，电站时段末水位作为决策变量，使模型输出结果更适用于实际调度过程。

技术指标如下：

该技术设计了一种基于可变结构深度学习框架的短期调度规则提取方法，基于长短期记忆网络（LSTM）的深度学习模型，所得水位运行过程贴近实际运行过程，模拟精度达 95% 以上，计算效率由 1min 左右提高至 10s 以内，可为梯级电站短期优化调度提供支撑。

**3. 应用范围及前景**

该方法对水电站发电优化调度具有借鉴意义，且有利于开展水电站调度决策等工作。

该技术的思想与方法有着广阔的推广前景，包括长期水库调度决策、短期水位预测、智慧水利中的水资源调配等。基于 LSTM 构建的深度学习网络对时间序列下的输入变量—输出值的学习能力超群，可适用于各种流域，将在以后的水库调度和水资源规划等研究中发挥重要作用。

持有单位：长江水利委员会长江科学院

单位地址：湖北省武汉市江岸区黄浦大街 23 号

联 系 人：王永强

联系方式：027 - 82927277、15727062996

E - mail：wangyq@mail.crsri.cn

## 199 面向"河湖长制"的河湖岸线监测多模态信息融合分析技术

**1. 技术来源**

国家计划、省部计划。

**2. 技术简介**

围绕"河湖长制"管理需求和水域岸线动态监管技术瓶颈，本技术综合深度学习理论、网络爬虫及文本智能识别等大数据分析方法，构建多源影像疑似目标语义化在线分析智能识别模型，实时抓取互联网"河湖长制"监管事件多元化数据，开展数据清洗及结构化信息重构，分级分类识别事件情感倾向，通过影像—文本关联分析提取事件全要素信息，发布舆情预警，形成面向"河湖长制"的河湖岸线监测多模态信息融合分析技术体系。

**3. 应用范围及前景**

该技术适宜在人为活动频繁的城市河流和湖泊岸线管理、重点湖泊水环境监测方面进行推广使用。

未来的应用方向将着重于应用卫星遥感、无人机影像、地面监测视频、群智感知数据融合实现"大范围宏观监测——小区域精细化监测"高时空分辨率的岸线动态监测，以提高各地方河湖管理部门的监管效率。预期将在长江流域长三角地区、珠江流域珠三角地区、高原河湖区域等多地进行推广应用。

持有单位：长江水利委员会长江科学院

单位地址：湖北省武汉市江岸区黄浦大街 23 号

联 系 人：陈喆

联系方式：027－82926550、13971157166

E－mail：330408314@qq.com

## 200 湖库清淤与泥沙资源利用全流程实时监管技术

**1. 技术来源**

其他来源。

**2. 技术简介**

我国是世界上湖库数量最多的国家，然而受水土流失和人类活动影响，水库淤积问题非常突出，直接造成水库功能性、安全性和综合效益降低，并影响水环境和水生态。随着科技的发展、社会的进步，对泥沙资源属性认识的进一步加深，水库清淤与泥沙资源利用成为解决水库淤积问题的重要途径；而湖库清淤与泥沙资源利用目前尚存在着空间范围广、流程繁多、技术管控要求高、水行政主管部门缺少实时连续可视化精细化监管方法等问题。

技术指标如下：

位置：平面精度：±8mm；高程精度：±15mm 等；视频：360 度等；风速：范围：0～50m/s 等；流速：范围：0.01～10.00m/s；精度：±1.0％等；含沙量：范围：0.5～700kg/m³；分辨力：0.1kg/m³ 等；水质：pH（0～14）、电导率（1～2000μS/cm）、溶解氧（0～20mg/L）、浊度（0～100NTU）、温度（−50～50℃）等；管道压力：范围：0～40MPa；精度：±0.8％等；泥沙含水率：范围：0％～60％；精度：±2.5％等；AI视频：安全帽识别、救生衣识别、越界识别等；道路能见度：范围：5～10km；精度：5％等。

**3. 应用范围及前景**

该技术适用于湖库清淤、河道采砂、泥沙资源利用等相关领域，适用范围广，操作门槛低，系统稳定，监管效果好。

随着我国水利工程进入后工程时代，湖库淤积问题的日益加剧，水资源的紧缺，湖库清淤和泥沙资源利用成为解决当前困境的主要有效手段。为了科学、高效地开展生态清淤工作，研发了湖库清淤与泥沙资源利用全流程实时监管技术，该技术试验的成功开展，使得湖库清淤和资源利用可以在各级主管部门的监管之下，既满足实际的工程需求，又不至于乱采、乱挖等各种乱象丛生，实现了湖库开发治理的高质量发展，应用前景广阔。

持有单位：黄河水利委员会黄河水利科学研究院
单位地址：河南省郑州市金水区顺河路 45 号
联 系 人：许龙飞
联系方式：0371－66023988、13937182188
E－mail：301097659@qq.com

## 201 水利水电工程滑坡预警关键技术

**1. 技术来源**

其他来源。

**2. 技术简介**

围绕现有水利水电工程滑坡预警技术的不足，考虑浸水—潜蚀耦合作用对土体力学参数特性的影响，基于光滑粒子有限元大变形计算理论，对边坡稳定性进行动态评估与分析，从而可以实时预警预报。

**技术指标如下：**

（1）研发的试验设备，对比传统方案更加符合实际参数变化，经与勘察参数比对，精确度提高 15％以上。

（2）建立的基于粒子群优化的参数实时反演方法，目标函数误差为 0.1％时收敛迭代次数少于 20 次。

**3. 应用范围及前景**

该技术适用于水利水电工程滑坡灾害预警预报中，也可应用于水利水电工程建设、运行管理及防灾减灾等领域。

我国现有水库 9.8 万多座，极端天气频发，水利水电工程滑坡预警关键技术具有广阔的市场应用前景。

持有单位：珠江水利委员会珠江水利科学研究院、华南农业大学、广州珠科院工程勘察设计有限公司

单位地址：广东省广州市天河区天寿路 80 号珠江水利大厦

联 系 人：陈高峰

联系方式：020-87117188、15920179188

E-mail：Zkykjc@163.com

## 202 物理模型泥沙试验数控技术

**1. 技术来源**

其他来源。

**2. 技术简介**

针对感潮河段及河口水域受径流、潮汐交互作用，水动力环境多变，泥沙运动机理复杂，珠江水利科学研究院自主研发的物理模型泥沙试验数控技术包括流场采集系统、输沙量反馈系统、自动加沙系统、加沙管控制系统，通过耦合多个系统子集，集成综合控制终端，建立一套泥沙试验数控系统。

利用流场采集系统，通过跟踪粒子运动轨迹，对模型流场进行无接触测量，分析加沙断面沿程不同位置单宽流量随时间的变化过程，建立单宽流量-输沙量关系；利用输沙量反馈系统监测加沙断面来流方向水流的含沙量，分析计算来流的实时输沙量，实现对模型已有含沙量场的监控；再利用自动加沙系统分析 $t_i$ 时刻模型实际应加沙量＝$t_i$ 时刻输沙量－$t_i$ 时刻循环水中已有输沙量，向加沙泵群发出操作指令，控制 $t_i$ 时刻模型即时加沙量，精准控制加沙边界条件，实现模型含沙量和总输沙量相似；再利用流场采集系统进行模型流场分析，根据目标水域流速、流向变化，实现在涨落潮流向转变时，精确控制模型加沙的起止时刻；再利用加沙管控制系统，控制防虹吸装置，防止不加沙期间加沙管发生倒虹吸的加沙现象；同时，加沙管自净装置对加沙管进行有压、瞬击清洗，防止管孔堵塞。

**技术指标如下：**

物理模型泥沙试验数控技术研发集成了多项试验控制技术，大幅提升了泥沙模拟试验的自动化水平，提高了试验精度，保证了科研成果的质量，经过对系统的多次升级改进及实践应用证明：

（1）利用流场采集系统进行流场影像分析，流速测量精度在 8％以内。

（2）通过输沙量反馈系统、自动加沙系统的耦合计算和综合控制，加沙断面悬沙含沙量误差 ＜±2.6％，提高了试验精度。

（3）经试验验证，泥沙淤积试验的误差＜±10％；一个涨落潮周期内悬沙总输沙量误差＜ ±3.1％，节省模型沙 15％～30％。

（4）高度的自动化过程控制，减少人工投入和人为因素的干预，节约人工成本 25％～35％。

**3. 应用范围及前景**

该技术应用于径流、潮流作用下的河口物理模型悬沙试验，也可以用于单向流条件下的水工、河工泥沙试验。

该技术未来的研究方向是将泥沙试验数控系统作为一个模块，与常规的物理模型清水试验控制系统进行耦合，集成径流控制系统、潮汐控制系统、造波控制系统、泥沙试验数控系统，形成径、潮、浪、沙多因子相互作用下的典型水动力环境，适应于不同的科研、生产需求。

根据"节水优先、空间均衡、系统治理、两手发力"治水思路要求，对水的研究需有系统性，逐步研发水环境模块，促进学科融合，不仅在水利科研院校推广，而且延伸至水环境、水生态领域，有较好的推广应用前景。

---

持有单位：珠江水利委员会珠江水利科学研究院
单位地址：广东省广州市天河区天寿路80号珠江水利大厦
联 系 人：陈高峰
联系方式：020-87117188、15920179188
E-mail：Zkykjc@163.com

## 203 水库型水源地供水安全风险智能识别与管控技术

**1. 技术来源**

省部计划。

**2. 技术简介**

针对水库型水源地供水安全水量水质保障的痛点难点，运用物联网、移动互联、人工智能、遥感等技术，围绕水量安全、水质安全、设施安全、行为安全和标化管理等五大任务，提出了水源地供水安全综合指数，构建了高精度来水量预测、遥感水质反演、供水安全实时感知、违规行为智能识别与水源地保护应急处置等子场景，建立"天—空—水"立体化人机智能感知体系、供水安全风险评估模型体系，健全供水安全风险高效应急处置机制，形成了水库型水源地供水安全风险智能识别与管控技术。

**技术指标如下：**

该技术构建了水量安全、水质安全、行为安全、设施安全、标化管理的供水安全保障综合指数，实现了：

（1）利用 WRF 和中国气象局 GRAPES 网格化气象预报数据同化，结合水文-水动力模型，实现来水量、水位、库容等提前 5 日预测。

（2）通过建设水质微站，动态监测水库入流点的溶解氧、化学需氧量、氨氮、浊度、pH 值指标。

（3）通过应用人工智能（AI）视频后端识别和云计算技术，自动识别水库水源地钓鱼、垃圾漂浮物、人员闯入等情况，准确率达到 95％以上，并持续优化提升。

（4）利用遥感智能解译技术和水质反演并结合水质微站监测，并通过 BP 神经网络提前预测水库蓝藻爆发风险；通过构建水资源综合优化调度模型，协调"三生"用水，实现优化调度。

**3. 应用范围及前景**

该技术适用于中小型水库型饮用水水源地供水水量、水质、蓝藻、漂浮物垃圾、违规钓鱼等安全风险识别与管控。

该技术被列入浙江省水利厅揭榜挂帅项目试点，先在浙江省全省进行推广，可结合不同类型水源地，持续迭代，提高水量预测精准度，拓展水质风险覆盖类别，增加更多 AI 视频识别场景，结合水源地供水安全调度，提高水资源综合利用优化配置水平，形成可复制的水库型水源地风险识别与管控解决方案。本技术广泛适用于中小型水库型水源地，可全面提升水源地供水安全数字化管理水平，提高风险识别与管控能力，支撑城乡供水安全保障。

持有单位：水利部农村电气化研究所

单位地址：浙江省杭州市西湖区学院路122号

联 系 人：舒静

联系方式：0571-56729267、13606649529

E-mail：jshu@hrcshp.org

## 204 小型水库"六要素"系统集成关键技术

**1. 技术来源**

其他来源。

**2. 技术简介**

在小型水库信息化建设中，关键信息有水位、雨量、视频、变形、渗压、渗流六个要素，其中，雨水情监测技术较为成熟，变形自动监测技术比较固定，视频监控分析、渗压监测、数据采集传输与分析处理等环节不宜照搬大中型水库模式，需针对小型水库特点专项研发。

该关键技术包括坝体渗压监测、"六要素"一体化采集传输、视频 AI 分析、数据处理分析及基于智能算法的小型水库健康评估技术。

**技术指标如下：**

（1）智能渗压遥测仪：测量范围：0~30m；水位分辨率：≤0.1cm；测量基本误差：≤±1cm；测量回差：≤±1cm；重复性误差：≤±1cm。

（2）智能测控终端机的工作体制：自报、查询—应答结合式，通信接口全面，3 级防雷保护，MTBF≥25000h，工作温度为-30~60℃，湿度：0~95％（40℃时），支持一站多发，支持多信道主备自动切换，具有数据自动补报功能，视频 AI 智能分析。

（3）数据处理分析及基于智能算法的小型水库健康评估：构建"数据分析—水库模型—分级预警—应急预案"四维一体的联动体系。基于 GAN-CNN-LSTM 智能算法实现数据治理，研发水库健康评估模型，实现水库安全运行实时动态评价、预警及反馈。

**3. 应用范围及前景**

该技术适用于区域及流域管理部门对小型水库工程运行的信息化建设、安全监管、评价反馈等工作。

小型水库"六要素"系统集成关键技术未来将通过深度融合数字孪生技术，加强算例、算法、算据的能力提升，逐步发展成为具有"四预"功能的先进技术，助推水利高质量发展。当前，国家正在大力推动小型水库雨水情和安全监测高标准建设，该技术将会为小型水库安全监管提供成熟的解决方案，有效推动小型水库的信息化建设，具有广阔的推广应用前景。

持有单位：北京中水科工程集团有限公司、济南和一汇盛科技发展有限责任公司、中国水利水电
　　　　　科学研究院
单位地址：北京市海淀区车公庄西路 20 号
联 系 人：闫黄凤
联系方式：010-68786219、13701181269
E-mail：yanhf@iwhr.com

# 205 基于北斗卫星的高精度变形监测系统

**1. 技术来源**

其他来源。

**2. 技术简介**

基于北斗卫星技术，通过 GNSS 基准站将基准位置参数传送给监测站，由监测站 GNSS 测量模块计算出相对于 GNSS 基准站的位移后，将计算的结果传送给 GNSS 基准站，同时通过监测站中的倾角测量模块采集倾角数据，并将采集到的倾角数据传送给 GNSS 基准站，GNSS 基准站再将从 GNSS 测量模块和倾角测量模块采集到的数据汇总传送给云平台，再通过云平台对整个系统数据汇总和解算。在此过程中，当 GNSS 基准站损毁时，则监测站通过第一应急通信系统向云平台直接传送数据，从而实现对地质状态进行实时的全天候监测。

技术指标如下：

（1）北斗通信站的 BUC、LNB 和调制解调器为集成一体化设备。

（2）接入标准：前向通道 DVB-S2，反向通道 MF-TDMA。

（3）发射频率范围：29.25～30GHz。

（4）接收频率范围：17.80～20.20GHz。

（5）调制方式支持 QPSK、8PSK、16APSK、32APSK，反向 QPSK、8PSK、16QAM 等。

（6）支持 IPv4/IPv6、TCP、UDP、ICMP、DHCP、NAT/PAT、DNS 缓存、cRTP、IGMPv2、SIP 等。

（7）安全性：支持 ACL 防火墙、AES-256 位链路加密、X.509 终端认证。

（8）设备具备 RJ45 PoE 接口。

（9）工作温度：-40～50℃。

**3. 应用范围及前景**

该技术可广泛应用于大坝坝体、库区边坡、水利枢纽工程、河堤、河渠、溢洪道墙体等的变形监测。

北斗卫星系统作为我国自主研制、建设和掌控的卫星导航系统，导航源完全自主可控，可以彻底规避使用 GPS 所带来的潜在风险。

基于北斗卫星的高精度变形监测系统具有高精度、短报文通信等特点，适用于山区、高原等恶劣环境，真正实现全天候高精度变形监测。该系统可兼容多个导航系统的芯片和终端设备，除了在地灾、水利领域的应用以外，在轨道交通、风电、城市安全、桥隧、应急救援等新领域具有广泛的应用前景。

持有单位：北京中水科工程集团有限公司、湖南北斗微芯产业发展有限公司

单位地址：北京市海淀区车公庄西路20号

联系人：王子文

联系方式：010-68786218、18710153978

E-mail：791912970@qq.com

## 206 基于涡流无损检测的预应力钢筒混凝土管断丝检测技术

**1. 技术来源**

计划外项目。

**2. 技术简介**

该项目研究出一种适合不同类型 PCCP 环向预应力钢丝断丝缺陷无损检测技术和断丝数量估计方法，准确给出被测管子断丝缺陷处数、断丝位置及断丝数量等结论。在此基础上研制出原理可行、操作简单、结果准确、适应性强的检测设备；通过实践中不断完善相关的检测理论、数据处理方法等，最终形成一套完整的 PCCP 断丝无损检测技术体系。

**技术指标如下：**

（1）基于电磁感应无损检测原理，采用远场涡流变压耦合、微弱信号锁相放大提取、数字信号处理等技术，研制了具有完全自主知识产权的 PCCP 断丝检测仪。

（2）研制了系列化的传感器探头以及可伸缩调节的检测平台等配套装置，适应各种 PCCP 规格的断丝缺陷的检测与分析。

（3）基于 PCCP 工程安全管控需求，研制了 PCCP 管道信息管理平台，为每节 PCCP 管道建立历史健康检测档案，经过实时检测与历史案例库的比对与分析，提高断丝检测的智能评估准确性，实现了 PCCP 管道运行的全生命周期管理。

（4）检测过程中，针对 PCCP 管道承插口环和密闭钢桶产生的强杂波背景噪声，发明了相位谱分析法，实现对小规模断丝微弱断丝涡流信号的增强提取，大大提升了采集信号的信噪比，提高了断丝缺陷的检测概率、断丝数量及其位置的估算精度。

（5）发明了能量谱法，解决了针对分布式大规模断丝（>70 根/节）量化估算难题，即把检测时域信号转换为频域能量信号，并对异常能量谱区域进行积分计算，通过能量匹配实现区域断丝估算。

**3. 应用范围及前景**

该成果在南水北调中线干线北京段工程停水检修项目——PCCP 电磁法检测项目、密云水库调蓄工程运行维护项目第二标段——PCCP 工程管道断丝检测项目以及大桥水库灌区仪器工程倒虹吸管质量检测——PCCP 工程管道断丝专项检测项目中进行了应用，得到了业主和监理单位的好评，社会效益和经济效益突出。

---

持有单位：中国电子科技集团公司第二十二研究所、水利部河湖保护中心、苏州混凝土研究院有限公司

单位地址：北京市海淀区玉渊潭南路 3 号 D 座

联 系 人：李鑫

联系方式：010 - 63207637

E - mail：yuesongtao@mwr.gov.cn

# 207 柔性测斜仪三维变形监测系统

**1. 技术来源**

其他来源。

**2. 技术简介**

柔性测斜仪三维变形监测系统是一种由可测量倾角的智能测量单元串联，通过换算实现动态或静态三维位移监测的测斜仪，又名阵列式位移计、多维度测量系统。系统通过测量安装在首尾相连杆件里的加速度计在三维正交方向上的加速度变化量来反映对应方向与重力方向的角度变化量，进而通过角度的变化量计算相应杆件的位移变化量。

**技术指标如下：**

工作方式：MEMS 微机电式传感器测量倾角换算位移。

量测方向：空间三维度。

角度量程：$-180°\sim180°$。

角度分辨率（最高）：优于 $\pm1.08''$。

位移分辨率（最高）：优于 $0.005mm@500mm/$节。

扭转校正精度（最高）：优于 $\pm1°$。

采集频率：最高 $1Hz$。

电场、磁场干扰：无影响。

采集系统：可配置和调整采集设备工作模式，可绘制过程线、分布图、形变轨迹等。

**3. 应用范围及前景**

该系统适用于水利工程、边坡、工民建、轨道交通、国土地类、桥梁、电网铁塔等行业变形、倾斜、收敛、挠度监测等。

以智慧水利及数字孪生建设为契机，对本系统进行推广应用，是水利工程安全监测领域今后发展的重要趋势。该系统从基本原理与实践应用层面解决了工程监测感知网中测斜、沉降及收敛的线性自动化测量的重要问题，对未来支撑各类大中小型水库大坝、长距离引调水工程等水工建筑物在复杂环境下的数字孪生工程建设提供了技术保障。

另外本系统还可应用在各类桥梁、矿山、隧洞、铁路、交通、市政、工民建等工程的监测自动化项目中。

持有单位：中国南水北调集团中线有限公司、华思（广州）测控科技有限公司

单位地址：北京市海淀区玉渊潭南路 1 号

联 系 人：马啸

联系方式：18519086127

## *208* 基于北斗/GNSS 的云端一体安全监测系统

**1. 技术来源**

其他来源。

**2. 技术简介**

北斗高精度定位通过设置基准站测量卫星与接收机之间的空间传输误差，然后在监测站解算时将这一部分误差消除或削弱，从而得到更高的相对定位精度。基于北斗/GNSS 卫星系统的变形监测技术，基本原理也是采用相对测量技术，在变形点附近固定一个稳定性高的 GNSS 基准站，同时采集基准站与监测点上的卫星测距信号，采用相对定位原理，计算出监测点相对于基准站点的相对位移变化情况，以达到观察监测点有效位移变化量的目的，其数据处理方式可分为动态实时解算（厘米级至亚厘米级精度）和静态后处理解算（毫米级至亚毫米级精度）。

**技术指标如下：**

基于北斗高精度变形观测精度满足水库大坝等运行安全监测的要求，具体如下：

（1）常规工况下，6 小时后处理高精度静态监测精度指标满足：水平位移监测精度优于$\pm 1.0$mm，垂直位移监测精度优于$\pm 2.0$mm，满足土石坝和边坡规范精度要求。

（2）应急工况下，秒级实时提交监测成果，监测精度指标满足：水平位移监测精度优于$\pm 10.0$mm，垂直位移监测精度优于$\pm 20.0$mm。

**3. 应用范围及前景**

该系统适用于水利水电工程（水库大坝、水电站、抽蓄电站、岸线堤坝、调水工程等）、库岸边坡、地质灾害、桥梁等表面变形的自动化监测。

持有单位：千寻位置网络（浙江）有限公司、水利部南京水利水文自动化研究所

单位地址：浙江省湖州市德清县五羊街道德清地理信息小镇 C 区 12 幢 1 号（莫干山国家高新区）

联 系 人：陈渊暐

联系方式：0572 - 8686820、15316879679

E - mail：yuanwei. chen@wz - inc. com

## 209 工程安全监测系列传感器

**1. 技术来源**

其他来源。

**2. 技术简介**

工程安全监测系列传感器主要有差阻式传感器、振弦式传感器及电容式传感器。

差阻式传感器采用张紧的弹性钢丝作为传感元件，利用弹性钢丝在力的作用和温度变化下的特性设计而成。当仪器受到外力变形时，一组钢丝受拉，另一组钢丝受压，将仪器受到的物理量转变为模拟电阻比信号，再通过采样转换获得实际物理量。

振弦式传感器的关键部件为一根张紧的钢弦，它与传感器受力部件连接固定，钢弦的自振频率平方值与其所受到的外加张力成线性关系，测得自振频率后可计算获得各种物理量。

电容式传感器利用电容器两电极极板形状、大小、相互位置及介电常数的函数关系，当被测结构发生位移变形时，将改变电容量大小，通过特定测量电路将电容转换为电信号输出，进而计算得到物理量。

技术指标如下：

工程安全监测系列传感器采用改进型的材料工艺与结构。差阻式传感器采用全不锈钢封装，进一步提升了可靠性与耐久性；振弦式传感器采用真空弦芯工艺，提高了测量精度与可靠性；电容式传感器采用独特的相关检测技术的比例测量电路，保证高测量精度和强抗干扰能力的同时具有极高的稳定性。

(1) 测量范围：应变 $0\sim3000\mu\varepsilon$，应力 $0\sim400MPa$，位移 $0\sim200mm$。

(2) 分辨力：应变 $0.5\mu\varepsilon$，应力 $0.05\%FS$，位移 $0.05\%FS$。

(3) 测量精度：应变 $0.25\%FS$，应力 $0.25\%FS$，位移 $0.1\%FS$。

(4) 测温范围：$-20\sim60℃$。

(5) 测温精度：$0.5℃$。

(6) 耐水压：$0.5\sim2MPa$（仅内埋传感器）。

(7) 工作环境：温度 $-20\sim60℃$，相对湿度：$\leqslant95\%$。

**3. 应用范围及前景**

工程安全监测系列传感器适用于水利枢纽工程、引供水工程、水库大坝、灌区工程、高边坡等安全监测领域。

由于水利水电工程安全监测环境差、对传感器长期稳定性要求高，故对传感器的性能有着极高的要求。南瑞（原水电部南京自动化研究院）以改变我国水利水电工程传感器依赖进口的现状为己任，投入大量人力物力开展监测传感器技术研究，自主创新的耐高压的密封工艺、弦张紧工艺等获多项专利，研制出了高性能监测传感器。产品制作精细、实际应用效果优良，具有广阔的推广应用前景。

持有单位：南京南瑞水利水电科技有限公司

单位地址：江苏省南京市江宁区诚信大道 19 号（江宁开发区）

联系人：荣笙

联系方式：025-81085678、13813932403

E-mail：10344557@qq.com

## 210 水下混凝土底板脱空弹性波无损检测系统

**1. 技术来源**

国家计划。

**2. 技术简介**

水闸、渠道等水工建筑物的底板脱空缺陷是危及结构安全的主要因素之一。本技术基于弹性波在复杂多层各向异性介质（水—混凝土—脱空—地基）中的传播机理和波场特性，研发了水下混凝土底板脱空弹性波无损检测系统，该系统由水下检测设备、软件系统和自动分析模型三部分组成。其中检测设备由环形弹性波传感器阵列、激发装置和控制装置组成，可满足 0～10m 水深弹性波信号的自动获取。软件系统由多通道信号处理和结果展示平台组成，可实现信号的自动采集、实时分析和可视化展示。分析模式由信号消噪和预处理模型、脱空面积分析评价模型以及脱空高度分析评价模型组成，可实现振动信号的高质量处理和脱空指标的定量评价。

技术指标如下：

（1）主要技术指标如下：

检测水深：0～10m。

脱空高度检测精度：≤1cm。

脱空面积检测精度：≤0.01m$^2$。

最大激发力度：10kN。

冲击力偏差：±3%。

设备运行：无外接电源状况续航 6h。

数据处理：可视化软件，操作方便，可对数据预处理、波形处理、滤波处理和反演分析。

检测现场要求：无需线缆控制，无需配电。

（2）硬件设备指标如下：

激发装置：最大激发力度 10kN，冲击力偏差±3%。

传感器：自然频率 100±5%Hz，阻尼系数 0.5±5%，谐波失真不大于 0.2%。

耦合器：极限移动距离 5000m。

采集装置：通道数 8/台，输入阻抗 10MΩ，同步误差不大于 200ns，最高采样速率 128kHz。

**3. 应用范围及前景**

该系统适用于水闸、渠道、涵洞桥梁、港航等水下结构缺陷脱空无损检测，为该类建筑物的安全评价或鉴定提供技术支撑。

水工结构物投入运行后，根据各种安全规范要求，需定期进行安全评估。鉴于水工建筑物独特的运行方式，各类建筑物都部分或全部处于水下隐蔽状态，一般都不具备排水检测的条件，或者排水需要花费大量的时间与费用，给工程安全检测带来困难。该系统为水工建筑物的安全运行提供了一种有效的评价手段。此外该系统解决了国内水下结构检测难的技术难题。

我国目前现有水闸超 10 万座，渠道数万条，该系统可在该类建筑物中推广应用，前景广阔。

持有单位：中国水利水电科学研究院
单位地址：北京市海淀区复兴路甲 1 号
联系人：张龑
联系方式：010-68781548、15801305568
E-mail：zcy881120@126.com

## 211 钢壳混凝土结构脱空缺陷定量检测技术

**1. 技术来源**

省部计划。

**2. 技术简介**

利用快中子易于穿透钢板与混凝土发生慢化反应的特性，产生可监测的热中子，有脱空的部位单位体积内含有混凝土质量比充填密实部位明显要少，该部位热中子计数率也会比充填密实部位低。通过物理模型试验建立不同钢板厚度与混凝土含水量组合条件下热中子计数率与脱空高度的定量关系，将实际工程各部位采集到的热中子计数率数据代入计算则可确定钢板下浇筑混凝土的脱空高度。

**技术指标如下：**

（1）钢壳厚度：可适用于钢壳厚度 0～50mm 之间的钢壳混凝土结构的脱空检测，钢壳厚度越薄，检测准确率越高。

（2）混凝土背景含水量：基于标定模型，理论上可适用于混凝土背景含水量范围 100～1000kg/m$^3$。

（3）测点规格：根据热中子探测器可探测范围，测点最大规格不超过 300mm×300mm。

（4）脱空分辨率：可实现 50mm 厚度钢壳下混凝土毫米级脱空的精准检测。

（5）检测符合率：基于深中通道足尺模型开盖验证试验，脱空高度检测符合率超过 85%。

**3. 应用范围及前景**

该技术适用于水利、水电、航运、核电、桥梁、隧道及建筑工程等领域涉及钢壳混凝土结构的施工质量与运行安全检测。

未来将在进一步提高检测精度与效率、提升检测作业的智能化水平等方面开展研究，使脱空检测作业更加精细、高效与智能。申报钢壳混凝土脱空缺陷检测技术标准，解决当前脱空定量检测无标准可循的问题，规范钢壳混凝土脱空缺陷检测工作，推动水利、水电、航运、核电、桥梁、隧道及建筑工程等领域中装配式结构及施工工艺的发展进步。

持有单位：水利部交通运输部国家能源局南京水利科学研究院
单位地址：江苏省南京市鼓楼区广州路 223 号
联 系 人：关铁生
联系方式：025－85828120、13705181879
E－mail：tsguan@nhri.cn

## 212 一种节约的水轮发电机组冷却供排水系统

### 1. 技术来源

国家计划。

### 2. 技术简介

该实用技术在试验验证小浪底清水水源供水最大能力的基础上，根据实际运行参数及热力学相关理论计算小浪底机组技术供水可以降低用水量，利用现有技术供水管道将运用方式为从清水供水干管取水，将机组各部轴承冷却器与空气冷却器以串联方式连接，清水经各导轴承冷却器，后经空气冷却器，最终排至尾水管，并以真机试验的方式采集数据进行分析，具备一定的科学性和可靠性，结论真实可信。该项目真机试验刚刚结束，2018 年小浪底经历了蓄水以来历时最长、排沙量最大、泄水含沙量最高的泄洪排沙运用。2019 年又迎来了历时最长（超越 2018 年）、运用水位最低的一次泄洪排沙运用。泄洪排沙期间，高含沙水流对小浪底、西霞院机组造成了很大的影响，技术供水优化方式研究成果随即投入实际运用，在现有清水供水能力下，保证了 5 台机组技术供水的正常运行。

**技术指标如下：**

目前清水系统最大供水能力为 2800m³/h，采取技术供水串联供水方式后，单台机组最大用水量（包括主变）为 550m/h，将高含沙水流条件下清水供水能力由满足 2 台机组增加到满足 5 台机组，确保了泄洪排沙期间机组的正常运行，大大提升了小浪底机组的电量生产，经济效益显著。2018 年高含沙水流前期，过机含沙量在 20kg/m 以下仍采用蜗壳供水，超过 20kg/m 后立即切换为清水供水。汛后由清水供水切换为蜗壳供水，发现蜗壳减压阀严重堵塞，阀杆弹簧断裂，蜗壳供水无法投入运行，于是又切回清水串联供水。随后的 2019—2021 年小浪底泄洪排沙期间，该技术也投入了使用。此项目至少多保证了 3 台机组在泄洪排沙期间的正常运行，平均每年至少多发上亿度电，经济效益巨大。

空冷器改造以及采取清水串联供水方式后，小浪底单台机组技术供水清水用量由正常用水量的 1450m/h 降至 550m³/h，小浪底每年汛期清水用量最低 400 万 m³，按工商业用水价格 4 元/m³ 计算，仅此一项每年可节约成本 1600 万元，节流降本效果显著。

小浪底单台机组（除主变外）原设计正常用水量为 1350m³/h，项目已建议机组 A 修时将蜗壳供水改造为串连供水，夏季机组用水可至少降低为 580m³/h，秋冬春三季至少可降为 450m³/h 运行（经理论计算和类比试验验证），平均单台机组每小时至少可节约 800m³ 水量，按 4m³ 耗水率计算，单台机组每小时多发 200 度电量。按单台机组近三年平均年运行小时数 5000h 计算，6 台机组每年至少可多发电量 600 万度，可产生较大的经济效益。

### 3. 应用范围及前景

小浪底机组串联供水大幅降低了技术供水用水量，将高含沙水流条件下清水供水能力由满足 2 台机组增加到满足 5 台机组，大大提升了小浪底机组在高含沙水流期间的应对能力，基本解决了汛期小浪底电站清水供水能力不足的问题，保证了电量生产。

---

持有单位：黄河水利水电开发集团有限公司
单位地址：河南省济源市小浪底水利枢纽管理区
联 系 人：陈伟
联系方式：0379 - 63898799

## **213** 基于相场断裂模型的混凝土坝损伤断裂分析技术

**1. 技术来源**

国家计划。

**2. 技术简介**

该技术通过结合裂纹弥散化方法及内聚力模型，消除裂纹路径对网格的敏感性，实现大坝裂缝扩展路径高精度模拟；统一多种损伤破坏准则，具备复杂断裂模式分析能力；采用双线性多节点系列单元，通过时空双自适应算法，大幅提高模拟效率；基于随机骨料模型、CT 扫描重构技术，能够获取混凝土细观损伤过程；无需裂纹边界处理，可内在求解裂缝成核、扩展、分岔和聚合等演化过程。

**技术指标如下：**

（1）损伤模式：能够完全复现拉伸破坏、剪切破坏、拉剪破坏及压剪破坏 4 种断裂模式，并与物理试验结果高度一致。

（2）计算效率：网格自适应方法能够提高计算效率约 99.8%，网格自适应与时间自适应算法协同使用进一步提升效率约 75%。

（3）裂纹路径：裂缝成核、扩展、分岔及聚合过程与试验现象相契合。

（4）裂纹弥散：当裂纹弥散化宽度大于 4 倍网格尺寸时，能够消除单元尺寸对裂纹扩展路径的影响。

**3. 应用范围及前景**

该技术适用于混凝土坝等工程的安全性能分析，以及各种建筑结构在复杂受力条件作用下的损伤破坏过程预测和再现。

该技术具有高度的可塑性，能够进一步结合温度场、渗流场、化学场模拟混凝土在温度、湿度、渗流、离子侵蚀、地震等外界作用下的破坏过程，研究大坝在全生命周期过程中的应力变形状态及可能的破坏形式，掌握大坝运行状态。该技术将以软件的形式进行推广，应用于各大水工结构工程的安全性能分析。同时，该技术可进一步向土木、岩土、地质甚至船舶等领域进行延伸，以保障结构安全性及稳定性。

持有单位：武汉大学

联 系 人：吴琳

单位地址：湖北省武汉市武昌区八一路 299 号

联系方式：027 - 68774370、15972042847

E - mail：slkyl@whu.edu.cn

## 214 CK 系水工建筑物缺陷修复材料与技术

**1. 技术来源**

其他来源。

**2. 技术简介**

该技术基于高强抗冲磨（增加胶凝含量，降低孔隙率，提高材料的密实度，改善骨料界面结构）、低弹抗冲击（高性能聚合物提高水泥水化后形成的刚性骨架体系的弹性和韧性，减少持久冲击对材料造成的伤害）、低收缩抗开裂（掺入的非晶态材料发生二次水化反应改善干缩性能）、强化界面处理（活性物质渗入老旧混凝土内部并发生化学反应提高新老混凝土间黏结力）等作用机理，采用空间成膜锁水、毛细孔自由水凝胶化、复合保水材料内保水等技术手段，研发了一种以无机为主的多元复合抗冲磨材料。该材料中含有"降低水分流失、挥发"的组分、"预防并减少收缩"的组分、"阻裂抗裂"组分及"提高黏结强度和抗冲磨强度"的组分。

**技术指标如下：**

（1）抗渗性能大于 W14。

（2）抗冻性能大于 F400。

（3）28d 抗压弹性模量小于 35GPa。

（4）28d 抗压强度大于 50MPa。

（5）28d 抗折强度大于 10MPa。

（6）28d 黏结强度大于 2.5MPa。

（7）28d 抗冲磨强度（水下钢球法）大于 12h/（kg/m$^2$）。

（8）线膨胀系数小于 $15 \times 10^{-6}$/℃。

（9）尺寸变化率（%）：$-0.1 \sim 0.1$。

**3. 应用范围及前景**

该技术适用于引水隧洞、泄洪闸、冲砂闸、溢洪道、泄洪洞、护坦、消力池、水垫塘、溢流面等消能设施。

该技术可用于引水隧洞、泄洪洞、护坦、消力池、水垫塘、溢流面、溢洪道、冲砂闸等对抗冲磨要求高的水工建筑物缺陷修复处理，西部地区桥梁墩柱的加固处理，城市路面缺陷的快速修补。

持有单位：中国电建集团成都勘测设计研究院有限公司

单位地址：四川省成都市青羊区浣花北路 1 号

联 系 人：徐中浩

联系方式：028 - 62009713、15828515724

E - mail：297364386@qq.com

## 215 一体化泵闸装置及闸门泵站系统

**1. 技术来源**

其他来源。

**2. 技术简介**

一体化泵闸装置及闸门泵站系统包含启闭系统、泵送系统、污染控制系统、水位水质监测系统、智能控制系统等。水泵集成在水闸上，通过预设的控制参数，满足汛期排涝、旱季补水、增加水动力、排口强排等应用的需求。

**技术指标如下：**

单渠道最大流量：$10m^3/s$（视河道具体情况可布置多渠道）。

最大水泵口径：DN1400。

最大闸门宽度：6.5m。

最大闸门高度：8.9m。

闸门启闭形式：（潜孔及非潜孔）垂直上提式、上翻式、侧开式。

闸门与水泵数量配比：一闸一泵、一闸两泵。

水泵振动：水泵无水启动最大振动值 $9.5\mu m$。

水泵噪声：水泵运行噪声 $\leqslant 80$ dB。

**3. 应用范围及前景**

一体化泵闸装置及闸门泵站系统应用范围广泛，可用于内河内湖调蓄、防洪排涝、水体循环、黑臭河道整治等。

随着格兰富一体化泵闸装置及闸门泵站系统技术的发展，结合格兰富现有业务，通过差异化的创新，以水环境为目标导向，深化在城市防洪以及水系联排联动方向的发展。随着城市化建设的加快，未来城市的发展需要河道泵闸类水工建筑物兼具景观性、引排水功能性以及土地空间的高效利用性。格兰富一体化泵闸因其泵闸一体的结构形式能够很好地满足空间要求、景观要求以及功能要求，在未来有着广阔的应用前景。

持有单位：格兰富水泵（上海）有限公司

单位地址：上海市闵行区苏虹路 33 号虹桥天地 3 号楼 10 层

联 系 人：刘飞宏

联系方式：021-61225222、13621792679

E-mail：mliu@grundfos.com

## 216 生态友好型水润滑滑动轴承研发与应用

**1. 技术来源**

其他来源。

**2. 技术简介**

通过多相 IPN 技术合成工程弹塑合金，并合理设计轴承结构，使得该类轴承产品具有水润滑、自润滑、高比强度及刚韧等特性；原位合成工程弹塑基多相 IPN 合金制备过程中，利用等离子体活化功能填料使其通过化学键与基体键合，有效减少摩擦副的磨损。

**技术指标如下：**

(1) 相对体积磨耗：73.1mm³。

(2) 拉伸强度：46.3MPa。

(3) 压缩模量：840MPa。

(4) 吸水体积变化率：0.22%。

(5) 冲击强度：763J/m。

(6) 摩擦系数（干）：0.19。

(7) 最大工作压力：59MPa。

**3. 应用范围及前景**

该项目成果主要用途和使用范围是水力机械的轴承，主要应用于装备制造业，如水轮机、水泵设备及船舶工业。

该项目成果已经成功应用于广东、江苏、湖南、湖北、河北、内蒙古等省（自治区）100 多座大中型重点水电站、泵站工程，同时在船舶工业、新能源行业、泵工业也有广泛应用，具有广阔的应用前景。

到 2022 年后，水润滑轴承的销售额每年可达 4 亿元以上，目前主要依赖进口，尤其重点关键项目应用出现卡脖子问题，国产化程度不高。随着自主可控的整体规划以及国产替代的推进，水润滑轴承未来市场潜力巨大，具有广阔的市场前景。

---

持有单位：广州市研理复合材料科技有限公司、中山市水利水电勘测设计咨询有限公司

单位地址：广东省广州市黄埔区科丰路 31 号华南新材料创新园 G8 栋 302 号

联 系 人：关渡军

联系方式：020 - 32299971、18824167327

E - mail：guandj@techemer.com.cn

## 217 固定锥形阀抗震耐气蚀节能技术

**1. 技术来源**

其他来源。

**2. 技术简介**

固定锥形阀抗震耐气蚀节能技术的工作原理是固定锥形阀通过驱动机构使滑套闸在锥体上的轴向移动来控制锥体喷口面积，从而达到调节流量或压力的目的。

**技术指标如下：**

（1）防气蚀：采用复合出口管结构，即出口管内额外增加导流罩，通过后端压力稳定区域的液体回流对负压区进行补压，可有效减少阀门的气蚀现象。

（2）无有害振动：特殊导流筋板，特殊喷射角度，使水流过阀门时形成扭力，减少阀门振动。

（3）线性度好：出流口采用锥面，通过控制滑套闸的位移来控制阀门的出流面积从而实现精准的流量、压力调节。

（4）金属浮动阀座设计，密封可靠：端部密封采用金属对金属密封形式，且阀座采用浮动锥面结构，保证了阀门的密封效果。

（5）流通能力大：DN300 口径阻力损失系数最低可设计为 0.6，作为排放阀时排放系数可设计达到 0.8 以上，在很低的压差下，也能满足大流量的要求。

**3. 应用范围及前景**

该技术适用于水库、大坝、水利工程等管道系统中，实现流量线性控制、消除气蚀和震动现象、高压消能、防洪泄洪。

该技术可用作末端排放用，也可用于长距离输水管线中作调流、调压。该技术适宜水利系统、输水管网的建设与改造，向解决水资源分布不均、农田科学灌溉、保障城镇居民生活用水等方向应用发展，合理、科学、有效地保护水资源，其节水节能、减少设备投资和降低维修费用等优势有着深度的挖掘空间，复制潜力巨大。

持有单位：上海冠龙阀门节能设备股份有限公司

单位地址：上海市嘉定区安亭镇联星路 88 号

联 系 人：刘丰年

联系方式：021－31198029、13651887780

E－mail：Fengnian.Liu@karon－valve.com

## 218 N 系列国产 PLC

**1. 技术来源**

其他来源。

**2. 技术简介**

可编程控制器是一种数字运算的电子系统，专门为工业环境中的控制系统而设计，它采用用户可编程的存储器，执行逻辑运算、流程控制、定时、计数和运算等操作指令，并通过数字和模拟的输入和输出，控制现场的各种类型机械设备或生产过程。

N500 智能可编程控制器是采用高性能多核处理器，处理速度快、内存大、通信接口丰富。N500 智能可编程控制器在开发研制过程中采用了工业控制领域的一系列最新成果与思想，外观设计精致，生产过程使用先进的电子加工工艺和质量控制。N500 智能可编程控制器能为不同工业领域提供个性化的解决方案。

**技术指标如下：**

N500/N510 智能可编程控制器的技术指标如下：

（1）CPU 性能：

N500：主频 800MHz 双核，内存 1G、8G。

N510：主频 1GHz 双核，内存 2G、16G。

均单机单网、单机双网、双机双网、双机四网的组网方式，支持 Modbus/TCP 通信，支持梯形图流程图编程。

（2）IO 模件性能：

开关量输入：32 点、24V 开关量输入。

SOE 输入：32 点、24V、SOE 输入，分辨率 1ms。

开关量输出：32 点、24V 开关量输出。

模拟量输入：8 点 4～20mA/1～5V 电流/电压，精度 2‰。

模拟量输出：4 点 4～20mA/1～5V，精度 2‰。

温度量输入：8 点热电阻型，精度 0.5℃。

串口通信：支持 4 通道 RS485 通信。

**3. 应用范围及前景**

该设备可在水利、水电、火电、风电、市政、石化等行业进行推广，尤其是对国产化要求较高的领域。

随着"中国制造 2025""双碳"目标的推进，制造业逐渐向智能化、国产化转型。PLC 作为自动化、智能化的基础，在水利水电行业将迎来爆发式增长。随着当前国产化的推进，自主可控品牌 PLC 的接受度不断提高，本设备的发展空间巨大。

持有单位：国电南瑞科技股份有限公司、南京南瑞水利水电科技有限公司

单位地址：江苏省南京市江宁经济技术开发区诚信大道 19 号

联 系 人：谈震

联系方式：025－81087387、15996308770

E－mail：Tanzhen@sgepri.sgcc.com.cn

# 219 测地型 GNSS 接收机

**1. 技术来源**

其他来源。

**2. 技术简介**

G-BX-RAG360 可以同时跟踪 BDS、GPS、GLONASS、Galileo 卫星导航系统的双频信号，最高支持 1408 通道，该设备采用先进的 RTK 算法和后处理算法，同时具备前端解算功能。通过输出原始观测量，采用优越的后处理算法，得到空间三维时空坐标，可以实现毫米级定位精度。

**技术指标如下：**

通道：432 通道。

系统信号：GPS：L1/L2/L5；BDS：B1I/B2I/B3I/B1C/B2a；GLONASS：L1/L2；Galileo：E1/E5a/E5b；QZSS：L1/L2/L5。

静态精度：水平：$\pm(2.5+1\times10^{-6}\times D)$ mm；垂直：$\pm(5+1\times10^{-6}\times D)$ mm。

动态测量精度 RTK（RMS）：水平：$\pm(8+1\times10^{-6}\times D)$ mm；垂直：$\pm(15+1\times10^{-6}\times D)$ mm。

数据更新率：5Hz（Max：20Hz）。

差分数据：RTCM2.1/2.3/3.0/3.1x，CMR。

供电电压：$+9\sim+36$V DC。

平均功耗：$\leqslant2$W。

防尘/防水：IP68。

**3. 应用范围及前景**

该设备主要应用于室外无遮挡区域监测，具有良好的卫星观测环境。

设备功能涵盖了监测类设备大部分的功能，性能强劲，安装简易，功能拓展性强，防护等级高，可应用在我国极寒、极热、雨水多地区。目前国内地质灾害隐患点 33 万处，近 70% 还没有安装监测设施，其市场潜力巨大，预测 GNSS 终端体量 50 万套，市场规模达 20 亿元。该设备的应用将改变原来因监测终端高昂的价格而无法普及于监测的局面，随着设备成本逐渐下降，对基础设施和灾害的监测将更好地保障人民生命财产安全。

持有单位：上海海积信息科技股份有限公司

单位地址：上海市青浦区高泾路 599 号 B 座 3 楼

联 系 人：殷年吉

联系方式：021-54187086、15821513676

E-mail：yinnianji@highgain.com.

## 220 输配水管网健康体检管理系统-水锤与水锤防护设备监测系统

**1. 技术来源**

其他来源。

**2. 技术简介**

该技术通过水锤监测仪，利用物联网、5G 等技术，实现海量数据采集；在本地设备层应用边缘计算与小波分析方法，对高频高精度压力数据进行高效实时处理，关联管网运行设备动作，结合水动力学分析算法，在线诊断、预测水锤发生形式，及时提出告警或通过操作水力组件避免水锤发生。通过大数据分析和水锤本地智能化处理规则的自学习，探究水锤产生机理，结合迭代优化的水锤验证模型，实现精准地溯源分析。

技术指标如下：

（1）平均无故障间隔时间≥30000h。

（2）采集频率≥200Hz。

（3）历史数据库存储容量：服务器端历史数据存储时间≥3 年，本地历史数据存储时间根据用户需求确定。

（4）全站事件顺序记录分辨率（SOE）≤2ms，单装置事件顺序记录分辨率≤1ms。

（5）遥测执行响应时间（从数据通信网关机输入至 I/O 出口）≤1s。

（6）告警直传响应时间（从监控主机输入端至数据通信网关机出口）≤3s。

（7）远程浏览画面调用响应时间≤5s。

**3. 应用范围及前景**

该技术适用于长距离调水工程、城镇水务工程，农业灌溉、城乡供水一体化、工业给排水等工程的泵站、管线、管网系统等。

国家现有工程和水利新基建均可采用本技术，水锤防护系统投资占比 3%~5%，市场超 500 亿元。

---

持有单位：株洲珠华智慧水务科技有限公司

单位地址：湖南省株洲市天元区黄河南路 215 号南方综合楼

联 系 人：黄婧

联系方式：0731-28812553、15973333020

E-mail：swatech@163.com

## 221 JF09 型高效混流式水轮机（技术）

**1. 技术来源**

其他来源。

**2. 技术简介**

JF09 型混流式水轮机水力模型是中国水利水电科学研究院利用自主开发的水轮机水力优化设计软件，采用 CAD-CFD 联合计算技术，针对不同工程项目开发的系列高效水力模型。JF09 型水轮机转轮采用长短叶片设计方案，使得在水轮机不同工况下转轮内部流动更加均匀顺畅，叶片承受荷载也更加均匀。优化设计中对转轮叶片表面流速进行控制，有效提供了水轮机空化性能。通过对模型水轮机通流部件中的蜗壳、固定导叶、导叶形状及其相对位置进行了多种方案的优化设计，导叶双列叶栅之间、导叶与转轮叶片之间的匹配关系良好，因此 JF09 型水轮机的高效稳定运行区宽，对水电站水力条件适用性强。

技术指标如下：

JF09 型水轮机水力模型最优单位转速：$59\sim63 r/min$；最优单位流量：$0.12\sim0.17 m^3/s$；最优效率达 94% 以上；最优临界空化系数在 0.02 以下；在主要区域，水轮机尾水管处的水压脉动相对幅值小于 3%。

**3. 应用范围及前景**

该技术适用于比转速 $n_s$ 为 $70\sim90 m/s$、水头在 500m 及以下的高水头水电站。

在我国老型谱中用于 400m 以上水头段的水轮机机型早先一直空缺，有些只能采用冲击式水轮机。通过鲁布革水电站项目，由哈尔滨电机厂有限责任公司引入挪威克瓦纳公司的高水头转轮 A351，在此之后又有一些改型转轮。总体而言，国内在高水头特别是 500m 水头段，具有良好性能参数的转轮型号非常之少，无法满足该水头段水轮机选型要求，迫切需要不同参数的高效转轮。因此 JF09 型混流式水轮机将会有广泛的应用前景。

持有单位：中国水利水电科学研究院、北京中水科水电科技开发有限公司

单位地址：北京市海淀区复兴路甲 1 号

联 系 人：薛鹏

联系方式：010-68781618、18611103930

E-mail：xuepeng09iwhr@163.com

## 222 具有融冰功能自密封减冲小型水利设施闸门

**1. 技术来源**

其他来源。

**2. 技术简介**

针对寒冷地区小型水利设施闸门增加破冰及融冰装置、高密封技术、闸门缓冲技术。具体原理如下：

（1）破冰、融冰技术：完善寒冷地区闸门运行的适应性，加入破融冰装置，在冰冻天气，进行破融冰作业。

（2）高密封技术：通过高压弹簧将闸块向闸板的方向推动，通过定位槽和定位块，保证上下相邻的两闸块之间的密封性，从而增强闸板与闸块之间的紧密性和密封性，同时高压弹簧的自适应性可减小闸门和门槽的硬性摩擦损耗。

（3）缓冲技术：设置缓冲机构，水流由凹槽和楔形凸起之间流向转盘，冲击叶片，水流的动能带动转盘传导至阻尼器，消耗一部分水流的动能，起到缓冲水流的作用。

**技术指标如下：**

（1）破冰喷射泵：排量 0.35L/s，压力 1MPa。

（2）破冰加热器：3000kW。

（3）闸框距边壁距离≥300mm，池底距离≥150～200mm。

（4）公称压力≤0.1MPa，密封试验压力 0.1MPa。

（5）密封面每米长度渗水量：正向≤7mm，方向：≤1.25L/(min·m)。

（6）启闭速度：不小于 0.2m/min，不大于 1.5m/min。

（7）安装位置：正常状态下正向迎水处于铅垂状态。

（8）工作单向受压水头：正向 10m，反向 5m，工作双向受压水头：均为 10m。

（9）工作温度：-20～120℃，工作湿度：95%，工作介质：水与污水，pH 值：5～10。

（10）闸门密封面配合间隙≤0.1mm，密封座厚度＞10mm。

**3. 应用范围及前景**

该技术适用于冬天易结冰河流，以及含泥沙量高、造成闸门磨损较大或对闸门漏水有较高要求的水利工程。

该技术可在冬季，通过破冰、融冰，对闸前积冰进行破冰再消融，方便闸门的开启。保证冬季农作物的用水，进而保障农作物的产量。同时具有高密封性的特点，减少闸门漏水损耗，提高水资源利用率，适用各种小型水库。

持有单位：山东黄河勘测设计研究院有限公司
单位地址：山东省济南市历下区东关大街 111 号
联 系 人：格菁
联系方式：0531-86987043、15866697776
E-mail：673379810@qq.com

## **223** 沿江三角门船闸开通闸运行控制技术

**1. 技术来源**

其他来源。

**2. 技术简介**

《沿江三角门船闸开通闸运行控制技术》主要包括"三角闸门受力试验研究控制系统"和"船闸开通闸安全运行条件的定量确定方法"。采用该系统，模拟分析不同水位差条件下，开通闸时闸室和引航道的水流变化过程，并根据"船闸开通闸安全运行条件的定量确定方法"提出开通闸优化控制条件，保证船舶在直进直出等情况下的水流平稳顺直，由此控制闸门的开启时刻及开通闸的时段。

**技术指标如下：**

（1）自主研发的"三角闸门受力试验研究控制系统"可以智能控制双向泵，自动采集闸门启闭机实时的受力数据、32 路水位、64 路流速，采样分辨率最高可达到 30Hz；水位测量范围达1m，测量精度为±0.1mm；流速测量范围为 0.02～3.00m/s。

（2）提出的三角闸门船闸开通闸安全运行条件的定量确定方法，确定了焦港三角门船闸安全开通闸的条件为：当船闸上下游潮差不大于 0.4m 时，闸门启闭受力安全，水流条件好，适合开通闸，能提高运行效率，节约了水资源。

**3. 应用范围及前景**

该技术适用于沿江三角门船闸的运行管理，属于水利、水运等工程领域。能提高船闸运行效率，节约水资源。

该技术以解决开通闸安全运行管理中遇到的技术难题，提出了三角门船闸开通闸安全运行条件的确定方法，研发了"三角闸门受力试验研究控制系统"。该技术可广泛应用于沿江开通闸运行安全管理中，如江阴船闸、谏壁船闸，为沿江地区开通闸的研究提供了新素材和新经验，具有广阔的推广应用前景。"三角闸门受力试验研究控制系统"也可广泛应用于水运、水利、水电等众多工程领域的模型试验研究中，有效提高模型试验的效率和进度。

持有单位：河海大学
单位地址：江苏省南京市鼓楼区西康路 1 号
联 系 人：吴腾
联系方式：025－93787727、1377612456
E－mail：wuteng@hhu.edu.cn

## *224* 泵站同步电机励磁调节技术

**1. 技术来源**

其他来源。

**2. 技术简介**

在泵站运行中，同步电动机励磁系统作为泵站机组主设备的关键控制设备，对机组运行的安全与稳定起着至关重要，它不仅是机组稳定运行的保证，也是泵站无功调节的重要杠杆。WKLF系列同步电机励磁调节技术在工程应用中，着重在以下几个方面进行了研究。

智能泵站励磁调节技术具有软件同步追踪功能，其同步信号取自励磁变压器二次侧，可自适应励磁变压器连接组别，自动保证触发脉冲与励磁电源同步。解决了励磁变压器的组别适应问题，具有更加人性化的调试功能，可以适应不同相序和连接组别的变压器。

**技术指标如下：**

WKLF励磁调节技术经过国家电控配电设备监督检验中心根据《同步电动机半导体励磁装置总技术条件》（GB/T 12667—2012）的认证试验，所有检验项目全部符合国家标准，部分项目优于国家标准。

（1）16通道模拟量采集均为每周期（每20ms）128点高速交流直接采样。

（2）全新的可控硅同步触发控制方式，同步信号取自励磁变压器二次侧，三相线电压互为冗余，任意一相断线不影响装置运行。

（3）强励倍数不低于1.4倍。

（4）具备功率参数测量在线选线功能。

**3. 应用范围及前景**

该技术适用于水利水电站的同步电动机及发电机，确保其高效平稳地运行。同时能促进泵站电力系统安全稳定地运行。

励磁技术的安全性、可靠性直接影响泵站机组的运行情况。发展网络励磁调节技术是今后的必然趋势，网络励磁技术采用智能传感＋人机交互＋GPS无线传输＋App（或网页）＋大数据中心，实时动态监测、控制及最新程序的远程下载，装置中元件通过智能传感上传到大数据中心，实现实时感知、准确辨识、状态及其寿命分析，对故障预防大大提高，机组出现跳机事故率直线降低，同时新技术为用户提供更便捷服务，实现泵站无人值守。

持有单位：北京前锋科技有限公司
单位地址：北京市怀柔区开放东路15号
联 系 人：张善良
联系方式：010－82562083、13911668882
E－mail：13911668882@163.com

## 225 立式轴流泵用高压大功率低速大扭矩永磁电动机

**1. 技术来源**

其他来源。

**2. 技术简介**

永磁同步电动机与异步电动机、励磁同步电机的工作原理基本一致，即定子线圈通电后产生旋转磁场，转子磁场跟随定子产生的旋转磁场旋转，实现机电能量转换。

异步电动机及励磁同步电机的转子是靠电流产生励磁磁场。永磁电动机的转子是由永磁体建立转子磁场，同时利用磁引力拉动永磁转子跟随定子产生的旋转磁场同步旋转。

该技术中立式轴流泵用高压大功率低速大扭矩永磁电机直接驱动叶轮运转（结构如下图），省去了传统应用中的减速机结构，同时低速永磁电机采用多极数设计，转子内部嵌有高性能永磁体，无需励磁绕组，具有系统效率高、功率因数高、结构简单、安全可靠、噪声低、振动小、体积小、安装维护方便等优点，是低扬程、大流量水利泵类设施最佳的节能驱动设备。

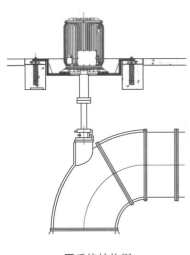

■系统结构图

**技术指标如下：**

以 450kW 立式轴流泵用高压大功率永磁电机为例，额定转矩 22920N·m、额定转速 187.5r/min、额定电压 6000V、额定电流 47A、电机效率 96%，功率因数 0.95，与励磁同步电机相比，有更高的效率及功率因数，振动降低约 43%，电机有效长度减小 25%，电机本体外径减小约 45%，电机重量减轻约 46%，系统除无需励磁装置外，还有占用空间小、易安装、免维护、运行安全可靠等优点。

**3. 应用范围及前景**

立式轴流泵用高压大功率低速大扭矩永磁电动机能够弥补励磁同步电机和异步电机常见的技术缺陷，可广泛应用于水利工程低扬程大流量水泵，如大量运行在转速 400r/min 以下、配套驱动系统功率为 250～2000kW 的大中型低速泵。

持有单位：日照东方电机有限公司
单位地址：山东省日照市东港区高新区电子信息产业园 B11
联 系 人：裴然
联系方式：0633－8088991、18806338161
E－mail：18663335755@163.com

# 226 QGWZ 型全贯流潜水轴流泵

**1. 技术来源**

其他来源。

**2. 技术简介**

全贯流潜水电泵实质上是把叶轮内置于电机转子铁芯的内腔，把叶片与电机转子的铁芯焊接成一个整体。当电机的三相绕组通入三相交变的交流电源时，三相绕组产生三相应时而变的旋转电磁场，由于电磁场的电磁感应作用，在笼形转子里面形成了电流，流入电流的导条在定子绕组的交变磁场下，产生了转矩，带动整个转子组件进行旋转，叶片旋转把能量传递给液体，从而把液体送到指定的高度。全贯流潜水电泵装置其原理是水泵叶轮安装在电机的转子内腔，与转子形成一个整体，转子相当于水泵的叶轮外壳，使电机的无效部分变成工作部分。

**技术指标如下：**

名义口径 350～3600mm，扬程 0～12m，流量 0.2～30m³/s，功率 18.5～2400kW，电压 380～10kV，水质条件，水温≤50℃，pH 值 4～10，水质为轻度污水，允许通过颗粒等效直径≤1/10 名义口径，无大量纤维杂物。

**3. 应用范围及前景**

该设备适用于城市防洪、城市水环境循环、河流之间调水、农田排灌、自来水公司管道加压、实验室科研数据测量等。

该设备应用到实践中已经有近 15 年时间，至今正常运行，交付产品最大叶轮直径 2400mm，单机功率为 2400kW，产品逐渐向大型化发展，因其投资省、安装方便、噪声低、散热好、可靠性高等优点不断被各地水利系统接受采用，市场推广及运行效果良好。

持有单位：天津甘泉集团有限公司
单位地址：天津市津南区葛沽镇三合工业园
联 系 人：高贤铁
联系方式：022－28686236、18920315966
E－mail：gqgxt@163.com

## 227 零水损节能型液控止回偏心球阀的水锤防护应用技术

**1. 技术来源**

其他来源。

**2. 技术简介**

防水锤零水损液控止回偏心球阀采用全通径结构设计，阀门完全开启时，球体与阀体流道完全对齐，无任何阻挡，可实现真正的零水损。阀门密封副采用双向密封浮动阀座专利设计，阀座双向最大浮动量为 1mm。阀座密封采用软硬双层结构，硬密封为主，软密封为辅，密封可靠性高，在反向额定工作压力时依旧可以确保密封。阀门为双偏心结构，密封面在启闭过程中磨损行程小，大大提高了阀门的使用寿命。防水锤零水损液控止回偏心球阀主要作为泵后止回阀使用，具备止回阀的各种功能特性，确保泵站及整个管道在任何工况下的安全。

**技术指标如下：**

（1）壳体试验：试验压力为 1.5 倍工作压力；保持试验压力的持续时间应符合标准要求；壳体试验时不应有结构损伤，不允许有可见渗漏通过阀门壳壁和任何固定的阀体连接处，不得有可见的液滴或表面潮湿。

检测结果：试验压力：1.5MPa，试验时间：300s，符合要求。

（2）水流方向密封试验、水流方向逆向密封试验：试验压力为 1.1 倍工作压力；保持试验压力的持续时间应符合标准要求；在试验压力持续时间内无可见泄漏。

检测结果：试验压力：1.1MPa，试验时间：120s，符合要求。

（3）浮动阀座：全开全关时，阀座应双向浮动，动作灵活，无异响卡阻等。

检测结果：符合要求，浮动位移为 1.5mm。

**3. 应用范围及前景**

该技术广泛应用于水利、电力、给排水等行业，作为水泵后止回阀和控制阀，还可应用于高压差高流速等需止回管道系统。

防水锤零水损液控止回偏心球阀在阀门全开时零水损，在压力输水管线中，非常适合作为泵后止回阀、水泵检修阀、分段阀、放空阀，可节约大量能源，大大提升整个管道输水效率，是水泵输水系统中最经济、最可靠的阀门。

目前国家倡导节能减排，各城市自来水系统在建设中也越来越多考虑到能耗问题，该阀门价格合理，未来会具有非常大的市场。同时，在东南亚、非洲、南美等新兴市场，该阀门也有较大的市场。

持有单位：武汉大禹阀门股份有限公司
单位地址：武汉经济技术开发区全力北路 189 号
联 系 人：金兰
联系方式：027 - 84296130、15902717859
E - mail：317672143@qq.com

## 228 数字孪生智能泵站机组全生命周期监测与健康诊断评估技术

**1. 技术来源**

其他来源。

**2. 技术简介**

数字孪生智能泵站机组全生命周期监测与健康诊断评估是指用一系列的技术手段和相关工具方法来对运行设备从安装、调试、运行、维护、改造直到报废的整个过程中实时监测和管理,利用 BIM 技术对机组机电设备进行精细化建模,融合机组运行状态实时监测数据,将水泵机组静态基础信息和动态运行信息进行复刻,对机组进行全生命周期监测和管理的数字化映射、智慧化模拟,实现与泵站同步仿真运行,虚实交互,迭代优化。

**技术指标如下:**

硬件主要参数指标:

(1) 振摆采集通道数:24 个。

(2) 采集器最大采样频率:102.4kHz。

(3) 采集器最大分析线数:6400 线。

(4) 采集器最大分析频率:40kHz。

(5) 噪声谱最大分析频率:20kHz。

(6) 转速监测最大值:30000r/min。

(7) 转换精度:24 位 A/D 转换。

(8) 幅值精度:$<\pm 0.5\%$。

(9) 转速误差:$<\pm 0.2r/min$。

(10) 线性相位滤波:16 阶。

系统软件主要功能指标:

(1) 三维可视化监测实时数据刷新时间$\leqslant 2s$。

(2) 故障报警误报率$\leqslant 5\%$。

机组的"四预"功能指标:

(1) 运维预报覆盖率100%。

(2) 预警有效率和故障诊断准确率达到95%以上。

(3) 故障对应预案率100%。

**3. 应用范围及前景**

该技术适用于水泵站、调水泵站、雨水泵站、排污泵站、排涝泵站、灌溉泵站等水利泵站机组的智慧化生产管理。

全国已建成各类装机流量 1m³/s 或装机功率 50kW 以上的泵站 95049 处,其中:大型泵站 420 处,2924 座,装机总功率 496.27 万 kW,装机总台数 17963 台;中型泵站 4388 处,30548 座,装机总功率 2018.48 万 kW,装机总台数 187513 台。数字孪生泵站机组全生命周期监测与健康诊断评估技术在全国的大中型水利泵站上具有非常广阔的应用前景和巨大的经济效益。

---

持有单位:中水淮河规划设计研究有限公司、欣皓创展信息技术有限公司
单位地址:安徽省合肥市包河区云谷路 2588 号
联 系 人:孙涛
联系方式:0551-65707967、18156092527
E-mail:3092511625@qq.com

## 229 水工金属结构安全运行智能感知与监测技术

**1. 技术来源**

其他来源。

**2. 技术简介**

水工金属结构安全运行智能感知与监测技术是将前端感知、网络传输、大数据分析、计算机特征提取等技术用于设备运行管理当中，以便实时掌握金属结构设备的运行特性和安全状态，实现金属结构设备在全生命周期内可靠、安全的运行。该技术是将前端感知、网络传输、大数据分析、计算机特征提取等技术用于金属结构设备运行管理当中。该系统硬件体系结构由分布式集成传感器、数据通信、数据处理器和数据可视化大屏组成。该系统采用应力、振动、倾角、声发射、钢丝绳断丝、转速等十余类智能前端感知传感器对金属结构工作参数进行实监测。前期对水工金属结构进行综合分析，确定可能的危险结构点和关键监测位置并布置传感器。其监测数据能实时反映水工金属结构的安全状态，解决了人工巡查难以发现的结构应变、内部损伤、定期检测无法排除过程隐患，以及异常信息无法精准自主识别、运行故障缺乏大数据诊断分析等一系列难题，从而为水工永久设备运行安全提供了强大的科技保障。

**技术指标如下：**

（1）该项目采用 32 位 MCU 芯片来集成数字传感器，与传统模拟传感器相比具有高精度、高可靠性、低功耗、抗干扰能力强特点。

（2）数字传感器内集成的微控制器具有相应的数据采集和逻辑运算能力，能够使系统适应低带宽和水下的网络环境，并且还可以减轻服务器的计算压力。

（3）建立设备专家预警数据库，同时计算机通过对设备自身历史数据的学习，用大数据分析、计算机特征提取的方法分析设备安全运行的内在特征，进而优化出适合自身特征的自学习预警数据库。

（4）基于三维可视化场景，集成金属结构在线监测系统，对机器运行状态进行前端感知和模拟展示，为设备状态监测、检修、预测性维护等业务提供决策支撑。

**3. 应用范围及前景**

该技术适用于水利水电工程闸门、启闭机、压力钢管、清污机、阀门等水工金属结构智能前端感知与监测。

该技术的推广和应用可以更有效地服务于"数字孪生流域"建设和"智慧水利"建设，对增强水工金属结构设备安全运行的技术支撑能力，保证水利水电工程安全运行有积极的意义；该项目的开展也可以为水利部重点工程如南水北调工程、小浪底水利枢纽工程、引汉济渭工程等提供水工金属结构设备安全运行智能感知与监测技术服务，进一步提升水工金属结构设备运维管理水平和安全运行技术保障，为精细化管理提供必要的技术手段。

持有单位：水利部水工金属结构质量检验测试中心

单位地址：河南省郑州市惠济区迎宾路 34 号

联 系 人：方超群

联系方式：0371 - 6559095、15838161519

E - mail：fangchaoqun@163.com

## 230 河道数据处理与质检系统

### 1. 技术来源

省部计划。

### 2. 技术简介

该系统由"长江上游河道业务处理系统""试坑法床沙数据整编系统""多波束测前参数设计软件""河道数据自动质检平台软件"模块组成。系统软件采用微软的.Net 开发平台进行开发，运行模式主要基于 C/S 模式；系统将在网络环境上运行，数据库和软件系统相对独立；数据库安装在数据库服务器上；软件系统主要通过 SQLserver 直连等方式进行数据库表数据的读取。系统运行在具有微软的.Net 框架的 Windows 系统下，服务器采用 Windows2008 操作系统；工作站操作系统采用 Windows7 及以上操作系统。

技术指标如下：

软件研发符合《信息技术软件生存周期过程指南》《计算机过程控制软件开发规程》《计算机过程能力评估模型》《软件能力成熟度模型》要求。

河道成果符合《水道观测规范》（SL 257—2017）、《河道资料汇总与提交导则》（CSWH111）、《断面成果调制规定》（CSWH131）要求。

测试标准满足：《软件工程 软件产品质量要求与评价（SQuaRE）商业现货（COTS）软件产品的质量要求和测试细则》（GB/T 25000.51—2010）、《软件工程 产品质量 第 1 部分：质量模型》（GB/T 16260.1—2006）和《软件工程 产品质量 第 2 部分：外部度量》（GB/T 16260.2—2006）要求。

功能测试结果分析：按照缺陷严重度划分，无严重级别错误，解决率达到 100%。

性能测试结果分析：所选择的性能测试场景的性能结果全部符合指标。

### 3. 应用范围及前景

该系统适用于内陆河流断面信息维护、床沙数据处理、河道数据成果的自动检查检验、多波束测前参数设计及成果输出。

该系统主要应用于长江三峡库区干支流、金沙江下游干支流、西部地区中小型水库等河道勘测工作，已在长江三峡工程和金沙江下游梯级水电站水文泥沙监测、长江航道通航整治、矿区尾矿水生态修复等 40 余项生产科研项目投入，主要用于水下三维数据获取与模型构建、河道演变分析、水库冲淤计算、库容曲线复核等，证实长江上游业务处理系统运行成熟可靠，具有较强的推广使用价值。

持有单位：长江水利委员会水文局长江上游水文水资源勘测局
单位地址：重庆市江北区海尔路 410 号
联 系 人：孙振勇
联系方式：023-89052817、15923390456
E-mail：15923390456@163.com

# 231 便携式智能检测测量装备技术

**1. 技术来源**

其他来源。

**2. 技术简介**

便携式智能检测测量装备技术是对现有小型 GPS 测量设备进行改造，依据倾斜测量原理、摄像监控原理、红外反射原理、GPS 定位原理、数据无线传输技术等，将测量的各类功能整合聚集在同一装备中，形成的一种便于现场携带的具有智慧测量和 GPS 定位功能的手持测量检查设备。该设备作为检测测量的前端平台，手机或电脑搭载后端软件平台进行数据量化处理，实现检测测量的数字化监控。

技术指标如下：

（1）测距：1～50m。

（2）测距精度：±2mm。

（3）测角精度：±0.2°。

（4）高程精度：±2cm。

（5）定位精度（有 CORS 功能）：±2cm。

（6）GNSS：满足与 GPS、北斗等卫星定位系统兼容使用。

（7）操作系统：Android。

（8）CPU：2GHz，高性能 32 位处理器，后期升级 64 位处理器。

（9）数据存储：32GB 容量，可扩展 32GB。

（10）摄像头：1300 万像素，海康威视智能摄像头。

**3. 应用范围及前景**

设备可用于各类工程常规测量，包括工程各专业的测量检验、数据快速复核，也可以用于普通民用测量。

未来研究应用方向为便携式信息化测量设备，快速测量，快速读取测量数据，快速进行技术复核，还可接入 BIM 系统进入实时对比或历史测量回溯。

该装备技术数据处理采用易于读取接受的方式，工程技术人员、行业专家、普通民众等也可以用此装备。技术人员可应用在验收、初筛、复核中，行业专家、管理人员可在检查、稽查、基础数据对比中应用本技术。该装备技术也可推广应用至众多其他行业领域，包括物体测量、室内测量、移动定位等。

持有单位：江苏科兴项目管理有限公司

单位地址：江苏省南京市鼓楼区广州路 225 号

联 系 人：成舒扬

联系方式：025 - 85829737、18066030070

E - mail：sycheng@nhri.cn

## 232 水库大坝风险评估技术

**1. 技术来源**

国家计划、省部计划。

**2. 技术简介**

该技术主要包括水库大坝风险要素识别、溃坝概率计算、溃坝后果分析、大坝风险计算、大坝风险等级划分、群坝风险分析方法及大坝风险决策与处置。

水库大坝风险要素识别。根据流域概况和水文气象、水库功能与防洪保护对象、工程特性、安全管理、溃坝洪水淹没区等基本资料和现场安全检查等成果，查找可能导致溃坝的工程自身缺陷、外力因素、人为因素，识别大坝风险要素。

溃坝概率计算与溃坝后果分析。通过半定量或定量分析法进行溃坝概率计算，通过溃坝洪水和洪水演进计算进行溃坝洪水分析，绘制溃坝洪水风险图，开展溃坝生命损失、经济损失、社会与环境影响指数计算，综合计算大坝风险。

**技术指标如下：**

（1）大坝风险等级标准。根据中国水库大坝特点和风险特征，划分水库大坝风险等级标准，分为极高风险、高风险、中风险、低风险四级大坝风险等级。

（2）大坝风险评估方法。通过大坝风险要素识别、溃坝概率计算、溃坝后果分析、大坝风险计算，获得水库大坝风险结果，将风险计算结果与风险等级标准比较，提出大坝风险评估结论。

（3）风险排序。以水库大坝运行缺陷分析研究为基础，结合脆弱度和后果系数提出大坝风险指数。在脆弱度中考虑运行缺陷度、大坝年龄、日常管理水平，在后果系数中考虑库容、坝高、下游城镇规模、应急管理水平，这些风险影响因素采用定性至定量或定量至定量的等级划分映射关系。

**3. 应用范围及前景**

该技术适用于我国所有规模水库大坝运行管理，尤其适用于各级水行政主管部门水库大坝安全运行行业监管。

该技术成果运用前景广阔，在社会、经济、生态环境等方面预期效果显著。通过开展大坝风险评估，可有针对性地开展水库风险防控工作，优化配置管理资源，为"水库不垮坝、人员不死亡、重要基础设施不受到冲击"提供技术支撑。根据大坝风险评估结果，提出风险管控对策建议，提高维修养护针对性，优化除险加固工作方案，加快推进水库防洪能力提升工程，促进大坝风险管理理念与安全管理实践有机融合。

持有单位：水利部交通运输部国家能源局南京水利科学研究院、水利部大坝安全管理中心

单位地址：江苏省南京市鼓楼区广州路 223 号

联 系 人：张士辰

联系方式：025 - 85828297、13813918426

E - mail：sczhang@nhri.cn

# 七、水利信息化

## 233 土壤墒情卫星遥感实时监测分析技术

**1. 技术来源**

省部计划。

**2. 技术简介**

土壤墒情卫星遥感实时监测分析技术融合地面墒情观测数据和卫星遥感数据，研制了基于归一化植被指数和地表温度的多元回归模型土壤含水量反演技术，并基于该技术研发了具有自主知识产权的土壤墒情卫星遥感实时监测分析系统，实现了大范围连续性土壤墒情实时监测分析，提升了抗旱救灾工作信息化服务水平。

技术指标如下：

（1）产品精度指标：裸土和农业区实时土壤墒情反演的误差可控制在 10% 左右。

（2）产品生产效率指标：10min 内完成土壤墒情的分析计算处理和图像制作。

（3）产品空间分辨率指标：生产的土壤墒情产品空间分辨率为 1km。

（4）产品时间分辨率指标：可实现不同行政区域逐天、逐周、逐旬的土壤墒情反演产品。

（5）系统稳定性指标：年平均无故障运行时长比例超过 98%。

（6）系统响应速度指标：响应速度低于 3s。

**3. 应用范围及前景**

该技术适用于具有一定数量墒情监测站点及相应实测土壤墒情数据的各级行政及区域旱情监测工作。

土壤墒情监测分析是抗旱工作的耳目和参谋，加强土壤墒情卫星遥感实时监测分析技术推广应用是减轻因旱粮食减产的重要途径，更是推进抗旱"四预"工作的重要任务。该技术具有深远的研究价值和广阔的推广应用前景，土壤墒情监测多源信息融合和模型参数率定进一步研究是未来的发展方向，通过不断的深入研究，该技术将为我国的防汛抗旱、水资源优化配置以及水利现代化事业做出巨大的贡献，可在全国范围内进行推广应用。

持有单位：水利部信息中心、中国水利水电科学研究院

单位地址：北京市白广路二条 2 号

联 系 人：赵兰兰

联系方式：010－63202522、18801009139

E－mail：zhaolanlan@mwr.gov.cn

# 234 基于大数据＋物联网＋BIM 的水资源管理系统

**1. 技术来源**

其他来源。

**2. 技术简介**

系统通过大数据、物联网及＋BIM 等新信息技术应用，结合江西省水利工程、水利资源现状，完成水利资源管理平台研发，为水利资源信息化管理提供支持。系统建立了水利工程三维模型、水利资源基础数据，分析流域水资源状况及相关水利工程运行调度，实现三维地形场景的构建，同时将以三维倾斜模型的形式，在三维场景中进行工程现状的真实还原。系统包括环境监测模块、工程信息模型、数据采集模块、工程管理模块、维护定级模块、数据分析模块、警报终端以及服务器；服务器与水利工程信息模型双向数据连接，信息模型可以帮助实现工程信息的集成，实现三维地形、地貌场景，融合 BIM 技术，在三维场景上展现水利工程体系以及相关的场景属性信息。

**技术指标如下：**

基于大数据＋物联网＋BIM 的水资源管理系统主要包括环境监测模块、建筑信息模型、数据采集模块、建筑管理模块、维护定级模块、数据分析模块及警报终端。系统提供 BIM＋GIS 数据融合服务，三维 GIS 集成了大量的多源数据，如影像、地形、倾斜摄影模型、水利信息等，可以在三维 GIS 系统中将 BIM 数据与多源数据相融合，实现更宏观、更全面的可视化展示与管理。系统数据采集模块，是基于 Netty 技术，实现了高可用、高并发的统一数据消息接收服务架构，用来接收、发送、处理物联网、socket 等高并发应用场景的数据。获授权发明专利《基于 BIM 和大数据分析的水利工程全生命周期管理系统》等 4 件，实用新型专利 2 件，软件著作权 1 件。

**3. 应用范围及前景**

该系统可在水利枢纽工程中推广应用。该技术适用于各水利枢纽工程前期规划、设计、施工及运行管理全生命周期管理，同时可以将水利工程所处的环境和自身因素进行有效结合。

该系统运用 BIM＋GIS、虚拟现实、大数据等先进技术，汇聚水利工程在建设期、运行期、运维期的各类信息，构建水利大数据中心、综合数字信息平台和三维虚拟模型，并进行集中管理与分析、应用和展现。该系统可以稳步提高水利工程设施效能，提升水利建设综合价值，有良好的应用推广前景。

持有单位：江西武大扬帆科技有限公司、水利部水利水电规划设计总院、中铁水利水电规划设计集团有限公司

联 系 人：张李荪

单位地址：江西省南昌市北京东路 1038 号省水利规划设计院综合楼

联系方式：0791－87357156、13879106721

E－mail：jxyzls@163.com

## 235 感潮河网一维水沙动力数值模拟软件 V1.0

### 1. 技术来源

其他来源。

### 2. 技术简介

基于一维河道水沙运动方程和汊点水量动量方程构建感潮河网模型，采用线性化 Preissmann 四点偏心隐格式离散控制方程，采用汊点分组解法进行求解。其中悬移质泥沙挟沙力采用基于泥沙交换统计理论的公式计算，悬移质泥沙方程采用差分法扫描求解，河网糙率采用沿河宽不均匀分布的处理方法。

技术指标如下：

（1）不仅适应于感潮河网地区，同时也适应于平原河（湖）网、山区树状河网。

（2）可实现滩槽阻力优化配置，提高水动力模拟精度。

（3）可实现不同类型河流泥沙输移理论计算与经验取值的完美结合，提高泥沙模拟精度。

（4）数据参数与代码分离，具备优异的可嵌套性与可移植性，便于数字孪生平台的集成与调用。

（5）软件获得计算机软件著作权登记证书，登记号 2022SR0323632、2022SR0323639。

（6）软件通过登记测试，用户文档易理解、可操作，提供安装和卸载、数据输入、水动力计算、泥沙动力计算、结果输出等功能，软件各种信息易理解、易浏览，便于用户操作。软件在测试环境中运行稳定，操作简便。

### 3. 应用范围及前景

该软件适宜在感潮河网、平原河（湖）网及山区树状河网地区的一维水沙动力过程数值模拟研究中推广应用。

受气候变化、人类活动影响，入海感潮河网及平原河网、山区树状河网面对日益复杂多变的水沙条件。随着服务于防洪、航运、水生态、水资源等的相关研究不断深入，河网水沙数值模拟将面对研究区域越来越大、预测时间越来越长、水沙边界越来越复杂的难题，从而对河网一维水沙动力数值模拟在效率和精度方面提出了更高的要求。该软件计算速度快、计算精度高、运行维护成本低，在大型河网地区的相关研究中具备广阔的市场空间与应用前景。

---

持有单位：长江水利委员会长江科学院、长江水利委员会水文局、长江航道整治中心、长江上游水文水资源勘测局

单位地址：湖北省武汉市江岸区黄浦大街 289 号

联 系 人：葛华

联系方式：027 - 82829871、13628660252

E - mail：gehua@mail.crsri.cn

# 236 感潮河段水文测验远程智控及信息智能融合系统

**1. 技术来源**

其他来源。

**2. 技术简介**

感潮河段水文测验远程智控及信息融合智能系统是通过整合传感器硬件、数据传输链路、采集硬件和测控系统软件构建而成，远程智控的技术原理是通过 4G DTU 网络设备将水文设施传输链路无限延长，采用数据透明传输、内网穿透、DDNS 等多种网络通信协议与技术实现远程智控的功能；开发的测控系统是将各传感器的数据统一格式处理保存至统一的平台，采用人工智能的机器学习数据清洗算法实现数据质量控制，并构建一体化的水文数据产品处理流程。

**技术指标如下：**

感潮河段水文测验远程智控及信息智能融合系统依据广东省科学技术情报研究所科技查新报告，技术创新性在国内公开发表的中文文献中未见完全包含项目技术创新特点的相同文献报道。系统软件经测评：

（1）系统兼容指标：具有支持 Windows 7/8/10/11 系统，32 位、64 位平台通用的特点。

（2）功能指标：项目管理，定位和水位、流速、气象、水样、大断面、流量测量远程控制功能、数据整理和资料在线整编等 12 个功能模块各项指标经测评可实现功能要求。

（3）性能指标：数据生成、图片调阅时间小于三秒；测评性能稳定，未出现报错。

（4）安全性指标：系统进入后影响操作、数据更改都会被系统保留、记录在数据库中并备份。

**3. 应用范围及前景**

系统可应用于全场景的水文测验，目前感潮水域和海域应用较成熟，系统软件兼容 Windows 7/8/10/11 系统；32 位、64 位平台通用。

只要水文测验还有需要人力去开展或维护的部分，远程智控和信息融合技术就具有重要的现实意义；即使是常规水文测验实现全自动化，同步水文测验、水文应急监测等还是重要的补充手段。远程智控技术适用于水文测验全场景全要素，能及时采集数据信息和后台在线分析，同时减少测验现场人物力，提高测验人员工作效率，降低野外作业风险，对水文测验质量把控，整合水文内、外业业务具有非常积极的意义。

持有单位：珠江水文水资源勘测中心
单位地址：广东省广州市天河区天寿路 80 号珠江水利大厦
联 系 人：熊佳
联系方式：020 - 87117288、13450291872
E - mail：83698101@qq.com

# 237 无线微波降水密集监测系统及智慧应用

**1. 技术来源**

国家计划。

**2. 技术简介**

无线微波降水监测是利用无线电磁波在传输过程中，由途经的降水事件造成的能量衰减计算链路沿程平均降水强度的技术。通过不同链路交叉组网，融合测站、雷达等多源异构气象数据，基于降水数据点-线-面无间断插补融合算法，形成可反映降水空间分布不均匀性的密集监测系统，为水利专业模型提供精细化降水输入数据，提高水旱灾害监测预警、水资源管理与调配等业务的智慧化水平。

**技术指标如下：**

（1）工作温度：−40～85℃。

（2）工作湿度：10%～100%RH。

（3）微波支持频段：15～50GHz。

（4）微波信号极化方式：垂直极化、水平极化。

（5）微波链路长度：200～5000m。

（6）降水时间分辨率：≥5s。

（7）降水空间分辨率：≥200m。

（8）降水识别准确率：≥90%。

（9）降水识别类型：雨、雪、雹、雾等。

（10）降水分辨力：0.5mm。

（11）降水监测误差：≤15%。

**3. 应用范围及前景**

该技术适用于水旱灾害监测预警、水资源管理与调配、水土流失保护等智慧水利业务，及市政、交通、应急等行业。

无线微波降水密集监测系统是通信技术、大数据技术与水文气象行业的一次深度融合，未来将在链路组网、云端计算、智慧应用等方面进一步开展研究与示范应用。该技术为水旱灾害监测预警、水资源管理与调配等智慧水利业务提供了算据支撑；利用其监测要素多、监测精度有保证、监测频次高、建设维护成本低、应用场景广等特点，在水利、气象、交通、市政、环保、应急等领域开展了应用示范创新，进一步推动了新时期智慧水利的高质量建设。

持有单位：河海大学、江苏亨通河海科技有限公司

单位地址：江苏省南京市鼓楼区西康路 1 号

联 系 人：杨涛

联系方式：025−83786621、13770918075

E−mail：tao.yang@hhu.edu.cn

# 238 水文监测智能融合终端

**1. 技术来源**

其他来源。

**2. 技术简介**

水文监测智能融合终端站点建设采用最新的 AI、边缘计算技术、自动测报、现代通信（5G）和远地编程控制技术，采用测、报、控一体化的结构设计，保证系统可靠、有效地运行。网络回传匹配不同监测站点的多样性需求，提供多种灵活的数据回传方式，如 4G/5G 回传、光纤回传、对于无电无网的场景也可以采用微波进行数据回传。

**技术指标如下：**

硬件：ARM 4 × 1GHz，DDR 2GB，Flash 2GB；

接口：5 × GE 10/100/1000M/s、2 × RS485 或 RS232、1 路 DI1 路 DO，4G/5G/LTE FDD LTE：Band 1/3/5/8，TDD LTE：Band 38/39/40/41、北斗/GPS/伽利略/GLONASS。

电源：9.6～60VDC。

物联协议：MQTT，CoAP，电力载波（PLC）；

支持 SSH 接入，用户日志，系统监控，远程管理，U 盘开局。

支持 LXC 容器，最大 4 个，容器之间支持通过 MQTT 通信。

城市河网水动力-水质多目标联控联调智能决策技术

安装、卸载、启动、停止容器、App、Docker。

支持 App 二次开发，提供开发指导。

**3. 应用范围及前景**

该技术适用于河道水文监测、水库水文监测、山洪灾害监测、市政城管监测、地下给排水监测、灌区取用水监测等。

信息化建设过程中产生设备不兼容、平台不互通、数据不共享等信息壁垒在所难免，研发一台新型的具有多参数、多接口，支持有线及无线自组网的智能一体化远程控制终端及其管控平台十分必要。水文监测智能融合终端结合了大数据、5G、人工智能、边缘计算、北斗卫星等技术，在国内水文领域处于领先地位。相信随着此智能一体远程控制终端的成功研发并投入使用，将会对智慧水文乃至智慧水利建设产生积极而深远的影响。

持有单位：华为技术有限公司
单位地址：深圳市龙岗区坂田华为总部办公楼
联 系 人：孙伟
联系方式：025－56626431、18551863358
E－mail：s.sunwei@huawei.com

## *239* "大禹"一体化监测平台

**1. 技术来源**

其他来源。

**2. 技术简介**

"大禹"一体化监测平台采用云、边、端一体化架构，打造适用于多种水利业务场景的智慧监测整体解决方案，包括大禹针、大禹站、大禹云三部分。河长巡河日常监管，实现全天候人员入侵告警、水面漂浮物告警、水色识别、河道侵占等视频监控告警功能。

水文监测，实现水情、雨情、水质等感知要素监测；支持多种接入协议转换，在边端即可完成水位超汛限、超警戒等预警场景。

水利工程安全运行监管，全天候坝上行车告警、危险区域人员入侵告警、智能巡查、大坝渗流观测、小型水库汛期观测、输水工程观测等智能监控。

**技术指标如下：**

水位：量程 0～30m/0～70m 可选；准确度±3mm；分辨率 1mm。

流量：量程 0.15～15m/s；准确度±0.01m/s 或±1%；分辨率 1mm/s。

智能网关：边缘算力≥21TOPS，CUDA Core≥384 颗、Tensor Core≥48 颗，整机最大功耗不超过 25W，支持 onvif、rtsp、GB/T28181 等多种视频协议接入，网关支持 32 路视频智能分析，支持 30＋水利业务场景的边缘 AI 分析；支持 TCP/UDP/MQTT/HTTP 等多种协议。

大禹云：支持千万级设备接入管理，支持 30＋种水利 AI 模型训练，支持端、边设备远程管控运维。

兼容 4G、5G、Wi-Fi、有线等多种通讯机制。

**3. 应用范围及前景**

该平台适用于河湖监管、水利工程安全运行监管、灌区量测水、水文监测、城市内涝监测等多种业务场景。

"大禹"一体化监测平台具有低功耗、模块化、集约化、智慧化、方便灵活部署的特点，通过水位、水质、雨量、视频监控等多种感知设备的接入，结合边缘计算对儿童戏水、人员入侵、水位自动识别预警等 30 多种水利业务场景进行智能计算和分析，形成"感、传、智、用"一体化物联网解决方案及产品。具备统一设备接入、边缘智能计算、混合网络传输和灵活部署等优势，在水文监测、河湖监管、水库监管等方面具有广泛、良好的推广前景。

持有单位：浪潮软件科技有限公司

单位地址：中国（山东）自由贸易试验区济南片区浪潮路 1036 号浪潮科技园

联 系 人：汪子棚

联系方式：0531-85106631、15210760338

E-mail：wangzipeng@inspur.com

## 240 流域气象水文科学数据融合平台

### 1. 技术来源

其他来源。

### 2. 技术简介

流域水文过程由流域气象与流域物理属性（地形、土壤、岩性等）共同决定，近年来各类水文相关数据的体量在不断增加，但少有工作对这些数据在流域层面上进行汇编。水利、自然资源、生态环境、气象等部门的信息系统，存在不同的平台（关系型数据库和非关系型数据库）和数据格式（结构化、半结构化和非结构化并存），导致信息与资源分散，异构性严重，不能共享，阻碍科学研究进展和实际工程开发。

技术指标如下：

（1）数据平台除支持一般结构性事务数据外，支持 Shapefile、GeoTIFF、NetCDF、HDF-EOS5、CSV 等格式数据的接入。

（2）平台对数据存储和数据查询的数据量支持能力不小于 15TB。

（3）数据查询响应时间最大不超过 5s，平均时间在 1～3s。

（4）栅格数据和矢量数据等空间数据在 Web 地图上进行可视化展示时，加载速度不超过 10s。

（5）数据库支持超过 300 个用户的并发访问能力。

### 3. 应用范围及前景

该技术适用于水环境、水灾害、水生态等业务预测预报，洪水河道演进，水质动态变化过程研究。

推进水利行业大规模科学数据集构建，为水科学数据融合平台构建与数据共享提供科学合理的设计依据，为水利行业的管理和决策提供数据支撑和技术依据。支撑黄河流域水动力、水文、水环境、水灾害、水生态问题研究。为模拟区域污染汇集，洪水河道演进、水质动态变化等过程等研究工作提供辅助数据。

持有单位：黄河水利委员会黄河水利科学研究院

单位地址：河南省郑州市顺河路 45 号

联 系 人：金锦

联系方式：0371-66024562、18638657006

E-mail：jinjinhao@21cn.com

# *241* 珠江水情信息共享平台系统

**1. 技术来源**

其他来源。

**2. 技术简介**

该系统包括网页端和手机端 App 系统，网页端系统采用 B/S 体系结构，主要实现珠江流域雨情、气象、水情、预报、工情、调度等信息的共享与查询。采用前后端分离的开发技术，前端采用 VUE 框架，后端采用 Spring Boot 框架及 Spring Cloud 的微服务架构模式，前后端通过 RESTful 轻量级接口进行通信交互。手机端系统为安装至用户手机的应用软件，提供给用户丰富的人机交互界面，快捷方便查询珠江水情相关信息。

技术指标如下：

（1）水情资料全面：系统实现了珠江流域雨情、水情、工情、调度运行等信息资源的实时汇集和共享，各类站点数量总计 2 万余个。

（2）数据实时性：对接实时雨水情数据库和信息传输通道接口，所有数据都是最新实时信息，数据滞时小于 1h。

（3）各类人机交互操作、信息查询、图形操作等响应时间＜2s；复杂统计报表响应速度＜5s；WEBGIS 响应速度＜2s。

**3. 应用范围及前景**

该系统适用于珠江流域各级水行政主管部门、水库（水电站）管理部门、电力调度部门等对珠江流域水情信息汇集和共享。

研发的珠江水情信息共享平台系统包括网页端系统和手机 App 系统，为流域水库群联合调度提供信息基础。该系统界面友好，具有较好的用户体验，在流域水旱灾害防御、水库群联合调度等方面取得了显著的应用效果。系统基于标准库表结构开发，有良好的可移植性和可扩展性，不仅可应用于珠江流域相关水利及水库管理部门，也可应用于航运、电力等部门，也可以移植到其他流域对水情信息有需求的部门。

持有单位：水利部珠江水利委员会水文局
单位地址：广东省广州市天河区天寿路 80 号珠江水利大厦
联 系 人：张文明
联系方式：020-85116147、13751857737
E-mail：zwmandy@163.com

## 242 大禹智慧水务物联网云平台

**1. 技术来源**

其他来源。

**2. 技术简介**

物联网云平台设计及研发项目通过对软件硬件的系统集成，设计采用智能化灌溉控制系统、可视化系统以及控制器件结合，能随时收集到各个控制阀门传送回来的水量、流速等数据，使有限的水资源得到高效利用，使丰富的土地资源得到最大限度的开发，实现水土资源的优化配置和经济发展，加快现代数字农业信息化系统建设。

技术指标如下：

（1）机构用户管理：提供管理维护系统使用者的基础信息、系统组织机构基础信息和系统区域基础信息。

（2）系统设置：提供系统功能菜单、使用角色、系统字典的管理维护和使用日志的查询。

（3）设备管理：提供对设备的维护，以地图为基础，显示设备的当前位置信息，以及设备的基础信息，可查看设备报警信息和操作日志记录。

（4）分组管理：用户可以根据自己的需求，对设备进行不同的分组管理。

（5）数据统计：对气象、土壤墒情的历史数据查询、对应数据的折线图标统计分析。

（6）智能控制：用户通过定时任务可以让选择的设备根据设定的时间、日期定时开启或关闭，并可配置支持设定条件下多个设备的打开或关闭。

（7）视频服务：对监控球机设备进行管理维护。

**3. 应用范围及前景**

该平台适用于农业及水利项目，包括灌区水利工程、农业灌溉项目、高效节水项目、高标准农田项目等。

物联网云平台是当今发展高效农业的重要手段，也是今后农业发展的必然趋势，基于项目研发的成果通过示范基地的建设，使研究成果有效地转化成现实生产力，可以大力进行推广普及，尤其是围绕重点农业发展区域，解决农田灌溉供需不平衡的问题，实现科学化、标准化农业灌溉，助力数字化农业发展，实现农业增产、农田增收、农民增效，带来一定的社会效益和经济效益。

持有单位：大禹节水集团股份有限公司
单位地址：天津市武清区京滨工业园民旺道 10 号
联 系 人：刘丽芳
联系方式：022 - 59679308、15832641503
E - mail：361851360@qq.com

## 243 灌区信息监测与管理系统

**1. 技术来源**

其他来源。

**2. 技术简介**

通过建立灌区水位、流量、水质等水情监测系统，泵站、闸门等水利设施自动控制系统，在此基础上，开发灌区信息监测与管理软件平台，包括灌区量测水管理、水费计收、配水调水管理等功能。

**技术指标如下：**

（1）主要技术及性能指标：

数据精度：数据库数据准确率：100％。

处理时间：数据更新时间：1s。

多维分析响应时间：＜5s。

（2）系统数据管理能力：

管理记录数：3000 万。

增长频率：30 万条/月。

表最大记录数：30000 万。

硬盘空占有量：60G。

（3）系统故障处理能力：

硬盘故障：用备份数据恢复。

数据库故障：重装数据库并用备份数据库恢复。

系统崩溃：重装系统并用备份数据恢复。

**3. 应用范围及前景**

深灌区信息监测与管理系统的服务对象主要为灌区管理处，适用于各大、中、小型灌区的信息化管理。

灌区信息监测与管理系统的软件建设和硬件建设结合起来，二者应同步进行，相得益彰。但在实际操作中，由于认识水平的差异，灌区信息化建设中还较普遍存在着重视一方面而忽视另一方面的问题。在软件的开发方面，由于种种原因，一般事务性软件和展示性软件更易得到人们的青睐，有意无意忽略和忽视极具生产实用价值的灌区水量管理专业软件的开发，基于水量监测而开展的优化调度决策软件的开发更少。

持有单位：深圳市东深电子股份有限公司

单位地址：深圳市南山区科技中二路软件园 5 栋 6 楼

联 系 人：彭赟

联系方式：0755－26611488、13760331078

E－mail：Pengy@dse.cn

# 244 城乡供水风险识别与管控系统

**1. 技术来源**

其他来源。

**2. 技术简介**

聚焦城乡供水用水保障与供水安全问题，采用大数据、云计算、物联网、AI智能识别、时序模型预测等先进技术，建立具有预报、预警、预案、预演功能的风险监管系统，实现农村供水风险的动态识别、精准预测、及时发布、闭环管控，满足区县级农饮水监运管单位风险管理和数据共享需求，提升农村供水保障水平，确保农村供水安全。

**技术指标如下：**

产品对4类20余种风险指标进行识别和管控，实现风险上报、核实、预案参考、督办、催办等功能，可以查看风险处置结果包括风险现场的图片、视频、文字描述，对比风险处置前后效果变化。水源监测指标：水源水质异常、水量异常、旱情、蓝藻、安防、取水设备故障、其他；水厂监测指标：进水流量、进水浊度、出水流量、出水浊度、出水余氯、设备故障、安防、其他；管网监测指标：管网压力、管网流量、管网爆管；用户风险监测指标：水质异常、停水、水压异常、其他（客户投诉）；水量异常、水质异常（村口大表）。

**3. 应用范围及前景**

该技术主要为县水利监管部门和县供水运行管理单位对城乡供水安全管控场景提供技术支撑。

未来研究方向分为三个阶段：

第一阶段：能满足县水利监管和县供水单位运行信息化、水源水量模型与现有产品功能融合、水管员App实现数据传送、风险上报；

第二阶段：实现模型准确预测，准确性达到85%以上，农村饮用水风险全覆盖、探索风险识别系统与推演模型的融合，实现简单的水源污染的推演；

第三阶段：打造数字孪生场景，实现风险模型预测、风险模型推演、优化风险处置决策。

持有单位：上海威派格智慧水务股份有限公司
单位地址：天津市河东区龙潭路15号
联 系 人：宋春影
联系电话：15568285650
E - mail：songchunying@shwpg.com

## 245 水土流失动态监测数据上报与质量控制软件

**1. 技术来源**

省部计划。

**2. 技术简介**

根据《水土流失动态监测技术指南》相关规定，开发"水土流失动态监测数据上报与质量控制软件"，优化数据计算校验、填报汇总工作流程，实现水土流失动态监测数据上报、质量控制与管理的扁平化、轻量化、便捷化应用。

该软件采用 Java8，JavaScript，html 技术进行开发，具有跨平台运行特性。软件应用面向水土保持及相关行业，分为国家级、流域级、省级和基层监测站点等多级用户。

**技术指标如下：**

（1）跨平台运行：软件采用 Java8＋JavaScript＋html，充分利用跨平台优势，降低平台间迁移难度。

（2）易操作：以电子表格为数据载体，对各类型数据一键录入，减少逐条录入的重复工作。

（3）自动化：实现衍生表计算和数据逻辑校验自动化，自动触发衍生表的计算机制和表内、表间、与上年度数据各字段之间数据闭合、数据一致性等逻辑关系校验机制，将计算和校验结果更新到系统数据库中，并提醒给用户。

（4）汇总统计多样性：满足 15 种 100 多个既定主题的统计汇总要求，同时提供区县自由组合的统计汇总方式。

（5）稳定性：软件在第三方测试、试运行和正式使用中运行稳定，并满足 500 人以上同时在线使用。

**3. 应用范围及前景**

该软件面向国家、流域、省市县水土保持管理和技术人员，具备向与水土保持监测相关的生态环境监测领域推广的条件。

该软件作为全国水土流失动态监测工作数据上报、质量控制和成果汇总的统一应用平台，为构架全国动态监测协同解译和计算分析平台进行了尝试，为智慧水利的水土保持算法、算据和预测预报的推进积累了经验。以该软件为基础，进一步扩充在线 GIS 应用、场景模拟及成果展示等功能，将极大提升软件的应用范围，不光可以为一线技术人员提供工作便利，还将为各层级的领导者和管理者提供决策支撑服务。

持有单位：水利部海河水利委员会水文局

单位地址：北京市西城区南滨河路 27 号院 7 号楼 A 座 10 层

联 系 人：曹文华

联系方式：010－63207089、13911885325

E－mail：whcao@126.com

## 246 PrpsdcBIM 三维开挖辅助设计软件

### 1. 技术来源

省部计划。

### 2. 技术简介

该二次开发软件涵盖了三维开挖设计中放坡设计、工程量提取、平剖面图成图等全部环节。软件以实际需求为基础，以实用、易操作、各种量值精度满足工程需求为根本宗旨，以提高设计效率为目标，采用 Microstation 软件基础平台提供的 SDK 对各功能进行开发，提出了三维开挖正向设计系统解决方案。

**技术指标如下：**

（1）开挖马道线及边坡控制线绘制周期 1 工日，传统设计周期 3 工日。

（2）提取开挖设计开口线周期 10min，传统设计周期 1 工日。

（3）绘制开挖剖面图周期 30min，传统设计周期 1 工日。

（4）土石方开挖量、常规支护工程量提取周期 30min，传统设计周期 1 工日。

（5）平剖面图高程、坡比、桩号等常规标注周期 0.5 个工日，传统设计周期 1 工日。

多个实际项目应用结果表明：应用本软件设计成果表达方式更加直观（三维轴测图＋二维图纸），更利于指导现场施工；开挖设计工作综合效率提升 50％以上，一次设计差错降低约 90％；建基面及边坡越复杂，相比传统方式效率及成果质量提升越明显。

### 3. 应用范围及前景

该软件主要适用于点上枢纽建筑物三维开挖设计，低等级临时施工道路的挖填、场地平整设计，不适用于长距离线型工程。

该软件适用于重力坝、土石坝、溢洪道、鱼道、厂房、泵闸等枢纽建筑物的三维开挖设计，工程区低等级临时施工道路的挖填设计，施工区场地平整设计等；可快速进行开挖模型创建、工程量提取、开挖平剖面图绘制；提供工具相对完善，操作流程简单，各种量值满足工程需求，应用面广，具有较强的实用性和推广价值。

持有单位：中水珠江规划勘测设计有限公司

单位地址：广东省广州市天河区天寿路沾益直街 19 号

联 系 人：丁秀平

联系方式：020－87117235、13826431124

E－mail：117785985@qq.com

# 247 工程勘测设计智慧协同系统

### 1. 技术来源

其他来源。

### 2. 技术简介

（1）发明用于水上测绘的无人机中继站，实现水利复杂场景下的多源数据快速采集。

（2）基于云边端一体化 GIS 的分布式协同的海量多源异构数据统一存储与管理。

（3）通过优化实例化存储与绘制和 LOD 等算法，自主研发多源数据融合算法，实现三维 GIS 与 BIM 的无缝融合。

（4）通过优化算法架构，自主研发 YOLOv3-SE 算法、U-Dnet 新模型和软件，实现多源数据融合的智能分析。

（5）基于 Krpano 技术研发 VR 全景管理系统，实现对现实场景的数字孪生展现。

（6）基于 WebGIS 架构研发工程勘测设计智慧协同系统，实现外业查勘与室内设计的无缝融合。

**技术指标如下：**

（1）可靠性：可识别违反句法条件的输入，未出现数据丢失、并未出现异常退出的情况。

（2）易用性：界面风格保持一致，所有界面元素分布合理，具备详细的用户手册，对用户操作的响应易于理解。

（3）维护性：开发过程符合软件工程规范要求，能够较为容易地实现更新、升级，可对系统或功能模块进行二次开发。

（4）可移植性：适应性强，可在 Windows 或 Linux 系统下正常运行，按照规定的软硬件环境，使用谷歌、火狐、360 等浏览器就能够成功访问。

（5）性能效率：在线用户数为 10273 个，吞吐量为 92.5 个/秒，事务成功率为 100%，满足"同时在线用户 1 万"的要求。

（6）稳定性：能 7×24h 连续运行，平均年故障时间少于 10d，平均故障修复时间少于 24h。

### 3. 应用范围及前景

该系统可推广至征地移民、河道治理、水土保持、智慧水利等行业，或智慧园区、国土规划、应急处理等其他领域。

（1）对接各类视频、监测等传感设备，采集数字孪生所必需的信息，实现对现实世界的智能感知。

（2）实时、全过程的感知，实现精细化、动态化管理，在河湖监测、水利工程建设监测、智慧水利等水利领域具有广阔的应用前景，在土地开发监测等国土领域以及道路违停等执法领域也具有潜在的推广价值。

（3）接入 AI 模型库，支撑更深入的智能分析，实现对河涌违建、排污口、非法采砂等的智能识别。

持有单位：中水珠江规划勘测设计有限公司
单位地址：广东省广州市天河区沾益直街 19 号中水珠江设计大厦
联 系 人：赵薛强
联系方式：020-87117044、13318786543
E-mail：414976097@qq.com

# 248 面向水利水电工程综合运维的数字孪生平台关键技术

**1. 技术来源**

其他来源。

**2. 技术简介**

该项技术针对当前数字水利水电工程和综合运维平台建设中技术体系不完备、综合业务服务能力不足、智能化程度不高等问题，以数字孪生技术体系为支撑，以虚实双向映射、全景高保真建模、动态高可信演化、智能精准决策为途径，构建具有预报、预警、预演、预案功能的水利水电工程数字孪生技术框架。

**技术指标如下：**

（1）模型算法库完备，建立全物理过程的模型，仿真范围广、实时仿真程度高；

（2）采用最新的 Web 前后端分离（HTML5 canvas、Vue、Golang、Nginx）、Pod 分布式计算、InfluxDB 时序数据库、MongoDB 高性能数据库等技术栈；

（3）具有先进、可靠、开放等特点，通用性、可开发性及扩展性强，易于维护。

（4）具有高智能、高可靠性、通用性强、标准化的 I/O 接口及网络通信接口。

（5）后台模型采用可视化无代码建模工具，低门槛，建模成本低。

**3. 应用范围及前景**

该技术适用于水利水电、新能源能数字孪生工程、三维可视化的风险管控、监控、作业指导及设备资产、流域及工程的管理等。

该技术主要应用在水利水电、新能源能数字孪生领域，以水利水电运维管理技术发展需求为契机，以数字孪生水电为目标，深入研究仿真模型技术在水利水电运行、维护、检修、培训及管理方面的应用。通过建立仿真对象数学模型、三维模型，构建虚拟化的水电厂运行环境，实现水电流域全景及水电厂生产过程的全仿真，提供漫游巡视、设备操作、事故故障处理、检修拆装操作等功能，配置 VR/AR 设备，实现一体化生产综合管理与培训功能。

持有单位：中国水利水电科学院、北京中水科水电科技开发有限公司

单位地址：北京市海淀区复兴路甲 1 号

联 系 人：张卫君

联系方式：010－68781756、13466787217

E－mail：jkzhangwj@iwhr.com

## 249 长大输水隧洞安全全光纤智能感知及在线预警关键技术

**1. 技术来源**

其他来源。

**2. 技术简介**

该技术针对长大输水隧洞工程特点，克服常规安全监测系统电式传感器通信距离受限、绝缘度要求高、通信电缆多等综合技术难点，在光纤光栅监测传感技术、现场应用关键技术、传感器自组网、远距离通信、多参数采集、动态监测方面进行深入研究。

**技术指标如下：**

研发的小型化弹出式光纤光栅测缝计、单端双出缆的多光栅 FBG 钢筋计均采用了自主研发的耐高压柱形刚性多芯光纤熔接保护技术，有效解决了现有 FBG 传感器在隧洞安全监测应用中存在的部分问题，具有成本低、安装方便、适应好、存活率高等优点。

研发的隧洞动态水压监测技术，可指导闸门操作，避免有压隧洞的水锤破坏，为工程长期安全运行提供了技术保障。

研究的长距离有压输水隧洞光纤光栅仪器安装及接续保护技术，可保障监测仪器在高水压下的正常运行；采用三维数字建模技术对长大隧洞关键构筑物进行数值模型分析，确定重点监测区域指导仪器布设及施工，建立实时监测预警系统，保障和指导输水隧洞的长期安全运行。

**3. 应用范围及前景**

该技术可推广应用到长距离输水建筑物、深埋地下洞室、海底管道工程等适用于光纤光栅传感监测技术的水利工程。

基于光纤技术的长大隧道安全监测系统，具有长线路、多层次、广领域的特点，监测系统发生局部故障的几率也相对较大，对于该监测系统各环节可能出现的故障及风险值得进一步深入研究。

该成果不仅可推广应用到长大隧洞工程，而且对长距离输水建筑物、深埋地下洞室、海底管道工程等适用于光纤光栅传感监测技术的水利工程能够起到很好的示范和推广作用，对于提高工程安全、运行管理等都具有广阔的应用前景。

持有单位：水利部南京水利水文自动化研究所

单位地址：南京市雨花台区铁心桥街 95 号

联 系 人：郭丽丽

联系方式：025 - 52898408、15295512335

E - mail：guolili@nsy.com.cn

## 250 基于 BIM 的大型输水渠道水污染突发应急退水数字模拟技术

**1. 技术来源**

国家计划。

**2. 技术简介**

利用 BIM 及 3S 技术进行数字化场景的构建，结合中线工程水闸控制系统、水量调度系统的实时水情和工情信息，构建包含退水闸及退水河道的一二维水动力学及染物扩散、退水闸退水规则的水质耦合计算模型，建立中线应急退水数字化管理平台。实现中线工程水污染突发事件应急处置，应急退水的全过程在线数值模拟分析、在线三维可视化展示，为水质业务管理提供"四预"功能。

**技术指标如下：**

（1）提出了基于 BIM 和 GIS 的在线建模技术。

（2）提出了模型平台中水动力学模型阵列 GPU 加速算法。

（3）实现了应急处置方案在线快速构建、人工干预设置处置措施、精准模拟处置效果和在线形成预案。

（4）基于自主研发的 BIMap 三维可视化引擎实现应急退水模拟三维可视化高保真展示。

**3. 应用范围及前景**

该技术可广泛应用于线状引调水工程，也可以推广应用于各种枢纽工程的溃坝和泄洪模拟。

该技术实现了基于 BIM 构建在线水动力学与水污染扩散模型耦合的数字化模拟及可视化展示的技术体系，结合智能语音播报、AI 语音识别等高新技术，支持大型输水渠道水质突发事件的应急处置和预测预报分析，为应急处置水污染事件决策提供支撑。该技术可广泛应用于南水北调东线、中线工程应急退水模拟以及左岸排水等演进模拟。该技术可广泛应用于线状引调水工程，也可以推广应用于各种枢纽工程的溃坝和泄洪模拟中。

持有单位：河南省水利勘测设计研究有限公司、中国南水北调集团中线有限公司

单位地址：河南省郑州市郑东新区康平路 16 号

联系人：尚银磊

联系方式：0371－69153978、15938711210

E－mail：1066763598@qq.com

## 251 水库大坝运行安全多测点分级关联预警技术

**1. 技术来源**

国家计划。

**2. 技术简介**

对于已经设置安全监测系统的大坝，以混凝土重力坝为例，考虑其工作特点和主要失效模式，针对性地选取关键部位（如断层处理后的部位、发现的工程质量缺陷部位等）的典型测点，将已有测点按重要性划分为重要监测点、一般监测点及其他监测点。

根据大坝安全监测数据拟定大坝安全预警指标，经过测点可靠性评价、数据粗差处理和典型测点的筛选，对符合要求的测点采用设计规范法、典型小概率法和置信区间法确定相应安全预警阈值，比对各方法的计算结果，最终采用各计算结果划定的最小区间的边界值作为最终的大坝安全警戒值。

技术指标如下：

（1）建立了考虑指标空间关联的大坝安全多测点综合实时预警平台。软件平台平均响应时间小于 3s，执行绘制过程线平均响应时间小于 1s，实现对大坝运行状态进行快速评估分析和实时安全预警，并自动复核警情、避免误警，监测预警平均响应时间小于 3min，误警率小于 0.5%。

（2）提出了一种综合多种手段确定大坝安全预警指标的方法。综合设计规范法、典型小概率法和置信区间法确定的最小区间边界作为大坝安全警戒值，建模拟合精度大于 90%，预警指标可靠性高于 95%。

（3）提出了一种针对混凝土重力坝的测点重要性分级方法。根据大坝工作特点及破坏类型，选择重点监控的部位及测点，划分大坝安全预警测点为三类：重要、一般和其他监测点。

**3. 应用范围及前景**

该技术属于大坝建设与运行管理、水库大坝安全监测及预警评估领域，适用于已设置大坝安全监测系统的混凝土坝，可推广应用于各类水库大坝。

将该技术推广至全国各类水库大坝的安全监测系统，建立工程运行安全的多测点分级关联预警体系，可为工程地区和下游安全提供可靠保障，特别是对于传统安全监测系统未能解决的防范恶性突发事故，提供有效手段；确保工程在防洪减灾与兴利效益中发挥关键作用，实现以往传统监测手段所不能做到的实时性、可靠性、准确性以及实时反馈、动态监控等功能，产生明显的工程经济效益，亦有助于形成辐射效果，产生广泛的社会效益。

持有单位：河海大学、中国软件与技术服务股份有限公司、水利部南京水利水文自动化研究所

单位地址：江苏省南京市鼓楼区西康路 1 号

联 系 人：陈波

联系方式：025 - 83787909、13913939498

E - mail：chenbo@hhu.edu.cn

## 252 基于 GIS 和云计算技术的贵仁治水模型云关键技术及系统研发

**1. 技术来源**

计划外项目。

**2. 技术简介**

自主研发了基于 GIS 和云计算技术的 GR 模型云关键技术及系统，包含水循环数学模型体系、一站式建模工具、模型云运行和管理平台，形成了 GR 模型云社区生态，可实现异构模型兼容、基于容器的模型云端部署和云计算。

**技术指标如下：**

（1）自主研发了紧耦合的水文、水动力、水质模型引擎，构建了一套拥有自主知识产权、核心技术安全可控的模型体系。

（2）自主研发了基于 GIS 和云计算技术的可视化建模工具，融合了 DEM 数字高程地形处理、异构网格剖分、拓扑结构提取、二三维一体化等技术，实现了水文、水动力、水质的一站式建模。

（3）建立了异构数学模型引擎的兼容标准和机制，构建了高兼容、高扩展、高性能的模型云运行和管理平台，实现了数学模型引擎的云端部署和计算，提供了模拟计算、方案托管等 SaaS 服务，从而创新了社区化知识共享机制和开放式的数学模型共享模式，促进了数学模型的生态发展。

**3. 应用范围及前景**

自主知识产权水文水动力水质模型内核及建模工具、模型云体系，可在高校、设计院、研究机构及政府部门推广；可用于防洪排涝规划设计、洪涝及水质风险评估预警及应急、流域优化调度、海绵城市建设、城市管网管理、智慧城市等领域。

持有单位：浙江贵仁信息科技股份有限公司

单位地址：浙江省杭州市滨江区西兴街道阡陌路 482 号智慧 e 谷 b 座 12 层

联 系 人：刘振华

联系方式：13600531062

E - mail：zhenhua. liu@keepsoft. net

## 253 基于 BIM 和大数据分析的水利工程全生命周期管理系统

**1. 技术来源**

省部计划、其他来源。

**2. 技术简介**

基于 BIM 和大数据分析的水利工程全生命周期管理系统以 BIM＋GIS 技术为基础，以数字孪生技术为主线，实现水利工程全生命周期业务数据的全面采集感知、汇聚、融合，结合水利工程精细化 BIM 建模，支撑工程规划设计与审计、辅助工程施工过程、串联工程监测感知体系、融合工程运维管理业务，最终实现水利工程全生命周期的智能化、专业化管理。

**技术指标如下：**

（1）基于 BIM 和大数据分析的水利工程全生命周期管理系统主要包括环境监测模块、建筑信息模型、数据采集模块、建筑管理模块、维护定级模块、数据分析模块、警报终端以及服务器。

（2）水利工程全生命周期管理系统提高 BIM＋GIS 数据融合服务，三维 GIS 集成了大量的多源数据，如影像、地形、倾斜摄影模型、激光点云、地下管线等，可以在三维 GIS 系统中将 BIM 数据与多源数据相融合，实现更宏观、更全面的可视化展示与管理。

（3）该系统数据采集模块，基于 Netty 技术，实现了一套高可用、高并发的统一数据消息接收服务架构，用来接收、发送、处理物联网、socket 等高并发应用场景的数据。

**3. 应用范围及前景**

该系统适用于各类水利工程以 BIM 为主线的前期规划、设计、施工及运行过程全生命周期管理。

作为智慧水利建设的一部分，该系统是运用 BIM＋GIS、大数据等先进技术，汇聚水利工程在建设期、运行期、运维期的完整信息，构建水利工程大数据中心、综合数字信息平台和三维虚拟模型，并进行集中管理与分析、应用和展现，实现工程从前期规划、中期建设、后期运行全过程的大数据监管和安全智慧防控，提升水利工程智能监管力度。该系统稳步提高水利工程设施效能，提升水利建设综合价值，有良好的应用推广前景。

---

持有单位：水利部交通运输部国家能源局南京水利科学研究院、中铁水利水电规划设计集团有限
　　　　　公司、江西武大扬帆科技有限公司

联 系 人：张士辰

单位地址：江苏省南京市鼓楼区广州路 223 号

联系方式：025－85828297、13813918426

E－mail：sczhang@nhri.cn

# 254 水利水电工程安全监测通用化信息管理平台

**1. 技术来源**

其他来源。

**2. 技术简介**

平台依据水利水电工程安全监测实际应用需求，囊括工程管理、环境信息、监测管理、在线采集资料分析、监测预警、巡视检查、系统管理等多功能模块，能够为各类水利水电工程提供从施工期到运行期全方位的安全监测服务。平台基于微服务框架，应用 SpringCloud、Vue 等时下前沿计算机技术，采用组件化开发模式，以"一中心多模块"的组织方式进行各功能模块的松耦合集成。

**技术指标如下：**

（1）系统一般操作响应时间小于 3s，数学模型计算及资料分析报告响应时间小于 120s。

（2）系统 7×24h 连续运行，平均年故障时间小于 1d，平均故障修复时间小于 0.5h。

（3）实现监测过程线异常值快速定位和安全监测大事记自动化高效标注。

（4）提高工程安全监测报告编制效率 90% 以上。

（5）减少不同工程程序代码开发量 80% 以上。

（6）降低不同工程信息化管理平台开发及上线时间 80% 以上。

**3. 应用范围及前景**

该平台适用于涉及安全监测业务的各类型水利水电工程。

该平台聚焦水利水电工程安全监测信息化建设，开展深入的跨学科交叉融合研究，取得了监测数据可视化、报告自动生成、系统热切换等突破性成果，未来可结合 GIS 与 BIM 技术实现工程状态的三维可视化。该平台功能强大且全面，覆盖工程安全监测各项业务，有望在一大批水利水电工程中推广应用，如引江补汉工程等，且可为数字孪生水利工程建设提供强有力的业务支撑，具有广泛的应用范围和开阔的应用前景。

持有单位：长江勘测规划设计研究有限责任公司、湖北汉江王甫洲水力发电有限责任公司
单位地址：湖北省武汉市解放大道 1863 号
联 系 人：刘光彪
联系方式：13297028268
E－mail：547850941@.com

## 255 工程安全监测信息云服务平台

**1. 技术来源**

其他来源。

**2. 技术简介**

工程安全监测云服务平台是结合 GIS＋BIM＋IOT＋AI 技术研发的基于数字孪生工程安全监测系统。平台利用物联网、大数据、云计算、卫星遥感、人工智能等高新技术与工程安全监测业务深度融合，涵盖工程安全监测的数据感知与获取、管理、分析、可视化及运行服务等全过程，实现了工程安全监测的"全覆盖立体化感知—全方位可视化管理—智慧化监控应用—数字孪生实例化工程应用"全链条一体化解决方案。

**技术指标如下：**

（1）平台业务技术性能指标。监测数据支持格式：

仪器类型＞46 类。

传感器类型＞22 类。

人工数据格式＞7 类。

数据支持量＞2.0TB。

测点支持量＞50000。

数据采集速度＜2s/单点。

数据查询速度＜2s。

（2）三维可视化性能指标。三维数据支持格式：

模型格式＞50 类。

图片格式＞10 类。

其他格式＞10 类。

数据支持量＞200GB。

启动时间＜6s。

内存占用＜900MB。

渲染帧率＞30fps。

**3. 应用范围及前景**

该平台能够应用于水利工程、交通工程和地质灾害等安全监测工程的规划、设计、施工及运维管理全过程。

该平台未来研究方向主要是安全监测业务结合数字孪生仿真技术及有限元分析模型，实现有限元计算全过程 3D 云图成果可视化、3D 模型位置剖切展示和分析、监测成果后处理表达效果等。平台应用的监测技术和手段，显著地提高了生产现场的工作效率，提升了监测管理工作的科学性和先进性。成果可以推广应用至水利工程、交通工程和地质灾害等安全监测工程的规划、设计、施工及运维管理全过程，其应用前景十分广阔。

持有单位：长江空间信息技术工程有限公司（武汉）

单位地址：湖北省武汉市江岸区解放大道 1863 号

联 系 人：马瑞

联系方式：027－82829580、18871880260

E－mail：marui@cjwsjy.com.cn

# 256 智慧水利档案信息管理一体化系统

**1. 技术来源**

其他来源。

**2. 技术简介**

该系统基于 Spring Boot2＋ MyBatis ＋ Shiro ＋ J2Cache 架构，以 Xml 作为数据接口标准，以 Web Service 作为基础服务标准，采用全文检索技术、加密技术、PDF 技术、流媒体技术等进行开发。

**技术指标如下：**

功能性指标：具备水利档案自动接收、归档、录入、查询利用、统计、编研等档案管理功能，实现对电子文档高效、科学、规范的记录和保存，实现数据集中存储和档案资源的统一管理。

非功能性指标：

（1）高效性，在网络带宽保证的情况下，响应时间在 1s 以内，档案多条文件查询和显示时间在 3s 以内。

（2）可靠性，系统具有数据备份恢复功能，一旦发生故障，能够迅速恢复，并且保证重要数据不丢失，保证 7×24h 运行。

（3）安全性，能够及时掌握用户登录记录、数据和服务器性能等各指标是否正常，第三方系统数据是否正常接收等。

（4）并发量，根据用户量、服务器和网络环境综合分析，能够支持 300 人同时在线进行系统访问、操作。

**3. 应用范围及前景**

该系统适用于各单位、各行业档案管理工作，能够提供高质量的档案管理，提高档案的公共服务水平。

该系统能够提升水利档案公共服务能力，进一步完善"互联网＋水利政务"服务，丰富水利档案信息利用手段，提高水利档案信息的利用效率，推进水利服务数据共享利用。适用于水利行业各单位档案管理工作，推广应用前景广阔。

持有单位：山东黄河河务局山东黄河信息中心
单位地址：山东省济南市历下区东关大街 111 号
联 系 人：段同苑
联系方式：0531－86987569、15069063055
E－mail：1071606772@qq.com

## 257 中小水库智慧运维系统

**1. 技术来源**

其他来源。

**2. 技术简介**

为助力小型水库监测设施高标准建设，赋能在役堤坝功能性重生，按照水利部提出的"大系统设计、模块化链接、数字化模拟、精准化决策"的总体技术路径，推出感知测报、智慧运管、泛水服务等三级嵌套式水库智慧运管平台。采用微服务架构，综合数据库、物联网、三维展示等IT 技术和专业模型库、水库管理业务等技术耦合开发。

技术指标如下：

（1）并发响应速度。在平均并发访问数量 50 个的情况下，达到查询响应迅速高效，一般查询操作应该 5s 以内显示结果。

（2）数据检索。简单查询平均响应速度＜3s；非数据挖掘类复杂和组合查询平均响应速度＜8s，GIS 页面查询＜30s。

（3）数据保存。向数据库中保存和更新数据的处理速度＜5s。

（4）文件上载。一般处理时间不大于 10s；20M～100M 以内的文件上载时间不超过 5min。

（5）文件存储。在百兆或以上的网络系统中，采用文件系统存储时，进行文件上传下载可达到并发不低于 50 个用户。

**3. 应用范围及前景**

该系统可应用于各地小型水库安全监测提升项目以及数字化管理提升建设项目。

中小水库智慧运维系统管理通过智能监控、智能诊断、智能决策等手段方法，提升水库安全管理能力；增强应对突发事件的透彻感知、风险、应急响应等能力，实现水库安全智能诊断与智慧管理，为充分发挥水利基础设施整体效能，保障水库安全运行与进一步提升管理水平提供科技支撑。

持有单位：中水北方勘测设计研究有限责任公司
单位地址：天津市河西区洞庭路 60 号
联 系 人：汤慧卿
联系方式：022－28702802、18622416283
E－mail：tanghq@bidr.ac.cn

# 258 水利工程智慧运维与巡检系统

**1. 技术来源**

其他来源。

**2. 技术简介**

采用物联网感知、窄带传输、体视化嵌入和全景智能感知等技术，研发了"水利工程水库大坝智慧运维系统"，实现数据的实时采集、传输、展示和分析，达到"无人值班、少人值守"的目标。

技术指标如下：

（1）研究水利工程安全监测非结构化数据的处理原则和方法。从大数据全息的角度建立水库大坝整体安全诊断和决策模型，克服以单测点数据为主的神经网络模型等监控模型只反映单点部位安全性态的局限性，丰富完善了水库安全监控方法。

（2）建立"天-地-空-内"立体感知和"规则匹配"＋"专家慧诊"＋"模型引导"支撑体系的水利工程安全智慧运维"四横三纵"管理新模式。

（3）通过国家信息中心测试和中国水利企业协会专家委评审，并获得《全国水利运维管理信息系统软件测评证书》（2021－CWEC－010）。

**3. 应用范围及前景**

该系统适用于：①水库大坝生命周期管理、巡视检查、安全监测；②辖区内水库大坝的维修养护、除险加固决策等。

"十四五"时期，水利部党组作出了推动新阶段水利高质量发展的重大决策部署，明确智慧水利建设是推动新阶段水利高质量发展的六条实施路径之一和最显著的标志，水利工程智慧运维与巡检系统将以部里各文件为标准升级系统。

截至目前，已在国际东盟老挝、云南省昆明市、曲靖市、保山市及四川省遂宁市大英县的60个水库大坝中推广应用，应用前景广阔（老挝11个、石林7个、五华区7个、施甸12个、陆良20个、大英县3个）。

持有单位：南京瑞迪水利信息科技有限公司
单位地址：江苏省南京市鼓楼区广州路223号
联 系 人：朱士建
联系方式：025－85828781、13770941699
E－mail：13770941699@139.com

## 259 城乡清洁供水数字化综合管理应用

**1. 技术来源**

其他来源。

**2. 技术简介**

城乡清洁供水数字化综合管理应用建立基于"三端"服务架构的省域城乡供水应用体系，分别服务于政府相关供水主管部门、供水企业、用水户，运用大数据、物联网、数字孪生等技术，构建了从"源头"到"龙头"的城乡供水数字化闭环管理链，优化重塑了城乡供水业务流程，达到城乡供水"管理精细化、运行自动化、监测信息化、预警精准化、业务协同化、服务便捷化"，实现对城乡供水工程的全过程管理，确保城乡居民饮水安全。

技术指标如下：

（1）软件性能需求。

对于数据量不大的用户操作进行及时响应，对常规操作没有明显停滞；

对超出响应时间要求的响应能提供进度条或图标等方式来告诉用户需等待的时间；当数据录入操作时应无等待时间；日常操作用的显示响应时间不超过 2s；正常运行率＞95％。

（2）硬件性能需求。

服务器性能目标。因城乡清洁供水数字化管理系统需要与互联网上的有关平台进行数据交换和共享，因此平台数据库服务器、应用服务器应具备防止网络黑客、计算机病毒等入侵和攻击的功能。平台数据库服务器、应用服务器操作系统应无漏洞。

**3. 应用范围及前景**

该技术适用于开展城乡供水日常监督、运行管理与服务的省市县水利主管部门、建设部门、水厂运管以及统管单位。

国内没有任何一个省建设基于"三端"架构的供省市县三级城乡供水主管部门、统管/水厂运管单位及用水户共同使用的城乡清洁供水数字化管理系统。

作为各省市全面保障城乡居民"饮水安全"及促进城乡供水"服务均等化"和"管理一体化"要求的重要抓手。通过系统的建设，可实时在线掌握全省城乡供水水源水质水量保障情况、水厂供水水质水量，提前对供水异常进行预警，对供水投诉进行处理反馈，可有效保障城乡居民饮水安全。

持有单位：杭州定川信息技术有限公司、浙江省水利信息宣传中心

单位地址：浙江省杭州市上城区秋涛北路三新银座 2103 室

联 系 人：蒋元中

联系方式：0571－86437029、15868452202

E－mail：Jiangyuanz@126.com

## 260 智慧水厂运营管理软件

**1. 技术来源**

其他来源。

**2. 技术简介**

综合应用物联网、大数据、人工智能、BIM、数字孪生等技术，围绕水厂运行监管、生产调度、运营管理、决策分析等板块构建智慧水厂运营管理软件，实现水厂的少/无人值守、精细化管理、高效化运营和智慧化决策。

**技术指标如下：**

（1）性能效率。

1）10万级地图出图的操作响应时间小于1s。

2）单用户进行"查看设备实时数据"操作时，设备数据实时读取的响应时间小于1s。

3）单用户进行"远程控制水厂设备"操作时，"远程控制水厂设备"操作的响应时间小于1s。

4）单用户进行"查看数据统计分析曲线"操作时，数据统计分析曲线加载的响应时间小于1s。

（2）成熟性。该软件运行基本稳定，测试过程中未出现因软件错误而导致的死机或不正常退出现象。

（3）可核查性。该软件系统日志记录包括日期、操作人员、事件等，可唯一地追溯到访问者或操作者；该软件提供了系统记录的权限控制；该软件对系统记录信息具有保护，只有授权用户可以删除日志记录。

**3. 应用范围及前景**

该软件可应用于有智慧水厂建设需求的各大小水司、水厂、污水处理厂等，可联合水厂硬件或模型相关厂家进行应用集成。

在国家大力推进企业数字化转型和水厂自身发展需求的双重背景下，融合先进信息化技术和管理理念的智慧水厂运营管理软件将具有广阔的市场应用前景。

持有单位：熊猫智慧水务有限公司
单位地址：上海市青浦区赵巷镇嘉松中路5888号
联 系 人：宋小燕
联系方式：021-59863888、18627078170
E-mail：songxiaoyan@panda-watar.com

## *261* 大中型水库综合信息一体化管控平台软件

**1. 技术来源**

省部计划。

**2. 技术简介**

大中型水库综合信息一体化管控平台设计了面向水雨情、大坝安全、水质、视频、闸门控制、综合办公等多种数据信息的标准化数据仓库；基于脚本开发和数据可视化向导技术灵活配置不同场景下的数据汇集策略和方案，实现各类信息化系统异构数据的汇集、交换、治理与服务。

平台基于微服务架构构建水库业务技术栈，形成平台模块化组装技术，实现大中型水库智能数据采集、多源信息汇集、综合信息管理、资料整编分析、水库业务执行、应急预警决策等业务功能的模块化组装，能够针对特定业务需要快速开发和集成各类信息系统服务。

**技术指标如下：**

支持跨平台部署，根据不同工程实际情况实现后端动态扩容，支持多用户并发访问。平台一般性业务功能操作响应时间控制在 ms 级，统计模拟等复杂业务功能操作响应时间控制在 s 级。在 3～5 年内保持连续运行，数据准确率＞95％；提供故障控制机能能对平台故障进行控制，小故障 2～4h 恢复，严重故障 24h 内恢复。支持各种主流数据库，支持各类计算机操作系统。

**3. 应用范围及前景**

大中型水库综合信息一体化管控平台软件能够实现对水库相关信息系统功能服务和数据资源的快速整合，帮助水库相关用户实时掌握监测数据以及水库运行状态，快速高效完成日常监管业务工作，稳定保障应急状态下的水库全要素信息获取和智能预警决策。

目前已在国内外 50 余个工程项目获得应用，适用于各类大中型水库的日常监管和应急预警业务，实现水库信息化监管水平提档升级。

通过平台可有效解决水库管理单位信息化缺乏统一规划、运行环境差别大、实施的信息化系统生命周期短以及集成度低而造成的不兼容、难以整合发挥协同作用等问题，同时有效弥补我国水库管理中存在的运行维护资金有限、管理人员技术水平参差不齐等不足，实现水库由粗放管理向精细化管理转变，由传统人工管理为主向水利现代化管理为主转变。

持有单位：江苏南水科技有限公司

单位地址：江苏省南京市雨花台区铁心桥街 95 号

联 系 人：郭丽丽

联系方式：025 - 52898408、15295512335

E - mail：guolili@nsy.com.cn

# 262 锋士智慧水务运营大数据服务平台 V1.0

**1. 技术来源**

其他来源。

**2. 技术简介**

平台以实际水厂为蓝本，基于三维模拟仿真技术建设水厂模型，近乎实时实地呈现水厂的运行状态、设备工况等，借助模型实现资产可视化、检查状态、执行分析并形成深度见解，进而预测和优化资产性能。通过整合生产数据、运营数据和管理数据等，实现水厂的少人值守或无人值守，特别是集成了水厂的设计、建造、运行、维护等全方位的数据之后，可以实现水厂全生命周期的智慧化运营管理。

通过机理模型分析和大数据分析等方法，将水厂过去、现在和未来的状态进行直观地呈现和预测，并结合专家系统提出建议，为运营管理提供决策支持，并实现高度保障、管理高效、成本优化和产能挖潜的目的。

**技术指标如下：**

（1）生产监控管理：主要提供生产实时监控、报警信息统计、生产耗能分析、历史数据统计、生产计划管理、片区管理等功能。

（2）巡检管理：主要提供管网资产信息、巡检计划管理、巡检事件管理等功能。

（3）设备管理：主要提供设备档案信息查看、设备配置信息查看、设备维保信息查看、设备运行信息查看、设备故障信息查看、维保经验信息查看等功能。

（4）营业收费信息管理：主要提供户档管理、抄表管理、收费管理、票据管理、审核管理、统计查询、计费参数设置等功能。

（5）水质化检管理：主要提供化验信息管理、耗材信息管理、化验设备管理等功能。

（6）质量特性分析：功能性占比 59%，易用性占比 19%，可靠性占比 22%。

**3. 应用范围及前景**

该平台主要应用于供水公司生产、经营、运维、服务等全业务流程。

系统全面应用最新的大数据、云服务、IOT 等技术与互联网思维提升智慧水务管理水平，通过数据采集设备、无线网络、监测仪表等在线感知供水系统运行状态，采用可视化的方式有机整合水务管理部门、供水设施，实现水务数据的共享互通，为未来智慧城市建设打下良好的基础，具有广泛的推广应用前景。

持有单位：山东锋士信息技术有限公司
单位地址：山东省济南市经十东路 33399 号水发大厦副楼 6 层
联 系 人：孙丛丛
联系方式：0531－86018968、13573186617
E－mail：272660308@qq.com

# *263* 锋士长距离跨地区调水工程智能管理系统 V1.0

**1. 技术来源**

其他来源。

**2. 技术简介**

锋士长距离跨地区调水工程智能管理系统 V1.0 以调水业务为核心，以全线自动化控制为重点，运用先进的水利技术、通信技术、信息技术和自动控制等技术，建设服务于自动化调度监控、信息监测、工程安全监测及运行维护、工程管理等业务的信息化作业平台和调度会商决策支撑环境，实现调水过程自动化和运行管理信息化，保障全线调水安全。

技术指标如下：

（1）产品文档符合完整性、正确性、一致性、易理解性、易学性、可操作性要求。

（2）产品安全可靠，运行稳定、数据完整，容错能力强。

（3）产品功能完整、操作界面易于理解。

（4）系统采用 B/S、Web 端兼容各类主流浏览器，系统界面功能清晰，易用性强。

（5）数据库数据处理准确率 100％，每秒 1000 笔数据上传数据库处理无延时。

（6）响应时间：查询、提交等业务处理，系统平均响应时间小于 3s。

（7）系统容量：历史数据保存 10 年以上。

**3. 应用范围及前景**

该系统服务于省调度中心、地市分调度中心和县级管理站/处，实现调度中心-调度分中心-现地站的分级管理。

系统在调水过程中发挥了巨大的作用，对调水沿线的泵站、水库、阀井等的远程监控，为各级调水管理部门合理有效地调度管理水资源，提供科学依据和技术支持，为工程运行、维护、管理提供决策会商支撑环境，为企业管理提供电子化办公环境，保证工程安全、可靠、长期、稳定的运行，实现安全调水、精细配水、准确量水，充分发挥调水的经济效益和社会效益，具有广泛的推广应用前景。

持有单位：山东锋士信息技术有限公司

单位地址：山东省济南市经十东路 33399 号水发大厦副楼 6 层

联 系 人：孙丛丛

联系方式：0531-86018968、13573186617

E-mail：272660308@qq.com

# 264 水利工程建设管理系统

**1. 技术来源**

其他来源。

**2. 技术简介**

该系统以工程建设管理为和核心，把水利工程建设全过程主要环节如质量、安全、进度、合同等流程、数据通过数字化模型进行可视化展示和数据传承，为行业主管单位、项目法人以及各参建单位之间搭建一个高效、统一的工作平台。该系统利用 BIM 建模技术，通过使用数字模型，有效集成项目设计、施工、运维全阶段所产生的数据信息，提升信息传递效率、降低数据利用损失，从而提升工程建设质量、安全水平。有利于水利工程建设单位加强对水利工程建设的把控，提升水利工程信息化水平。

水利工程建设管理系统遵循 SOA 架构进行总体设计，以通用性、稳定性为主导，进行分层设计和开发，横向以功能类别为导向，纵向以服务内容为导向，逐级设计，逐步细化各组件的颗粒度。整个系统架构从逻辑上分为数据采集层、采集传输层、数据汇集层、数据资源层、应用支撑层、应用层、展示层和用户层来组织。

**技术指标如下：**

（1）BIM＋GIS 融合技术：BIM＋GIS 是在 GIS 地理信息系统对 BIM 模型的展示，实现在项目建设过程中数据的全局可视化流畅浏览和直观数据的展示。

（2）人脸识别技术：人脸识别技术根据每个人脸中蕴涵的身份特征与已知的人脸进行对比，从而识别每个人的身份。通过人脸识别技术运用在人员进出场和考勤打卡等场景中，有助于实现智能管理，建设智慧工地。

（3）BIM 轻量化平台：将软件创建的 BIM 模型可控地转换为自主设计的结构化、轻量化的加密格式，实现多种 BIM 信息模型格式的统一，确保平台 BIM 信息数据的兼容性，消除 BIM 格式复杂多样的信息利用阻碍。

（4）施工进度甘特图在线编辑：支持用户在线编辑施工计划横道图，同时支持主要进度软件文档的导入，实现进度计划和实际进度的智能管控。

**3. 应用范围及前景**

该系统可应用于水利工程的建设管理，推广应用前景广阔。

持有单位：中水三立数据技术股份有限公司

单位地址：安徽省合肥市蜀山新产业园稻香路 1 号

联 系 人：张昀

联系方式：0551－65233390、17330734879

E－mail：5683333745@qq.com

## 265 水库工程标准化信息管理系统

### 1. 技术来源

其他来源。

### 2. 技术简介

按照"统一技术标准、统一运行环境、统一安全保障、统一数据中心、统一展示门户"的原则，建成一个中心（大数据中心）、一个平台（水利工程标准化数字管理系统）、一张图（水利工程二三维结合的 GIS 地图）、一张表（统计分析与决策支持报表）、四大支撑体系（物联感知体系、网络传输体系、业务应用体系、运行保障体系）的水利工程标准化数字管理系统。

技术指标如下：

（1）数据体系：将水利行业数据库标准与水利工程业务属性融合，构建综合数据库，实现水利工程综合业务数据"采存管用"的统一，为业务应用提供基础数据支撑。

（2）业务应用：①工程设施：水情监测预警、雨情监测预警、安全监测预警、闸门监测、流量监测、电站运行监控、水质监测、视频监控、基础信息、形象面貌、设施设备管理；②安全管理：工程划界、注册登记、安全鉴定、除险加固、预案管理、防汛物资、险情管理；③运行管理：工程巡查、安全检查、隐患处理、维修养护、调度管理、两册一表、控制运行计划；④管理保障：组织机构管理、人员岗位管理、培训管理、经费管理、管理制度；⑤管理自评：自评指标管理、自评统计、自评问题管理。

### 3. 应用范围及前景

该系统适用于市县等区域及流域管理部门对域内全部水库工程运行的标准化信息管理工作。

未来应用的发展将实现水利工程管理的科学化、经济化和效益最大化，为社会经济稳定、长足发展提供有力支撑和保障。利用专业模型和最新信息化技术，构建科学高效的指挥决策体系，为管理者提供及时、科学的决策依据。以促进经济发展、改善人民生活、保护生态环境为出发点，通过构建公众信息服务体系，强化水利民生服务能力。减少洪涝灾害、提高用水效率、保障工程安全，充分发挥民生服务能力，助力"智慧水利"可持续发展。

持有单位：北京中水科工程集团有限公司、济南和一汇盛科技发展有限责任公司、中国水利水电科学研究院

单位地址：北京市海淀区车公庄西路 20 号

联 系 人：闫黄凤

联系方式：010 - 68786219、13701181269

E - mail：yanhf@iwhr.com

## 266 泵及泵站物联网智能化运维服务云平台

**1. 技术来源**

计划外项目。

**2. 技术简介**

泵及泵站智能化运维服务云平台将水泵、电机及泵站技术与物联网、传感器、区块链、大数据、云计算等多项技术相结合，通过设备听诊器、轴承传感器、智能电机故障诊断仪等先进数据采集设备所采集的信息数据，采用泵及泵站专家系统对泵及泵站进行运行监测、状态评价、运行优化和故障诊断，进而在此基础上进行运行决策。

技术指标如下：

（1）国内首创研发完成了"泵及泵站专家系统"，该系统实现了对泵及泵站系统运行全过程的实时的状态评价、运行优化和故障诊断，使泵及泵站真正具备了智能化的功能。

（2）国内首创研发完成了"泵及泵站物联网智能化运维服务云平台"，将"泵及泵站专家系统"、泵站节能技术与互联网、区块链、大数据、云计算、传感器等多项技术充分结合，可以为泵站提供实时、高效、智能化地运行、调度和管理服务，可以为泵站带来如下突出的经济效益：降低运行能耗10％～20％，降低维修成本40％～50％，减少备件消耗50％～60％，减少停机时间60％～70％，延长使用寿命30％～40％。

**3. 应用范围及前景**

该技术可广泛应用于所有涉及泵及泵站运行管理的场合，包括水利排灌、城市供水、市政排水、暖通消防、二次供水以及各种工业用泵等的运行管理。泵及泵站物联网智能化运维服务云平台的建设模式有整体模式（提供整体的物联网云平台系统）、融合模式（与客户已建立的物联网平台相融合）和植入模式（用户已拥有私有云服务器并建立相对完善的物联网平台，可植入我公司的专家系统模块，提升智能化水平），既可以为客户提供定制化云平台、标准化云平台，也可以为客户提供托管型云平台，全方面多维度满足客户需求。

持有单位：长沙九洲鸿云网络科技有限公司、河北供水有限责任公司
单位地址：长沙经济技术开发区星沙产业基地开元东路1318号综合楼423室
联 系 人：姚更清
联系方式：13808460445
E－mail：linjing@mcpumps.com.cn